28天面对面学维修丛书

28天面对面学维修
——小家电

张新德　张泽宁　等编著

U0340954

四周从菜鸟到高手

从徒弟到师傅一读到位

学徒快速成长的秘籍

蓝领工人在线培训

机械工业出版社
CHINA MACHINE PRESS

本书共5章，按28天的学时设计细分内容。从面对面学小家电维修的准备工作、菜鸟级入门知识到高手级的面对面维修方法和技巧，将小家电维修的基础知识和基本技能按天数与专项知识点设计和细分，再将前面介绍的基础知识应用到面对面的实训教学中来。本书全面介绍了小家电（电压力锅、电饭煲、电饼铛、电烤箱、空气净化器、净水器、豆浆机、吸尘器、扫地机器人、加湿器、电风扇、饮水机、吸油烟机、电开水壶、电热开水瓶、消毒柜、洗脚器等）维修工具的选购，工作场地的搭建，工具的挑选、购买和普适操作，元器件的识别、检测、代换，小家电工作原理、实物组成、芯片级维修操作要领，换板维修操作要点，菜鸟级维修入门图说，高手级维修技能图说，小家电的维修技巧，小家电各大品牌的通病和典型故障的面对面实训等维修中必不可少的实用知识和技能。第5章还给出了小家电维修开店指导、随身资料参考等内容。

读者对象：技师学院和维修培训学校小家电领域师生、小家电维修学徒工、业余自学小家电维修人员、小家电维修岗位短训学员、小家电售后人员和清洗保养技师，也可作为小家电领域蓝领工人在线培训教材。

图书在版编目（CIP）数据

28天面对面学维修：小家电/张新德等编著.—3版.—北京：机械工业出版社，2016.7

（28天面对面学维修丛书）

ISBN 978-7-111-54311-4

Ⅰ.①2… Ⅱ.①张… Ⅲ.①日用电气器具–维修 Ⅳ.①TM925.07

中国版本图书馆CIP数据核字（2016）第163790号

机械工业出版社（北京市百万庄大街22号　邮政编码100037）
策划编辑：顾　谦　责任编辑：顾　谦
责任校对：樊钟英　封面设计：路恩中
责任印制：常天培
北京机工印刷厂印刷（三河市南杨庄国丰装订厂装订）
2016年9月第3版第1次印刷
184mm×260mm·13.5印张·466千字
0 001—3 000册
标准书号：ISBN 978-7-111-54311-4
定价：45.00元

凡购本书，如有缺页、倒页、脱页，由本社发行部调换
电话服务　　　　　　　　　网络服务
服务咨询热线：010-88361066　机 工 官 网：www.cmpbook.com
读者购书热线：010-68326294　机 工 官 博：weibo.com/cmp1952
　　　　　　　010-88379203　金 书 网：www.golden-book.com
封面无防伪标均为盗版　　　教育服务网：www.cmpedu.com

丛 书 序

目前我国家电服务维修行业的从业人员有 20 多万，但维修行业总体水平和从业人数总量还是偏低，这种状况与家电维修服务快速增长的要求有较大差距。随着电器种类和品类的增加，电器维修培训市场越来越大，需要有更多的维修人员加入维修服务的行业。目前维修培训类的图书种类繁多，但大多局限于传统的教材模式。为适应现代快节奏生活和工作模式，电器维修培训市场对学员的学习时间和每天的学习任务提出了更为细分、高效的快节奏要求，以便使培训学员达到快速学会、学后即用的培训效果。为此，通过市场调查，我们特组织编写了"28 天面对面学维修丛书"，本丛书既体现了一天一学的特色，又体现了面对面学维修的直观性。希望本丛书的出版能够为广大读者带来帮助，让广大读者从徒弟到师傅一读到位，28 天从菜鸟到高手，真正起到 28 天速达开店水平的功效。

本丛书的特点和目标：

阶梯式教学，引领菜鸟到高手；

在线式培训，引领蓝领到技工；

手把手教学，引领学徒到师傅；

开店式指导，引领师徒到店主。

通过阅读本丛书，既可使广大学员如临教室般面对面从零开始入门学习，又可使广大学员一天学到一个专项维修技术。既体现了教学内容的细分、具体和循序渐进，又体现了教学程序的与日俱进。学员只需不到一个月的时间（因专项内容长短不一，同一项内容不好拆分，均安排到一天，具体教学时一天的内容可根据实际课时进行拆分）就能完全面对面掌握一种电器的拆卸、维修基础入门和技能技巧，虽然有点紧迫，但很有成就感。希望本丛书的出版能达到使广大菜鸟级学员迅速学成高手级这一编写目标，并为提高电器维修培训的质量和效率做一点贡献。

前　言

本书全面、系统地介绍了小家电（电压力锅、电饭煲、电饼铛、电烤箱、空气净化器、净水器、豆浆机、吸尘器、扫地机器人、加湿器、电风扇、饮水机、吸油烟机、电开水壶、电热开水瓶、消毒柜、洗脚器等）菜鸟级维修入门图说、高手级维修技能图说、小家电的维修技巧、各大品牌的通病和典型故障的面对面实训等实用知识和技能。书中每一天的课程均设计了学习目标、面对面学和学后回顾三大版块，课前将当天的学习目标呈现给大家，方便学员在面对面学中有的放矢地学习，课后将当天的内容精华以提问的形式提出来供学员思考。以使广大的读者达到学习目的明确、学习内容直观、学习重点突出的效果。全书采用了大量插图进行面对面直观说明，对重要的知识点予以点拨提示，并在每一天的学后回顾中列举了该课所学知识点的精要提问，给学员留下课后作业，目的是强化读者阅读、理解和记忆当天所学的知识。

本书所测数据，如未作特殊说明，均采用 MF-47 型指针式万用表和 DT9205A 数字万用表测得。需要说明的是，为方便读者维修时查找资料保持原汁原味，本书严格保持参考应用电路及各厂家电路图形和文字符号标注的原貌，除原理性介绍电路外，实际电路并未按国家标准进行统一，这点请广大读者注意。

本书在编写和出版过程中，得到了机械工业出版社领导和编辑的热情支持和帮助，刘淑华、张新春、张利平、张云坤、陈金桂、周志英、王娇、罗小姣、刘玉华、刘桂华、王灿、袁文初、王光玉、张美兰等同志也参加了部分内容的编写工作，值此出版之际，向这些领导、编辑、参编者、本书所列电器生产厂家及其技术资料编写人员和同仁一并表示衷心感谢！

由于作者水平有限，书中不妥之处在所难免，敬请广大读者给予批评指正。

编著者

目　　录

第1章
面对面学小家电维修准备

一、学习目标

今天主要学习小家电维修工具的选购和使用两大内容。小家电的维修工具很多（如试电笔、螺钉旋具、镊子、钳子、扳手、电烙铁、万用表、绝缘电阻表、压力检测表、臭氧浓度检测仪、净化效率检测仪等），今天主要介绍万用表和小家电专用维修工具的选购和使用，其他通用维修工具因使用比较简单，今天不再介绍。通过今天的学习要达到以下学习目标：

1）了解小家电拆卸、维修专用工具的种类。

2）如何选购小家电维修工具，各工具的购买价格大概是多少。

3）如何使用小家电专用维修工具，有哪些注意事项。

二、面对面学

（一）万用表

万用表是一种多功能、多量程的便携式电子电工仪表，可用于测量电器元器件的电流、电压和电阻，是维修小家电的必备仪表之一，有指针式和数字式两种（见图1-1）。指针式万用表的形式很多，但基本结构是类似的，结构主要由表头、转换开关（又称选择开关）、测量线路、表笔四部分组成。数字万用表是指测量结果主要以数字方式显示的万用表，数字万用表用数字显示测量结果与指针式万用表相比，它具有显示直观、读数精确、使用方便的特点。维修小家电，一般采用50~80元价位的中档数字万用表、指针式万用表（表笔最好选用带尖角的）。

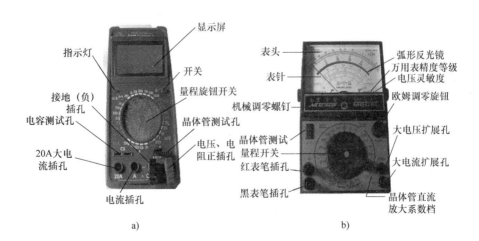

图1-1　万用表

a）数字万用表　b）指针式万用表

1.万用表的使用方法

检测电路通断或检测电路是否有短路时，常用蜂鸣档，欧姆档用于检测线路或电阻、电感、半导体元器件，检测交流或直流电压时，红表笔插入 V/Ω 端，黑表笔插入 COM 端；将万用表功能转换开关分别置于 AC 或 DC 档，选择检测参数相关的量程范围，检测交流或直流电流将端开关分别置于 ACA 或 DCA 档选择相关的量程，红、黑表笔串联在电路中。

（1）指针式万用表的使用方法

1）电流的测量：

① 量程的选择：万用表直流电流档标有"mA"，通常有 1mA、10mA、100mA 三档量程，选择量程时应根据电路中的电流大小而定。如果不知道电流大小，应首先选择最高量程档，然后逐渐减少到合适的量程。

通常万用表仅设置了 1~2 档交流电流测试档位，当测量电路中的交流电流值时，为了不影响被测电路的波形和工作状态，万用表的交流电流档必须采用对称的全波整流方式。一般来讲，万用表只适合于测量电源内阻较大或被测电路自身阻抗较高、频率为 3kHz 以下的低频电流。

② 测量方法：测直流电流时，如图 1-2 所示，将万用表与被测电路串联。首先断开电路相应部分，再将万用表表笔接在断点的两端。红表笔接在和电源正极相连的断点，黑表笔接在和电源负极相连的断点。

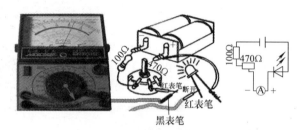

测交流电流时，在被测电路中串入一只低阻值的精密取样电阻，再将万用表的交流电压档并联在该取样电阻的两端。

图1-2　用指针式万用表测量电流图

③ 读数：直流电流档刻度线为第二条，如选 100mA 档时，可用第三行数字，读数后乘 10 即可。交流电流的正确读数是通过读出电阻两端交流电压的方法换算成被测电路的电流。

2）电压的测量：

① 量程的选择：用万用表的直流电压档和交流电压档分别测量直流和交流电的电压值，测量时应将万用表与被测电路以并联的形式连接上，且要选择表头表针接近满刻度偏转 2/3 的量程。如果不知道电路电压的大小，应首先选用最大的量程测量，然后逐渐减少至合适的量程。

② 测量方法：测量直流电压时，万用表应与被测电路并联。红表笔接被测电路和电源正极相接处，黑表笔接被测电路和电源负极相接处，如图 1-3 所示。

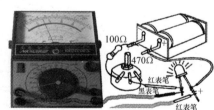

③ 读数：仔细观察表盘，直流电压档刻度线是第二条刻度线，用 10V 档时，可用刻度线下第三行数字直接读出被测电压值。注意读数时，视线应正对表针。

3）电阻的测量：万用表电阻档可以测量导体的电阻。电阻

图1-3　用万用表测量电压图

档用"Ω"表示，一般有"×1"、"×10"、"×100"、"×1k"及"×10k"5 档量程。测量时，应根据实测电阻器标称电阻值来选择合适的量程。测量电阻之前，应将 2 个表笔短接，同时调节"欧姆（电气）调零旋钮"，使表针刚好指在欧姆刻度线右边的零位。如果表针不能调到零位，说明电池电压不足或仪表内部有问题。且每换一次倍率档，都要再次进行欧姆调零，以保证测量准确。读取测量结果时，表头的读数乘以倍率，就是所测电阻的电阻值。

（2）数字万用表的使用方法

1）直流电压的测量：首先将黑表笔插入"COM"插孔，红表笔插入"V/Ω"插孔，然后将功能开关置于直流电压档"V–"量程范围，并将测试表笔连接到待测电源（测开路电压）或负载上（测负载电压降）。

2）交流电压的测量：首先将黑表笔插入"COM"插孔，红表笔插入"V/Ω"插孔，然后将功能开关置

于交流电压档"V~"量程范围，并将测试表笔连接到待测电源或负载上。测量交流电压时，没有极性之分，也不会显示极性。

3）直流电流的测量：首先将黑表笔插入"COM"插孔（当测量最大值为 200mA 的电流时，红表笔插入"mA"插孔；当测量最大值为 20A 的电流时，红表笔插入"20A"插孔），然后将功能开关置于直流电流档"A–"量程，并将测试表笔串联到待测负载上，电流值显示的同时，将显示红表笔的极性。

4）交流电流的测量：首先将黑表笔插入"COM"插孔（当测量最大值为 200mA 的电流时，红表笔插入"mA"插孔；当测量最大值为 20A 的电流时，红表笔插入"20A"插孔），然后将功能开关置于交流电流档"A~"量程，并将测试表笔串联到待测电路中，如图 1-4 所示。

5）电阻的测量：首先将黑表笔插入"COM"插孔，红表笔插入"V/Ω"插孔，然后将功能开关置于"Ω"量程，将测试表笔连接到待测电阻上，如图 1-5 所示。

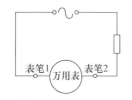

图 1-4　测量交流电流连接图

图 1-5　测量电阻连接图

6）电容的测试：连接待测电容之前，注意每次转换量程时，复零需要时间，有漂移读数存在不会影响测试精度。测量时，首先将功能开关置于电容量程"C（F）"位置，然后将电容器插入电容测试座中即可。

7）二极管及蜂鸣器的连接性测试：测试方法如图 1-6 所示：首先将黑表笔插入"COM"插孔，红表笔插入"V/Ω"插孔，将功能开关置于二极管档，并将表笔连接到待测二极管，读数为二极管正向电压降的近似值，然后将表笔连接到待测线路的两端，如果两端之间电阻值低于 70Ω，此时内置蜂鸣器即会发声。

图 1-6　二极管及蜂鸣器的连接性测试图

8）晶体管 h_{FE} 的测试：首先将功能开关置于"h_{FE}"档，再确定晶体管是 NPN 型还是 PNP 型，将基极 b、发射极 e 和集电极 c 分别插入面板上相应的插孔。最后在显示器上即可读出 h_{FE} 的近似值。

2. 万用表使用过程中应注意的事项

1）根据被测的对象将转换开关旋至需要的位置，有的万用表的表盘上有两个旋钮：一个是测量种类的选择，另一个是量程变换的选择。在使用旋钮时，应先将测量种类选择旋钮旋至所需要的对应的档位上，然后再将量程变换旋钮旋至相应的种类档及适合的量程。

2）根据被测量的大致范围，将转换开关旋至该种类区间的适当量程上。在测量电流或电压时，最好使表针指示在满刻度的 1/2 或 2/3 以上，这样测量时的结果比较准确。

3）严禁用电阻档测量带电线路的电阻或电源内阻，当测量大容量的电容器时，应先使电容器放电，以免其残留电压损坏万用表，测试线路上的电阻应将电阻的一端脱开，以避免线路上其他电阻影响。禁止用电阻档测试正在工作的电路上的电阻。

4）用欧姆档内部的电池作测试电源时，要注意测试棒的正、负极性应与电池的极性正好相反。

5）用万用表测量高电压和较大电流时，必须在断电的状态下转动开关和量程旋钮，以免在触点上产生电弧，使开关烧毁。

6）测量非线性元器件的正向电阻时，应用同一倍率。因为用不同倍率时，测量的结果不相同。测量 1kΩ 以上的电阻时禁止用双手同时接触被测元器件，因为人手在潮湿状态下其阻值会产生不稳定的误差值。

7）测量时，严禁在测较高电压或较大电流时拨动量程开关，以免产生电弧烧坏开关触点。测量带感性负载电路的电压时，必须在电源切断前先取开万用表，防止电感产生的感应高压损坏万用表。

8）在使用万用表时，要防止用手去触测试棒的金属部分，以保证安全和测量的准确。

9）万用表一般有好几条标尺，读数时应认清所对应的读数标尺（即被测量的种类、电流的性质和量程的大小），不能图省事而把交流和直流标尺任意混用，更不能看错。

（二）绝缘电阻表

绝缘电阻表俗称摇表（见图1-7），它的组成部分也是比较简单，主要由直流高压发生器、测量回路及显示三部分组成，绝缘电阻表的规格以输出电压而定。在小家电维修中，可用来测量电动机、电源线和电路的绝缘电阻。绝缘电阻表的选用主要是选择其电压及测量范围，小家电需使用电压低的绝缘电阻表，即选用500~1000V的绝缘电阻表；测量范围的选择原则是不使测量范围过多地超出被测绝缘电阻的数值，以免因刻度较粗而产生较大的读数偏差；价位一般选在80~160元的中档绝缘电阻表。

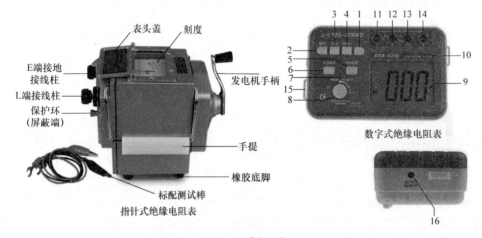

图1-7 绝缘电阻表

1、2、3、4—电压选择开关 AC 750V/500V/250V/1000V 5—电阻量程选择开关（RANGE） 6—电源开关：自锁式电源开关（POWER）
7—高压提示：LED 提示 8—测试按钮 9—LED 显示器：显示测量数据及单位符号 10—仪表型号 11—L：被测试线路端插孔
12—G：保护端插孔，当要求被测对象加保护环消除泄漏效应时，保护环电极导线接至"G"端插孔 13—ACV：交流电压测试输入端
14—E：接被测对象的地端插孔 15—背带绳接口 16—电源适配器插孔（ ）

1）直流高压发生器。测量绝缘电阻必须在测量端施加一个高压，此高压值在绝缘电阻表国标中规定为50V、100V、250V、500V、1000V、2500V、5000V等。直流高压发生器直流高压的产生通常有手摇发电机式、通过市电变压器升压或整流、晶体管振荡式或专用脉宽调制电路。

2）测量回路。绝缘电阻表中测量回路和显示部分是合二为一的。它是由一个流比计表头来完成的，此表头由两个夹角为60°左右的线圈组成。表头表针的偏转角度决定于两个线圈中的电流比，不同的偏转角度代表不同的阻值，测量阻值越小串在测量回路中的线圈电流就越大，那么表针偏转的角度越大。

1.绝缘电阻表的使用方法

绝缘电阻表的接线柱共有3个：一个为"L"即线路端；另一个为"E"即接地端；再一个为"G"即屏蔽端（也叫保护环）。一般被测绝缘电阻都接在"L""E"端之间，但当被测绝缘体表面漏电严重时，必须将被测物的屏蔽环或不需测量的部分与"G"端相连接。

（1）照明及动力线路对地绝缘电阻的测量

将绝缘电阻表接线柱 E 可靠接地，接线柱 L 与被测线路连接。按顺时针方向由慢到快摇动绝缘电阻表的发电机手柄，大约 1min 时间，待绝缘电阻表表针稳定后读数。这时绝缘电阻表指示的数值就是被测线路的对地绝缘电阻值，单位是 MΩ。

（2）电动机绝缘电阻的测量

拆开电动机的 Y 或 △ 联结的接线。用绝缘电阻表的两个接线柱 E 和 L 分别接电动机的两个绕组，摇动绝缘电阻表的发电机手柄读数。此接法测出的是电动机绕组的相间绝缘电阻。接线柱 E 接电动机机壳（应

清出机壳上接触处的漆或锈等），接线极 L 接电动机绕组上摇动绝缘电阻表的手柄读数，测量出电动机对地绝缘电阻。

（3）电缆绝缘电阻的测量

测量时将绝缘电阻表接线极 E 接地电缆外壳，接线柱 G 接在电缆线芯与外壳之间的绝缘层上，接线柱 L 接电缆线芯，摇动绝缘电阻表的发电机手柄读数。测量结果是电缆线芯与外壳的绝缘电阻值。

2. 绝缘电阻表的使用方法及要求

1）测量前，应将绝缘电阻表保持水平位置，左手按住表身，右手摇动绝缘电阻表摇柄，转速约为 120r/min，表针应指向无穷大（∞），否则说明绝缘电阻表有故障。

2）测量前，应切断被测电器及回路的电源，并对相关元器件进行临时接地放电，以保证人身与绝缘电阻表的安全和测量结果准确。

3）测量时必须正确接线。测量回路对地电阻时，L 端与回路的裸露导体连接，E 端连接接地线或金属外壳；测量回路的绝缘电阻时，回路的首端与尾端分别与 L、E 连接；测量电缆的绝缘电阻时，为防止电缆表面泄漏电流对测量精度产生影响，应将电缆的屏蔽层接至 G 端。

4）绝缘电阻表接线柱引出的测量软线绝缘应良好，两根导线之间和导线与地之间应保持适当距离，以免影响测量精度。

5）摇动绝缘电阻表时，不能用手接触绝缘电阻表的接线柱和被测回路，以防触电。

6）摇动绝缘电阻表后，各接线柱之间不能短接，以免损坏。

3. 注意事项

（1）选用要求和使用前的检查

1）应按被测电气元器件工作时的额定电压来选择仪表的电压等级。测量埋置在绕组内和其他发热元器件中的热敏元器件等的绝缘电阻时，一般应选用 250V 规格的绝缘电阻表。

2）使用前，应先检查表和其引出线是否正常。将两条引出线短路，摇动仪表或打开仪表电源开关进入测量状态，仪表的表针偏转到 0 处或数字指示值为 0，再将两条引出线断开进行测量，指示值为 ∞，则说明正常。

（2）接线和测量

1）测量电动机等一般电器时，仪表的 L 端与被测元器件（例如绕组）相接，E 端与机壳相接；测量电缆时，除上述规定外，还应将仪表的 G 端与被测电缆的护套连接。使用手摇式绝缘电阻表时，手摇的转速应在 120r/min 左右，摇动到指示值稳定后读数。

2）测量之后，用导体对被测元器件（例如绕组）与机壳之间放电后拆下引接线。直接拆线有可能被储存的电荷电击。

（三）电压力锅压力检测表和压力开关间隙调校工具

1. 压力检测表

压力检测表是检测调整电压力锅机舱内压力值的必备工具，它由压力显示表盘、压力接口、拉簧等组成，如图 1-8 所示。一般选在 50~220 元的压力锅压力检测表。

压力检测表的安装方法如图 1-9 所示：首先将电压力锅内装水；然后将电压力锅排气阀取下，再将压力表接口垂直对准排气阀接口；最后插上电源，等待几分钟后，锅内起压，观察压力状况。

使用过程注意事项：

1）压力检测表装好后，通电调试，锅内一般以烧水为参考，等待水温升高，锅内起压，可以读取锅内压力值。等待时间为 10~15min，视环境、水温情况而定。

2）压力检测表显示锅内压力在 0.07~0.08MPa，说明工作压力正常；若压力检测表显示锅内压力小于 0.05MPa，说明压力偏低，会出现煮粥不透、饭煮不熟等故障，需对压力开关与顶杆间距往外调节；如果压力检测表显示锅内压力大于 0.09MPa，说明压力过大，会出现溢锅、爆锅、掀盖等安全故障，需对压力开关与顶杆间距往里调节。

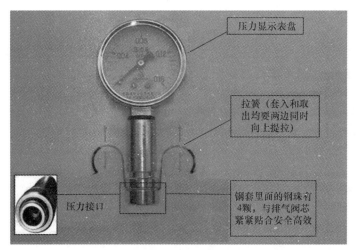

图1-8 压力表

图1-9 压力检测表安装图

3）压力检测过程中，压力检测表不能随意拔下、随意摇晃，避免锅内高温蒸汽瞬间冲出烫伤人员；需在压力检测表读数归零后，确定锅内无压力方可取下。

2. 压力开关间隙调校工具

压力开关间隙调校工具有高温胶、微型螺钉旋具、塞规等，如图 1-10 所示。

压力开关间隙调校工具的使用方法：将塞规（塞尺）插入压力开关内，并将工具放置水平，将"压力开关"上的"调压螺钉锁母"松开，调整"压力开关"上的"调压螺钉"，使螺钉的顶端刚好与工具的表面接触，然后将螺钉上的螺母锁紧，用高温胶将螺钉头的十字槽封上，以免使不了解的人员进行调整（注意调整好后，要看一下"支撑钉"的倾斜和脱落）。

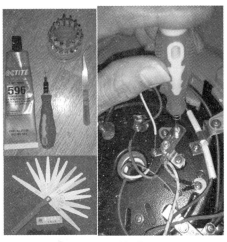

图1-10　压力开关间隙调校工具

（四）消毒柜臭氧浓度检测仪

臭氧浓度检测仪是一款臭氧检测并具有声光报警的仪器，用于臭氧浓度检测及臭氧泄漏报警，采用红外臭氧传感器，检测精度 ≤ ±3%（ES）。它的使用环境温度在 −20~70℃，报警方式有声光与振动两种，具有信号稳定、灵敏度及精确度高、使用寿命长等优点，其可选择的检测范围有 $0~1×10^{-6}$、$5×10^{-6}$、$10×10^{-6}$、$20×10^{-6}$、$50×10^{-6}$、$100×10^{-6}$、$500×10^{-6}$、$1000×10^{-6}$、$5000×10^{-6}$ 等。

臭氧浓度检测仪上下限报警值可任意设定，自带零点和目标点浓度校准功能，内置温度补偿，维护方便，检测方式有扩散式、泵吸式，内置泵可以根据不同的需要进行选择。

> **提　示**
>
> 泵吸式臭氧浓度检测仪（内置泵）能满足不同的需要，可以检测到狭小的空间、人手不容易出入的地方，在仪器上可以接上软管（通常不能超过 15m），可将数十米范围内的气体吸入仪器内进行检测。

（五）空气净化器净化效率检测仪

空气净化器净化效率检测仪（见图 1-11）是用于测量空气净化器进出气风口单位体积内尘埃粒子数并根据进出气口尘埃粒子的个数计算出效率的仪器。其基本原理是激光经尘埃粒子散射后，对光学传感器输出的脉冲信号进行数字信号处理，测量参数设定，结果显示、按键、时间、日期等都由内置微处理单元（MCU）控制和实现。

它的重要组成部件是尘埃粒子分析传感器（具有高灵敏度、高分辨率、高稳定性等特点）与高精度采样泵，通过采样泵采集数据，再经传感器进行检测分析，并将分析的数据实时反映在 LCD 显示屏上。测试时，只需将空气净化器净化效率检测仪分别对空气净化器进风口和出风口进行测量，便能准确反映其净化前后颗粒物个数，并计算出其净化效率百分比。

图1-11　空气净化器净化效率检测仪

三、学后回顾

通过今天的面对面学习，对小家电通用和专用工具的选购和使用均有了直观的了解和熟知，在今后的实际使用和维修中应回顾以下 3 点：

1）小家电维修工具主要有＿＿＿＿＿＿＿＿＿＿＿＿＿＿＿＿＿＿＿＿＿＿＿＿＿＿＿

2）小家电维修工具选购要点是＿＿＿＿＿＿＿＿＿＿＿＿＿＿＿＿＿＿＿＿＿＿＿＿＿＿

3）小家电专用维修工具的使用方法与使用技巧精要是＿＿＿＿＿＿＿＿＿＿＿＿，注意事项
有＿＿＿＿＿＿＿＿＿＿＿＿，特别提示有＿＿＿＿＿＿＿＿＿＿＿＿＿＿＿＿＿＿＿＿

第2天　小家电维修场地的搭建与维修注意事项

一、学习目标

今天主要学习小家电维修场地的搭建和维修注意事项两大内容，通过今天的学习要达到以下学习目标：

1）了解小家电维修场地需要的器材。

2）如何防止维修触电，各器材的购买价格大概是多少，如何挑选。

3）小家电维修注意事项，特别要注意有哪些注意事项。

二、面对面学

（一）维修场地

维修检测的场地必须保持安全、整洁、明亮、通风，地面上及防静电维修台上应有绝缘的橡胶皮覆盖。工作台可使用普通桌子、写字台（或专用的防静电维修台），最好在桌子上平铺一块绝缘橡胶皮，既可以起绝缘作用，又可以起到小家电拆／装及翻板过程的防滑作用；同时在工作台的下面也垫上一块橡胶皮，以起到脚部与大地绝缘的作用，确保人身安全。

防静电维修台（见图1-12）网购价格为170~600元，一般购买200多元的就可以了，选购时应注意维修台具有耐冲击、抗老化、抗氧化等特点，方便清洁、色调鲜明，完全符合国际环保要求。维修台上不可有任何金属框架露出，以防意外事故的发生。维修人员必须远离水管、冷气管等接地装置。检测操作时，严禁坐金属椅子，以防发生触电事故。

图1-12　防静电维修台

为了保证检修端与大地的绝缘，除工作台做好绝缘措施外，使用有绝缘柄的工具前，必须检查绝缘柄的绝缘性能是否良好，这样就保证了检修者与带电体的绝缘。

（二）维修注意事项

1）切忌盲目拆卸。

2）不能随意调整可调元器件。

3）不能随意采用代换元器件。

4）注意人机安全。

5）带电操作或测量时，一定要注意防止短路现象的发生。如测量时防止表笔的滑动、测量中不能转换量程或量程选择的不合理等。

6）当电器内熔丝熔毁时，在未查明短路故障原因之前，不可随意更换新熔丝，更不可随意用大容量规格熔丝或铜丝来代替。

7）重物或工具不要放置在检修电器的机壳上，防止脱落后砸坏机内元器件或短路电路。

8）拆卸下的螺钉、元器件要妥善保管，便于修后整机装配。

9）电烙铁是最常用的工具，它的电源线经常会发生卷绕，出现这种情况，就应随时理顺。除应防止被

电烙铁烫伤外，还应特别注意电烙铁把电源线烫破。

10）机内不得留有任何异物，如线头、螺钉、垫片之类。安装时，元器件不得碰机壳或底座。

三、学后回顾

通过今天的面对面学习，对小家维修场地的搭建和维修注意事项有了直观的了解和熟知，在今后的实际使用和维修中应回顾以下 3 点：

1）小家电维修场地是如何搭建的？_____

2）小家电维修采用的防静电工作台如何选购？_____

3）小家电维修的注意事项有_____。特别要强调的有哪几点_____

第3天　小家电清洗方法与步骤

一、学习目标

今天主要学习小家电的清洗方法和步骤。通过今天的学习要达到以下学习目标：

1）了解小家电（如豆浆机、榨汁机、电开水壶、吸油烟机、吸尘器、净水器、消毒柜、洗脚器等）的清洗方法。

2）掌握小家电的清洗步骤。

3）熟知小家电的重要清洗部位。

二、面对面学

（一）豆浆机的清洗

1.过滤网的清洗

早期购买的豆浆机都是带过滤网的，过滤网清洗时比较麻烦，下面介绍易清洗的方法：①用"火攻"：可用钳子夹着放在灶具上火烧，烧尽后，再用不锈钢丝球擦干净；②用"牙刷"：用刷毛稍硬一些的牙刷及时清洗，刷完用白醋泡。

2.网罩的清洗

现在豆浆机的多为无网豆浆机，可是还是要有网罩来筛去多余的豆渣，网罩清洗时可用清洁刷轻轻地用流水冲刷，清洗最好是在刚做完豆浆后。

3.电加热器的清洗

桶内电加热器上出现结垢，可用毛刷对其进行刷洗；若一时无法刷去，可用冷水浸泡一段时间后再行清洗，然后倒掉清洗后桶内的余水，再稍加清水洗一下倒掉即可。也可用烧煮开水的办法去除电加热器表面垢层。

4.机头的清洗

机头用水简单清洗一下后，然后拿湿的白洁布擦拭，再冲洗一下就好了；特别不好除掉的干渣，可以在容器里装一些清水，水量不能淹到机头，然后将机头立在里面泡一会，再拿布擦就可以了；清洗时一手拎着机头，一手清洗即可，不会划伤手。

5.清洗豆浆机应注意事项

①豆浆机受热后网罩与机头下盖扣合过紧，拆卸网罩时应先用凉水将其冷却，以免用力过大而划伤手或弄坏网罩；②豆浆机不能直接全部泡在水里清洗，只能将下盖部分放在水中浸泡，上盖部分不能，因为上下盖合缝会进水，这样豆浆机进水，容易损坏电子元器件（如电动机、主板、灯板等），造成短路发生危

险；③不能直接从上盖上淋水冲洗，要冲洗时，只能对着机头下盖部分冲洗。

（二）榨汁机的清洗

1）把搅拌杯内清洗干净，冲洗以去除任何剩余在搅拌杯内的汤或者其他食物，并用柔软带有温和的洗涤剂的擦布抹去残余的食物并再次冲洗干净。简单地安装好机器，并添加 800mL 水和少量中性洗涤剂。盖好杯盖，然后开机，选择【果汁/奶昔】或【点动】程序使刀片旋转来清洗搅拌杯（可以随时按【开/关】键停止清洗过程）。

2）多功能的榨汁机大多会有绞肉、磨粉、榨水果等功能，有时清洗起来比较麻烦，下面介绍易清洗的方法如下：

① 绞肉之后是比较难清洗的，刀头处经常会有碎肉末，首先在搅拌肉的时候，要多放些油，这样会降低它的黏性，搅拌完后，放进些吃剩的馒头或面包等食物再绞一下，绞肉机中的油脂和肉末会被面食带出，再清洗就比较容易了。

② 干磨花椒、大料后，细小的粉末就会聚集刀头，清洗会有一些难度，这时需要配合清洁剂进行清洗，再用干布擦拭，最后最好用开水进行烫洗，这样能让刀头缝隙中的细末充分溶解，从而方便清洗。

③ 水果中含有大量的纤维，特别是芒果和西红柿等水果，经常鲜榨果汁的消费者可能会注意到，刀头会很难清理，因为刀头处堵塞很多的果肉，清洗时就要小心了，将刀头处堵塞的纤维条可按其绕的方向慢慢抽出，其他的可用钢丝球进行刷洗，但是不要过于用力，以免弄坏刀头。

3）清洗榨汁机应注意以下事项：①搅拌杯内的刀片不可拆卸，刀片非常锋利，清洗时应注意安全；②清洁前应将电源插头拔掉；③使用后立即清洗最为容易。

（三）电热水壶的清洗

1. 外观清洁

用湿软布清洁水壶外表面，再用干布擦干。若水壶外部水垢较厚，可采取以下方法快速去除，即只需放入洗洁精，再用铁抹布或较硬的清洗工具刷洗水壶的表面即可，还可以适当地加一些小苏打水，清洁效果更佳。

2. 内部清洁

自来水或非蒸馏水中的矿物质可能会沉积在水壶底部导致污垢，从而影响水壶的使用性能，所以请定期对水壶进行除垢操作。以下介绍 3 种易清洗的方法：

1）醋除水垢。在水壶里加入水壶刻度 10% 的白醋，再加满水，烧开放置 1h 左右，然后刷洗就可以了（陈醋也可以，但陈醋的效果没有白醋的好）。

2）小苏打除水垢。在结了水垢的铝制水壶烧水时放 1 小匙小苏打，烧沸几分钟，水垢即除。还可倒入浓度为 1% 的小苏打水 500g 左右，或将食醋加热装入瓶内，轻轻摇涮，水垢即可除掉。

3）土豆除水垢。铝壶或铝锅使用一段时间后，会结有薄层水垢。将土豆皮放在里面，加适量水，烧沸，煮 10min 左右即可除去。

3. 清洗时应注意事项

1）清洁之前一定要把水壶的电源插头从电源插座上拔下。

2）切不可把水壶或电源底座浸入水中或打湿，以防出现漏电现象。不可使用有毒的清洁济清洗。

（四）电熨斗的清洗方法

1）可以用软的湿布擦洗。如果衣物焦化粘在底板上，不可强行刮除，避免损坏镀层，可以用墨鱼骨擦除焦化的粘附物。

2）去除电熨斗底部的痕迹，可取去污粉约 80%、蜡约 10%、植物油约 10% 配成抛光磨料。使用时，将此磨料涂在电熨斗底板上，用化纤布用力揩擦痕迹处，即可及时清除痕迹。或者挤牙膏于底板的痕迹上，用绸布反复擦拭，效果相同。

3）蒸汽型熨斗使用一段时间后，若喷汽孔有白色粉末出现，可以用加白醋的水注入熨斗，加热 10min 后断开电源，摇动熨斗进行清洗，然后倒出，用清水冲几遍即可。

（五）吸油烟机的清洗方法

1. 主机体的清洗

每日使用完吸油烟机后，都应清洗主机体表面。机体表面涂层清擦时请用中性洗涤剂和松软抹布，请勿使用牙刷、洗衣刷等硬毛刷和汽油、酒精等腐蚀性化学试剂擦拭。

2. 油杯的清洗

在油杯积油未满之前，及时清除油杯内积油（通过透明油标可以观察积油高度）。将油杯拆下，倒掉积油并把油杯洗完后，按相反次序安装好油杯即可。

3. 冷凝板的清洗

请定期清洗冷凝板，建议每月最少一次。

4. 热洗方法

首先取下油杯清除杯内的积油；取下进水口装饰盖；注入蒸馏水或纯净水（约 800mL）；把进水口接头插入进水口处；将清除完积油的油杯装回原位；长按热洗键 2s 启动热洗功能；热洗结束后，清除油杯的污水，再将油杯装回原位，如图 1-13 所示。

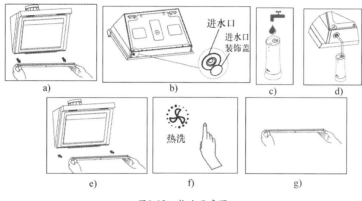

图1-13　热洗示意图

5. 滤网的清洗

拧开固定网罩的螺钉；将取下的网罩放在中性洗涤剂的温水中浸泡 5~10min；用软的塑料刷子把过滤网孔隙中的污垢清洗干净，再用干抹布擦干；安装好后，检查器具的油路是否顺畅和蜗壳上的密封圈是否能密封。

6. 扇叶和蜗轮的清洗

除了用油烟净之外，还可以用洗洁精 + 食醋混合液清洗，这种溶液对人体无污染。还有一种是高压蒸汽法，具体做法是在高压锅内放半锅冷水，加热，待有蒸汽不断排出时取下限压阀，打开吸油烟机将蒸汽水柱对准旋转着的扇叶，油污水就会循着排油槽流入废油盒里。

7. 清洗时应注意事项

清洁前请务必拔掉电源插头；清洁时请戴上橡胶手套，以防金属件的快口伤人；拆下的零部件轻拿轻放，以免变形；请根据使用频率和周围环境状况，进行定期的清洁和保养；清洗时，电动机和电气部分不能进水；不能用力拉扯内部连接线，否则会使连接点松脱，造成触电危险。

（六）净水器的清洗方法

净水器的类型有很多种，不同类型的净水器清洗起来也是有着不同的方法，清洗净水器时，要确定是什么样的净水器，管道过滤器的滤芯主要有 PP 棉、块状炭、活性炭、陶瓷、超滤、交换树脂、RO 反渗透几种，其中陶瓷芯可以用牙刷和清水刷，交换树脂可以用饱和食盐水再生，超滤可以通过反冲洗来冲洗。

清洗净水器时，可把它放在干净的盆中，将滤芯上下拧开，上层的圆盖打开后，有两层无纺棉布，用新的牙刷轻轻地放在水里刷干净，下层（有很多层石头）下方有个塑料盖，拧开，里面也有两层无纺棉布和沙石，各自轻轻地放在水里刷干净，再把滤芯放入水后上下摇晃几下，最后将净水机的每一件都用水冲洗干净，并按原来的样子安装即可。大约每隔一个月就要清洗一次。

介绍 3 种清洗方法，用户可以根据自己的情况进行选择，第一种和第二种需要在专门机构进行，而第三种可以在家中自行清洗，为了保障健康用水，提高生活品质，一定要定期清洗净水机：

1. 加压过滤法

该方法就是利用专业家用净水器机械自身的循环压力清洗，达到清洗的目的，然后通过机械压力将水垢和杂质完全排出。清洗时，将清洗机的一端接到净水器的入水口，另一端接入净水器下部的排水口，形成一个闭环循环，同时采用专用消毒清洗剂。

2. 臭氧杀菌法

臭氧杀菌法就是利用臭氧杀菌作用来达到清洗净水器的目的，但这种清洗方法不能清除掉净水机水垢等杂质。清洗时，排空机内剩水后，将消毒机的接口和净水器的入水口对接上，将臭氧注入净水器内胆，经过大约 20min 熏蒸后，装上水桶后放出少量的水，臭氧在几小时内就会分解为氧气、水和二氧化碳，经过臭氧处理过的净水机，1~2h 就可喝到安全放心的水了。

3. 药片、消毒剂清洗法

此种方法可在家中自行进行购买了去污泡腾片或专用消毒剂，溶解在水中形成消毒液，然后将净水机中剩余的水排出，用消毒液擦洗水器的各部位，其他的消毒液灌入内胆，一般 15~20min，打开净水器的开关和排污管，排尽消毒液，再使用 7~8L 的清水冲洗净水机的内胆。在冲洗过程中一定要冲洗干净以免留下残留，在溶解药片形成消毒液时一定要按照药物说明进行。

（七）吸尘器的清洗方法

1. 外观的清洁

清洁外观时，用蘸有肥皂水的软布擦拭即可，但是千万不能用有机溶剂清洗，以免外观塑料开裂、褪色或者掉漆，当然也不可用钢丝球等硬物清洁，以免给机体造成损害。

2. 过滤器的清洁

对于纸制的过滤器，可用软毛刷刷去过滤纸上的尘土，刷尘时要细心谨慎，不可用力过猛，以免使过滤纸破裂；对于用绒布作过滤介质的过滤器，应用冷水清洗后再晾干，千万不可以采用热水洗泡，也不要烘干，否则会将细孔堵塞，影响吸尘时的吸力。

3. 集尘袋的清洁

集尘袋如果是一次性的，及时更换即可；如果是集尘布袋，将袋中的灰尘碎屑倒去，用洗涤剂将它洗涤一番，然后用温水清洗，自然晾干后方可使用。但是注意一点，要及时检查集尘布袋是否破损，如有破损，要及时修补和更换，以免脏物直接进入电动机，造成机体损坏。

4. 集尘筒的清洁

集尘筒可用家居使用的清洁剂进行清洁，自然晾干后，就可以重新使用。清洁时，注意不能用硬物刮洗，以免造成集尘筒破裂。

（八）消毒柜的清洗方法

1）首先将电源插头拔下，倒出柜体下端集水盒中的水并洗净。

2）将消毒柜的内外表面用干净的湿布擦拭，若太脏，可先用湿布蘸中性洗涤剂擦洗，然后用干净的湿布擦净洗涤剂，最后用干布擦干水分。清洁时，注意不要撞击加热管或臭氧发生器。

3）检查柜门封条是否清洁和密封良好，以免热量散失或臭氧溢出，影响消毒效果。若橡胶门封里嵌入尘粒异物，可用尖头筷子，在筷头上包上一小块薄薄的微湿软布，从上到下慢慢拨下尘粒异物，以保门封光洁。

4）清洁注意事项：擦洗时请不要用力过猛，也不要敲击，否则有可能会引起损坏或变形。应经常注意内胆底部或接水盘是否有积水，如果有积水应及时将积水清理干净，否则易引起表面出现浮锈。

（九）加湿器的清洗方法

1. 表面的清洁

加湿器表面要及时清洁才能保证里面不被污染。将软布在低于40℃的温水漂洗后，拭去表面污渍。

2. 蓄水桶的清洁

取出水箱，打开加水盖，先加入少量的清水，再向水箱中滴入清洗剂5~10滴（可视结垢程度酌情增减），旋上加水盖，浸泡2~5min，然后将水箱上下摇动，直到除去水垢，最后用清水将水箱冲洗干净。

3. 底座清洗

加湿器底座上的细节很难清洗，可使用小刷子蘸肥皂水等清洁剂进行清洗。在清洗加湿器的底座时，需要先将加湿器中的水倒掉，之后往加湿器中加入一定的水和清洁剂，同时将其摇晃均匀，让清洁剂充分溶解。一段时间之后将水倒掉。

4. 出雾口的清洗

出雾口一般会附着在蓄水桶上，分为出雾通道和出雾口，通道用蘸肥皂水等清洁剂的湿毛巾塞入，旋转擦干净，出雾口处要注意除了擦外，最好是浸泡再清洗。当加湿器雾化片上有水垢出现时，用户可以使用白醋等将水垢充分溶解，之后把加湿器雾化片清理干净。

5. 水槽与水位保护开关的清洗

若水槽内结有水垢，可用软布蘸清洗剂擦洗；若水位保护开关上结有水垢，可滴几滴专用清洗剂，用软毛刷清洗，再用清水将水槽冲洗干净。

6. 换能器的清洗

向换能器表面滴注清洗剂2~4滴（可视结垢程度酌情增减），浸泡2~5min；用软毛刷轻轻刷洗换能器表面，直至除去水垢，用清水冲洗换能器表面。

7. 清洗注意事项

清洗前，必须先拔掉插头切断电源，防止不小心滴入水滴之后出现触电的现象；不能使用沾有化学溶剂、汽油、煤油、抛光粉的布去擦拭表面；清洗时不能将水溅入底座内部，以免发生危险或损坏机内部件。

（十）空气净化器的清洗方法

1. 主机、正面面板

面板很脏，用少许中性洗涤剂加入温水中，用抹布浸透拧干后擦拭面板上的污垢，用水洗后并擦干。

2. 风机的清洗

风机、电极上积尘较多时，要进行清除，一般每半年保养一次。可用长毛刷刷除各电极及风叶片上的灰尘。

3. 过滤网的清洗

过滤网的清洁方法如图1-14所示：握住把手并向前拉，以打开前面板；从主机中拉出过滤网，以待清洁或更换；从滤网箱中将滤网拉出取下；清洁过滤网。

空气净化器的过滤网有许多类别，以下分别介绍它们的清洁：

（1）预过滤网的清洗

一般以每月清理1~2次为宜，清理时可拆下滤网，使用吸尘器或抹布将灰尘清走，若厂家注明过滤网可水洗，在使用清水洗刷干净后，需甩干或用电吹风吹干后再装入空气净化器。

（2）抗过敏源过滤网的清洗

建议每个月进行一次清洁，这层过滤网不能水洗，使用一段时间后可以对它进行拍打除尘。

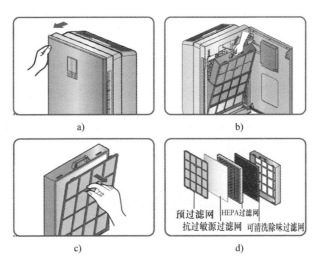

图1-14　过滤网的清洁

（3）活性炭过滤网的清洗

该层过滤网不能进行人工清洁，建议更换周期一般为6个月。

（4）HEPA过滤网的清洗

HEPA（高效粒子空气过滤器）由非常细小的有机纤维交织而成，对微粒的捕捉能力较强，孔径微小，吸附容量大，净化效率高，并具备吸水性。因此，HEPA一般情况下不能进行水洗（除非注明可用水洗的），使用6个月时建议更换一次。LG公司所使用的HEPA可以水洗，但由于每进行一次水洗都会影响到该过滤器的使用效果，因此建议清洁次数在16次以内。

4. 灰尘感应器的清洗

灰尘感应器是感应大小灰尘微粒的设备，必须定期清洁镜头部分以保持性能。清洁方法如图1-15所示：打开前面板；打开感应器盖；用棉棒擦拭灰尘感应器的镜头。清洁镜头后，按相反顺序关闭灰尘感应器的盖子。

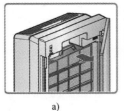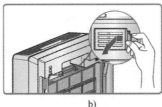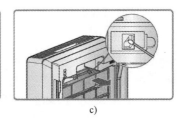

图1-15　灰尘感应器的清洗

（十一）洗脚器的清洗方法

1. 盆内的清洗

清洗时盆内可正面朝上冲洗，不可翻转冲洗，严禁让水从背面散热孔进入盆内，以免破坏电气功能，发生危险。洗脚器内壁如果有异物或其他污垢，可先用冲浪功能简单清洗，再用软布进行擦拭，内壁不能用硬物刮洗。

2. 盆外围的清洗

盆的外围可用毛巾擦拭。用后可用少量清水清洗一遍，每周做一次刷洗，可用洗洁精、洗衣粉之类无严重腐蚀性的清洁剂洗刷。长期不用时，彻底清刷一次，放置晾干后装入包装盒。

3. 过滤网与喷泉出水口的清洗

清洗时可按以下步骤（见图1-16）：①首先把洗脚器断电，把里面的水倒干净；②洗脚器的最下端是一个过滤网，把过滤网取下（有的很结实，可以用螺钉旋具慢慢取下）；③再用螺钉旋具把"喷泉"出水口的螺钉卸下来，把出水口的塑料取下；④取下后，用刷子把过滤网和出水口的塑料刷洗干净；⑤再用清水冲洗洗脚器，直至洗脚器没有污渍漂浮后，把水倒干净；⑥把出水口的塑料重新安装上，用螺钉固定，再把过滤网安装好即可。

4. 清洗注意事项

一些缝隙里存有污垢，清洗时很难清除，由于洗脚器一般为塑料材质，可用洗涤剂和钢丝球清洗，但是注意不要用力过猛，以免损坏机体，在清洗时避开红外按钮和滚轮。

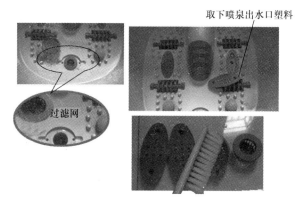

图1-16　过滤网与喷泉出水口的清洗示意图

（十二）智能电饭锅的清洗方法

1）智能电饭锅表面清洗方法如图1-17所示。

● 用湿布擦拭保温座板位置，请勿直接用水冲洗

● 发热盘上如果有水，请用抹布擦干，如果有烧焦的米粒，请用钢丝球或砂纸打磨掉

● 储水槽部位的水请用干抹布擦干

● 内锅放进去之前请把周围和底部的水和米粒擦掉

● 前面如果有米粒，请用牙签或抹布清除

图1-17　智能电饭锅表面清洗方法

2）盖板的拆洗方法如图 1-18 所示。

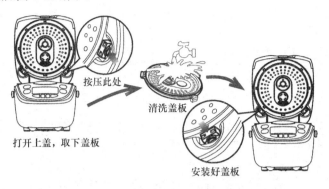

图1-18　盖板的拆洗方法

3）蒸汽阀的拆洗方法如图 1-19 所示。

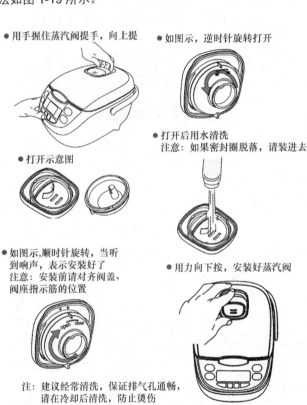

图1-19　蒸汽阀的拆洗

三、学后回顾

通过今天的面对面学习，对小家电（如豆浆机、榨汁机、电开水壶、吸油烟机、吸尘器、净水器、消毒柜、洗脚器等）清洗有了直观的了解和熟知，在今后的实际使用和清洗中应回顾以下 3 点：

1）小家电清洗需要哪些耗材？_____

2）小家电清洗方法有_____

3）小家电的清洗步骤有_____。特别要强调的，清洗时应注意的事项有哪些？_____

第4天　小家电拆机方法与步骤

一、学习目标

今天主要学习小家电拆机方法和步骤。通过今天的学习我们要达到以下学习目标：

1）了解小家电（如吸油烟机、豆浆机、消毒柜、空气净化器、加湿器、电压力锅、电烤箱、饮水机等）的拆机方法。

2）掌握小家电的拆机步骤。

二、面对面学

（一）吸油烟机的拆卸

1.油杯的拆装

拆卸油杯时，用两只手托住油杯两端底部，稍微用力往上台（见图1-20），再把油杯水平往外拉出即可，安装时按相反次序装好即可。

2.冷凝板的拆装

拆卸时可双手轻按冷凝板下两角（卡扣附近），听到"咔"的一声后松开，冷凝板下端打开，双手握住两侧向上拖动，可取下冷凝板（见图1-21）。

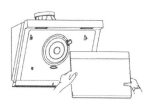

拆冷凝板示意图　　　　冷凝板打开示意图

图1-20　油杯拆卸示意图　　　图1-21　冷凝板拆卸示意图

3.滤网的清洗

用螺钉旋具拆下滤网的固定螺钉，取下装饰盖后双手压住滤网向右上方推，使滤网脱离进风圈的爪扣即可取下滤网（见图1-22）。安装时按相反次序即可。

4.叶轮和蜗壳的拆卸

首先拔下电源插头；打开冷凝板；拆下滤网和装饰盖；拆下喷管；拆下进风圈；按指示方向把叶轮锁母旋下，沿水平方向取出叶轮，如图1-23所示。

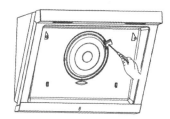

图1-22　滤网的拆卸示意图

（二）豆浆机的拆卸

以九阳JYDZ-510W型不锈钢杯底加热豆浆机为例介绍如下：

1.加热元件的拆卸

将杯底的几颗固定螺钉拧下，即可看到加热元件；拔下加热圈的接插件并拧下固定螺钉、拆下扣环即可卸下加热圈，如图1-24所示。

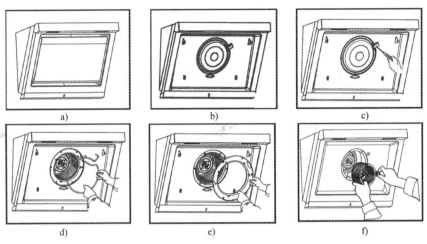

a)   b)   c)

d)   e)   f)

图1-23　叶轮与蜗壳拆卸示意图

2. 机头的拆卸

拆下几颗固定机头盖板的螺钉，打开机头盖板即可看到主控板、电源变压器、串励电动机、继电器控制板等组件。机头的拆卸如图 1-25 所示。

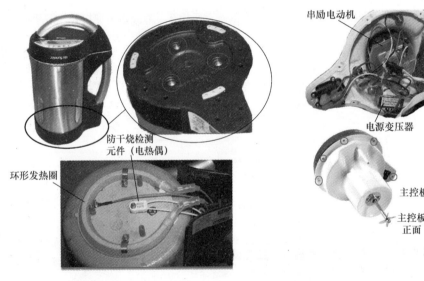

图 1-24　加热元件的拆卸

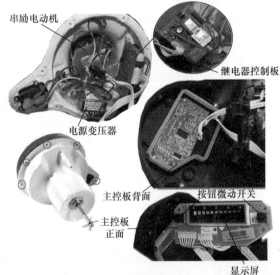

图 1-25　机头的拆卸

3. 电动机与刀片的拆卸

逆时针拧开固定刀片的螺母，即可拆下刀片；拧下固定电动机的几颗螺钉，即可卸下电动机，如图 1-26 所示。

（三）消毒柜的拆装

1. 安装前的准备与检查

1）安装位置必须距离燃气具或电热器具 5cm 以上。

2）安装前必须检查安装部位的强度与表面平整度，否则可能导致机器掉落或柜门的歪斜及错位。

3）电源插座应设置在旁边橱柜内距消毒柜预留位置

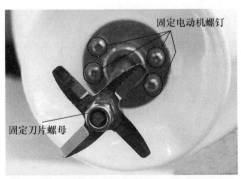

图 1-26　刀片与电动机拆卸

0.3m 以内的范围。

4）安装时仔细检查其他可能导致机器不能可靠固定的因素，避免发生意外。

5）应考虑电气容量。

6）严禁将消毒柜及电源插座安装在可能受潮或被水淋湿的地方。

2. 嵌入式消毒柜的安装方法

1）搬运时应从柜体底部抬起，轻搬轻放，切不可将机门把手作为搬运支撑。

2）食具消毒柜可按需要安装在橱柜基础下部或立柜上部，柜体底部应有平台支撑，不能仅靠门框处的螺钉固定。

3）嵌入在橱柜中安装时，应在橱柜嵌装处合适部位设置通风口（可在橱柜后面或侧面，向外通风的通风孔直径大于 120mm）。

4）在橱柜的设定位置上，设置适定的方孔，将柜体平稳地嵌入方孔，拉开柜门，用 4 个螺钉将柜体固定在与门面齐平的位置，不可倾斜。

（四）空气净化器的拆装

以 LG PS-N551WA 型空气净化器为例介绍如下：

1. 电风扇、电动机的拆卸

1）用螺钉旋具拧下后机壳的 6 颗螺钉，取下柄盖和后盖，如图 1-27 所示。

2）用扳手逆时针旋转拧下螺栓，如图 1-28 所示。

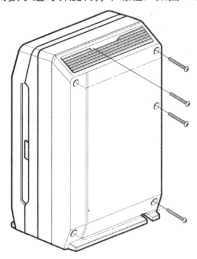

图 1-27　柄盖和后盖的拆卸

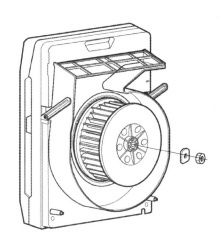

图 1-28　取下螺栓

3）握住电风扇并将其拉出，如图 1-29 所示。

4）用螺钉旋具拧下固定电动机盖的 3 颗螺钉，取下电动机盖，即可卸下电动机（取下电动机时请不要损坏电动机线），如图 1-30 所示。

2. 显示屏 PCB 和触摸键的拆装

1）打开门组件，如图 1-31 所示。

2）用螺钉旋具拧松显示屏盖背面的 3 颗螺钉，断开一条电线和 2 个接头；取下显示屏盖时，断开一个触摸键接头，如图 1-32 所示。

3）用螺钉旋具拧下显示屏盖前面的 4 颗螺钉，即可卸下显示屏，如图 1-33 所示。

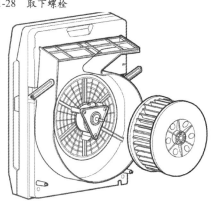

图1-29　卸下电风扇

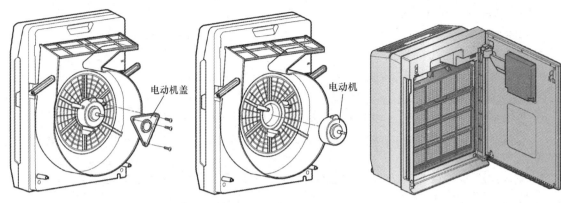

图1-30　卸下电动机　　　　　　　　　　图1-31　打开门组件

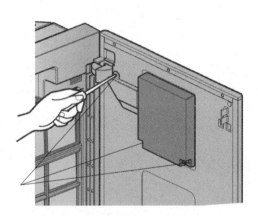

图 1-32　拧松显示屏背面螺钉与触摸键的拆卸

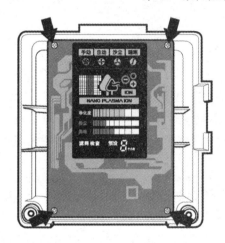

图 1-33　卸下显示屏

3. 气味和灰尘传感器、微型开关和盖端的拆装

拆卸门组件后，取下滤网；用螺钉旋具拧下 6 颗螺钉，取下前机壳组件时，断开各位置的接头，取下气味和灰尘传感器、微型开关和盖端，如图 1-34 所示。

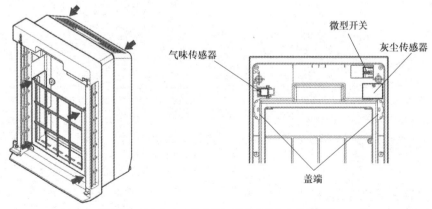

图1-34　气味和灰尘传感器、微型开关和盖端的拆装

4. 引导滤网、支架和磁体组件的拆装

用螺钉旋具拧下前机壳组件上的 6 颗螺钉；取下前机壳时，引导滤网即被取下，然后拧下前机壳上的 2 颗螺钉，即可卸下支架；用一字螺钉旋具取下磁体组件（小心不要损坏扣钩），如图 1-35 所示。

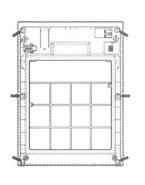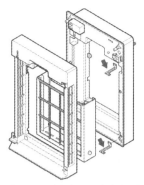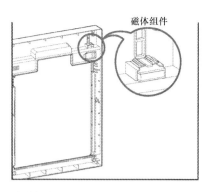

图1-35　引导滤网、支架和磁体组件的拆装

5. 电源 PCB 的拆装

拆卸门组件取下滤网，用螺钉旋具拧下 6 颗螺钉；用螺钉旋具拧下控制 PCB 机壳上的 1 颗螺钉和电源 PCB 上的 2 颗螺钉，卸下电源 PCB（断开接头时小心不要损坏 PCB），如图 1-36 所示。

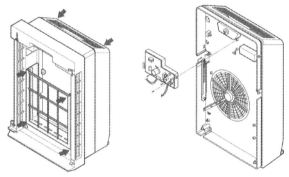

图1-36　电源PCB的拆装

（五）电压力锅的拆装

1. 底座的拆装

将电压力煲倒放于工作台上，旋出底座固定螺钉，如图 1-37 所示，用螺钉旋具插入底座与桶之间的缝隙，小心撬动，撬开一定空间后，另一只手从对面往螺钉旋具方向用力推，此时，底座将自动弹出。

图1-37　旋出底座固定螺钉

安装锅底时，先对准锅底的固定螺钉，然后往下用力压，听到"啪"的一声，表明锅底已装入，旋紧固定螺钉即可。

> **提　示**
>
> 外锅内部有 3 颗螺钉，分别是压力开关固定螺钉和集水盒的固定螺钉，这 3 颗螺钉不能动，不能当作外壳螺钉乱拆，以免影响外锅的密封性和压力开关的固定性。

2. 集水杯的拆装

将手放在如图 1-38 所示位置，用拇指拿紧集水杯向外拉，直到听到 "咔嚓" 声，即可拿出集水杯。

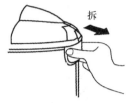

> **提 示**
>
> 在向外拉集水杯时，不要用力过猛，否则水会从集水杯内溅出。

图1-38 集水杯拆卸示意图

如图 1-39 所示拿紧集水杯将集水杯往放水槽内轻轻一推，听到 "咔嚓" 声即可。

3. 蒸汽阀的拆装

如图 1-40 所示，向上拉的同时，轻微左右旋转便可拆下。若左右旋转拆卸困难，可采用双手从内部轻微推出蒸汽阀，如图 1-41 所示。再按箭头所示 "松" 的方向旋转，向外拉，即可将组件分开。

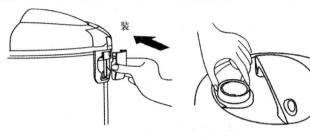

图 1-39　集水杯安装示意图　　　图 1-40　左右旋转蒸汽阀示意图　　　图 1-41　双手从内部轻微推出蒸汽阀

将蒸汽阀座上的三角标记对准蒸汽阀盖上圆形标记的位置。按箭头所示 "紧" 的方向旋转，直到两个三角标记对准并且听到 "喀" 的响声为止，再准确地将其插至锅盖的蒸汽阀孔内。

4. 压力盖的拆装

将手指插入上盖和压力盖之间一拉，即可拿下压力盖。

压力盖有文字的一面面向自己，将压力盖插入槽中即可。

（六）吸尘器的拆装

1. 软管的拆装

如图 1-42 所示，安装软管时，将软管的主吸管插入机器吸口，注意主吸管上的两个凸点要和吸口里的两个凹槽对齐，插入后顺时针方向旋转约 30°（到转不动为止），锁住。

如图 1-43 所示卸下软管时，抓住主吸管，逆时针方向旋转 30° 左右（转不动为止），向外拔出即可。

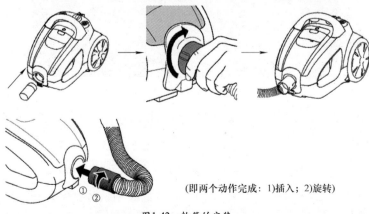

（即两个动作完成：1）插入；2）旋转）

图1-42　软管的安装

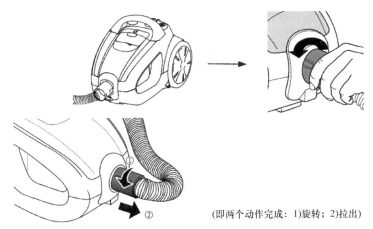

(即两个动作完成：1)旋转；2)拉出)

图1-43　软管的拆卸

2. 伸缩管及附件的组装

1）如图 1-44 所示，将软管手柄插入伸缩管不带螺旋纹的一端，约 5cm 深。

2）如图 1-45 所示，将金属伸缩管调到合适的长度。用力推动金属伸缩管的上推钮，同时用力拉管子，拉到需要的长度，然后自然放开推钮，让它自然卡到卡槽里。

3）将地刷连接到金属伸缩管上，把伸缩管带螺纹的一端插入地刷管口约 3cm，感应牢固为止，如图 1-46 所示。

4）根据所清扫的地面情况（比如光滑地板，还是地毯），按下地刷按钮的 A 端或 B 端。

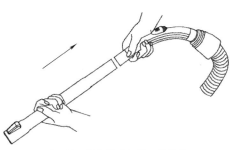

图1-44　将软管手柄插入伸缩管

图 1-45　将金属伸缩管调到合适的长度并卡至卡槽里

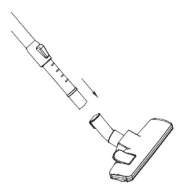

图 1-46　地刷连接到金属伸缩管上

提　示

　　组合扁吸 / 沙发吸可单独与伸缩管或者软管连接起来使用，可以把扁吸 / 沙发吸直接连接到软管的手柄端，也可以连接到金属管的一端，沙发吸和扁吸对墙角、推拉门缝隙、踢脚线上沿等宽度较小的地方清理效果好。

---

3. 尘杯组件的拆装

（1）尘杯的拆卸

如图 1-47 所示，一只手的大拇指按下尘杯提手按钮（图中 2），其余 4 个手指抠住提手，轻轻往上，另一只手按住机器，即可取出尘杯（若上拉感应困难，请稍用力重新按下按钮，再往上拉）。

（2）尘杯里 hepa（可处理干型）过滤筒的拆装

捏住 hepa 过滤筒上水平方向的塑料把手，按照逆时针方向旋转 90°，直到此塑料把手成为垂直方向，向外拉，则 hepa 过滤筒取出。然后另一只手把 hepa 带网眼的罩子，如图 1-48 所示，按箭头方向旋转网罩约 10°，听到"嗒"的一声，即可取出网罩。

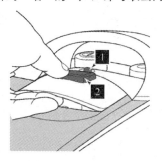
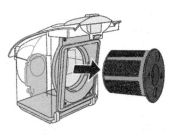

图 1-47 按下尘杯提手按钮   图 1-48 hepa 过滤筒的拆卸

尘杯里 hepa 过滤筒安装步骤与上述拆卸步骤相反。

（3）hepa 网罩的拆装

hepa 网罩是卡在 hepa 滤芯上的，如图 1-49 所示，此时网罩上的"锁"标记处在与滤芯上的一个卡扣交合位置（图中虚线圈所示）。

如图 1-50 所示，一只手把住 hepa 上的横栓，同时，另一只手把住网罩末端。

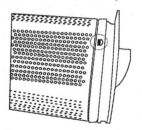
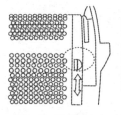

图 1-49 网罩上的"锁"标记处在与滤芯上   图 1-50 hepa 网罩拆卸步骤一
的一个卡扣交合位置

两只手相反方向用力悬（大约 20°），使得网罩上的锁扣脱钩，如图 1-51 所示，则网罩与 hepa 滤芯脱离。

hepa 网罩安装步骤与上述拆卸步骤相反。

（七）电烤箱的拆装

1. 安装位置的选择

1）安装电烤箱平面必须平整，柜内尽量使电烤箱周围空气流通，夹板和垫板采用不可燃的绝热材料加以覆盖。

2）严禁将电烤箱及电源插座安装在可能受潮或被水淋湿处。电源线接插方便，且必须正确接地。

3）电烤箱应与燃气具及高温明火保持安全距离。

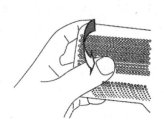

图1-51 hepa网罩拆卸步骤二

2. 烤架导轨的拆装

烤架导轨拆卸如图 1-52 所示，先将烤架的前端从烤箱壁①上拉出，再将烤架后端卸下②。

烤架导轨安装如图 1-53 所示，必须使烤架导轨的圆形末端朝前，再将烤架导轨后端插入位置①，再将前端插入位置②，按压复位。

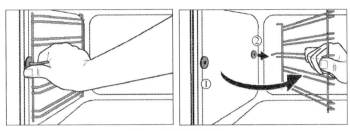

图1-52　烤架导轨拆卸

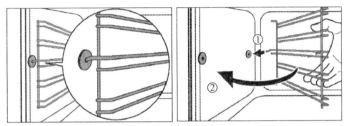

图1-53　烤架导轨安装

3. 烤箱门的拆装

（1）从门铰链卸下烤箱门

如图 1-54 所示，先完全打开烤箱门，完全松开两边铰链上的卡扣（A），将门向上旋转 45°，双手握住烤箱门的两边，向上拉出。

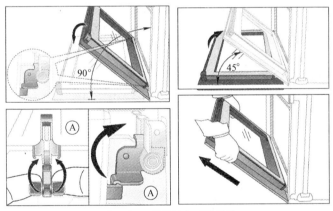

图1-54　从门铰链卸下烤箱门

> **提　示**
>
> 将烤箱门外侧朝下放在柔软的平地上（如地毯），以防产生划痕。

（2）从门铰链安装烤箱门

如图 1-55 所示，双手握住烤箱门两侧把手，与烤箱体成 45°。将烤箱门底部定位在铰链上。保持这一角度，让门自由滑下。完全打开烤箱门，将卡扣A拨回到原来的位置，关上烤箱门。

（八）饮水机的拆装

1）以格力 RY-DR 型冷热饮水机为例进行介绍。拆开后盖螺钉，拆下后盖（见图 1-56）。

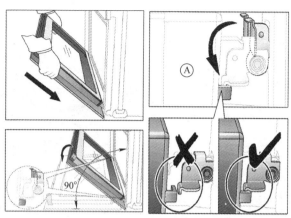

图1-55 从门铰链安装烤箱门

2）拿下后盖，露出电子制冷块，拆下制冷块上的固定螺钉，可拆下制冷块（见图1-57）。

图1-56 拆开后盖螺钉，拆下后盖

图1-57 拆下制冷块

3）拆下线束和制热水箱（见图1-58）。

4）拆下饮水机的定时器（见图1-59）。

制热水箱

图1-58 拆下线束和制热水箱

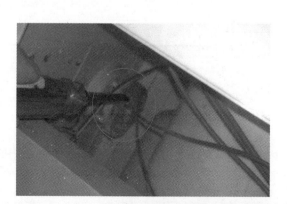

图1-59 拆下饮水机的定时器

5）拆下饮水机电路板的挡板固定螺钉（见图1-60）。

6）拿下饮水机主控电路板（见图1-61）。

图1-60 拆下饮水机电路板挡板的固定螺钉

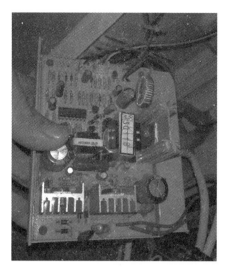

图1-61 拿下饮水机主控电路板

7）拆下加热水箱上的双金属片温控器（见图1-62）。

8）拆下消毒柜中的臭氧发生器连接线（见图1-63）和上盖，拆下臭氧发生器。

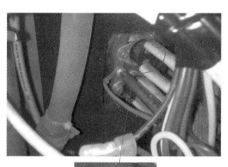

图1-62 拆下加热水箱上的双金属片温控器

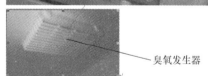

臭氧发生器

图1-63 拆下臭氧发生器

9）按上述拆机过程的相反顺序装上饮水机。

三、学后回顾

通过今天的面对面学习，对小家电拆机有了直观的了解和熟知，在今后的实际使用和维修中应回顾以下3点：

1）小家电拆机需要哪些工具和耗材？＿＿＿＿＿＿＿＿＿＿＿＿＿＿＿＿＿＿＿＿＿＿＿

2）小家电拆机步骤有哪些？＿＿＿＿＿＿＿＿＿＿＿＿＿＿＿＿＿＿＿＿＿＿＿

3）小家电拆机注意事项有哪些？＿＿＿＿＿＿＿＿＿。特别难拆的重要拆卸部位有＿＿＿＿＿＿

第2章
面对面学小家电维修入门——菜鸟级

第5天 小家电电子基础

一、学习目标

今天主要学习小家电的电子技术基础，通过今天的学习要达到以下学习目标：

1）了解小家电的概念及小家电的种类。

2）掌握智能小家电的概念和功能。

二、面对面学

（一）小家电的概念

小家电也可以被称为软家电，它是和大家电相提并论的，一般来说大小之分，主要是功率以及体积的大小，例如空调器、电冰箱、洗衣机等属于大家电。小家电的种类非常繁多，而且和人们的日常生活有着很大的关系，很多都是生活中的必需品，可以说小家电是提高人们生活质量的家电产品，例如目前很被市场认可的豆浆机、电磁炉等，都提高了生活质量；再例如，加湿器、空气净化器、消毒碗柜、榨汁机、多功能食品加工机、电子美容仪、电子按摩器等是追求生活品质的家电。

小家电产品技术的提升，也在不断地推动用户的消费升级，近年来小家电产品的更新换代速度越来越快，比如电动剃须刀不再局限于简单的剃须功能，还具有全身水洗、浮动剃须等新型功能及时尚的外观，引导着消费理念、消费趋势。另外，目前电脑芯片的技术已经成熟，体积越来越小的芯片为小家电智能化发展提供了基础。事实上，近些年小家电行业也陆续开始了智能化地探索，比如电饭煲的预约功能、智能扫地机的防跌倒功能等。

（二）智能小家电的概念

智能这一概念并不是科学术语，人们将具有部分或全部智慧特征的能力统称为智能。如果把人类智慧特征能力搭载在某种家电上，从而部分或全部代替人完成某些事情，或完成人类不能完成的事情，这样的家电就可以称为智能家电。因此，具备灵敏感知能力、正确思维能力、准确判断和有效执行能力，并把这些能力全部加以综合利用的产品就是人们所说的智能家电。

智能家电和传统家电的区别，不能简单地以是否装了操作系统、是否装了芯片来区分。它们的区别主要表现在对"智能"二字的体现上。其实对人们来说，智能这个词眼并不陌生，在身边已经充满了智能化，比如人们使用的智能手机、高压锅温控器等，只是这些智能化产品程度较低以致未能察觉。随着网络、遥感技术的成熟，如今的智能化小家电插入了操作系统从而拥有人了的思维、感知、判断、执行能力，差不多就拥有了人的智慧，所以有能力去代替人类完成某项事情甚至完成人类无法完成的事情，是真正意义上的智能化。

（三）智能小家电的功能

智能小家电主要有以下功能：

1）不需要人为操作就可以根据周围环境作出相应的反应，自动达到与之相符的最佳状态。

2）智能家电与传统家电相较更富有人的情感，它可以根据人的习惯动作作出感知，能够满足顾客丰富的、高层次的要求，不像传统家具那样机械化。

3）智能小家电能够根据实际情况自动调整家电运行时间，实现最大化地节约能源。

4）可以根据自身情况对家电进行个性化设置，比如自动断电、自动停止微波炉加热、智能空调器根据季节自动调整成最佳温度。

5）当家里没人时，发生着火、煤气泄露、暴水管等情况时能够自动报警。

以下介绍几种生活中最常见的智能小家电及其功能：

（1）智能吸尘器（又叫扫地机器人）

智能吸尘器（见图 2-1）初步实现了在无人情况下的自主工作方式，很大程度上提高了清洁类家电产品的智能化、自动化水平。智能吸尘器配备了微电脑系统的电动保洁设备，它能够按照人们的设置清洁房间的某一特定部分或全部。智能吸尘器是内置智能芯片，能自动识别判断家庭环境，计算行走路径，自动清扫地板上的灰尘，自动清理毛发和碎物，清扫任务完成后，自动返回充电，智能吸尘器的核心技术是芯片和里面的软件。智能吸尘器一般带有灵敏的电子眼，不但可以自动感应灰尘，还可以感应高度，并且打扫过的区域不再重复打扫。

（2）智能空气净化器

智能空气净化器（见图 2-2）是智能家庭服务机器人的一种，它能够自主移动，寻找空气污染源，净化空气；结合了传统空气净化器和机器人的特点，突破了传统空气净化器只能定点净化的局限性，给每个房间都带来洁净空气，实现全屋无梯度净化。智能空气净化器一般备有 LDS 激光扫描系统、能够实时监测空气变化的环境识别系统、能够灵敏避障的行走识别系统和 3M 专业净化滤材，匹配进风面，能够层层净化空气，过滤、杀菌一步到位。

图 2-1　智能吸尘器实物图

温湿度感应
感知所处房间温度及湿度，干湿冷暖数据化呈现

亮度感应

异味感应

微尘感应

防撞板

图 2-2　智能空气净化器实物图

其次，智能空气净化器能够用手机 APP 实时互连。通过手机 APP 可随时查看室内空气质量及净化效果，同步记录数据，实现远程掌控。同时可以进行七天定时预约，选择净化模式，并查看历史记录，分享至朋友圈等。

（3）智能豆浆机

豆浆机是大家最为熟悉和喜爱的智能小家电，不但清洁方便，而且功能齐全，全程傻瓜式操作，无需再去调节，十分方便。智能豆浆机可以实现使用者在办公室或者户外，就能通过操作手机上的 APP 软件随时遥控家中的豆浆机，不限时间、不限距离，哪怕不在同一个网络下也可以实现云链接，随时做出各类美味饮品。如图 2-3 所示为九阳 DJ08B-D667SG 型智能豆浆机，它可以通过配置 Wi-Fi 连入互联网，用户可以通过"九阳云家电"手机 APP 对豆浆机进行远程控制，实现远程开启、关闭豆浆机等功能。

（4）智能电饭煲

智能电饭煲（见图 2-4）是通过电脑芯片程序控制，实时监测温度以灵活调节火力大小，自动完成煮食过程。具有"煮饭好吃、预约定时、多种功能"三大特点，时尚、便捷，是现代生活流行的新潮厨房家电产品。

图 2-3　智能豆浆机实物图

图 2-4　智能电饭煲实物图

智能电饭煲与电饭煲的外形区别在于电饭煲锅和盖是相连的，这样有利于保温，而电饭煲是锅、盖分离的，在用途上，电饭煲可以蒸煮食物和饭，而智能电饭煲除此外还可以蒸蛋糕或者煲汤之类。

（5）智能吸油烟机

智能吸油烟机（见图 2-5）采用现代工业自动控制技术、互联网技术与多媒体技术的完美组合，能够自动感知工作环境空间状态、产品自身状态，能够自动控制及接收用户在住宅内或远程的控制指令；更高级的智能吸油烟机作为智能家电的组成部分，能够与住宅内其他家电和家居、设施互连组成系统，实现智能家居功能。

（四）小家电的种类

小家电品类繁杂，新品更替较快，需要不断引导消费者的注意力和消费需求，现按目前的使用功能，可分为以下五大类：

图2-5　智能吸油烟机实物图

1. 厨房用小家电

主要包括豆浆机、电热水壶、电压力煲、吸油烟机、电磁炉、电饭煲、电压力锅、电饼铛、电烤箱、烤饼机、电煎锅、煮蛋器、打蛋机、消毒碗柜、榨汁机等。

2. 家居用小家电

主要包括电风扇、吸尘器、智能扫地机器人、除湿机、加湿器、空气净化器、负氧离子发生器、饮水机，电动晾衣机、电驱蚊器、电熨斗、电动牙刷、电吹风、干手机等。

3. 取暖电器用小家电

主要包括电暖器、电热被、远红外线电热炉、浴灯等。

4. 保健美容用小家电

主要包括减肥美容器、足底按摩器、保健型按摩椅、摇摆机、音频电疗器、电子按摩器、电动剃须刀、电子美容仪等。

5. 个人使用数码产品类

主要包括 MP3、MP4、电子词典、掌上学习机、游戏机、数码照相机、数码摄像机等。

三、学后回顾

通过今天的面对面学习，对小家电的概念和种类有了直观的了解和熟知，在今后的实际使用和维修中应回顾以下 3 点：

1）什么是智能小家电？_____

2）小家电有哪些种类？_____

3）生活中最常见的智能小家电功能有哪些？＿＿＿＿＿＿＿＿＿＿＿

第6天　小家电通用元器件识别与检测

一、学习目标

今天主要学习小家电通用元器件，通过今天的学习要达到以下学习目标：

1）了解小家电有哪些通用元器件，这些元器件有什么作用，同一元器件又有哪些细分种类。

2）掌握小家电通用元器件的实物识别方法、电路图形符号和物理量的换算。

3）熟知小家电通用元器件的检测方法和步骤。今天的重点就是要特别注意学习损坏元器件的检测和判断技巧，这是小家电维修中经常要用到的一种基本操作技能。

二、面对面学

（一）电阻器

1. 电阻器的识别

电阻器（英文名称为 resistance，通常缩写为 R）是一个限流元件，将电阻器接在电路中后，电阻器的阻值是固定的，一般是两个引脚，它可限制通过它所连支路的电流大小；也可说它是一个耗能元件，电流经过它就产生内能。电阻器在电路中通常起分压限流、温度检测、过电压保护等作用。电阻器可根据阻值能否变化分为固定电阻器、特殊电阻器、可调电阻器三大类。电阻器的基本单位是欧姆，用希腊字母"Ω"表示。

2. 电阻器的检测

如图 2-6 所示，将万用表置于"×1k"档，将两表笔（不分正负）分别与电阻器的两端引脚相接即可测出实际电阻值。由于电阻档刻度的非线性关系，其中间一段分度较为精细，因此应使表针指示值尽量落在刻度的中段位置（即全刻度起始的 20%~80% 弧度范围内），以确保测量结果更精确。根据电阻器偏差等级不同，读数与标称阻值之间有 ±5%、±10% 或 ±20% 的允许偏差。若不相符，超出偏差范围，则说明该电阻器变值。

图2-6　电阻器的检测

> **提　示**
>
> 测试时，特别是在测几十 kΩ 以上阻值的电阻器时，手不要触及表笔和电阻器的导电部分。被检测的电阻器从电路中焊下来，至少要焊开一个头，避免电路中的其他元器件对测试产生影响，造成测量误差。色环电阻器的阻值虽然能以色环标志来确定，但在使用时最好还是用万用表测试一下其实际阻值。为了提高精度，在测量时应根据实际测量电阻器标称值的大小来选择量程（通常 100Ω 以下电阻器可选"×1"档，100Ω~1kΩ 电阻器可选"×10"档，1~10kΩ 电阻器可选"×100"档，10~100kΩ 电阻器可选"×1k"档，100kΩ 以上的电阻器可选"×10k"档）。

（二）电容器

1. 电容器的识别

电容器（Electric Capacity）简称电容，是一种容纳电荷的元件，其最基本功能就是充电和放电。由两个金属极，中间夹有绝缘材料构成。电容器在电路中通常用字母"C"表示，它在电路中的主要的作用是滤波、耦合、延时等。因绝缘材料的不同，所构成的电容器的种类有所不同（如瓷介电容器、涤纶电容器、电解电容器、钽电容器及聚丙烯电容等），但基本结构均相同。

2. 电容器的检测

（1）固定电容器（瓷介电容）的检测

1）10pF 以下小电容器的检测。由于 10pF 以下的小电容器容量太小，只能选用万用表的"×10"档测量电容器是否存在漏电，内部是否存在短路或击穿现象。测量时，将万用表两表笔分别接电容器的任意两个引脚，阻值应为无穷大。如图 2-7 所示。若实测得阻值为零或表针向右摆动，则说明电容器已被击穿或存在漏电故障，该电容器已经不能使用了。

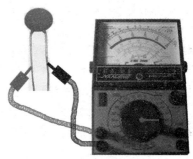

图2-7　小电容器的检测

2）10pF~0.01μF 电容器的检测。对于 10pF~0.01μF 电容器质量的好坏，主要是根据其充放能力来进行判断。检测时，可选用一只硅晶体管组合的复合管，将万用表置"×1k"档。用万用表的红表笔和黑表笔分别与复合管的发射极 e 和集电极 c 相接。由于复合晶体管的放大作用，把被测电容器的充放电过程予以放大，使万用表表针的摆动幅度加大，从而便于观察。若万用表表针摆动不明显，可反复调换被测电容器的两引脚接触点，使万用表表针的摆动量增大，以便于观察。

3）0.01μF 以上电容器的检测。对于 0.01μF 以上电容器检测，可用万用表直接测量其充电情况及内部有无短路或漏电。检测时，将万用表拨至"×10k"档，观察其表针向右摆动的幅度大小来判断电容器的容量。向右摆动的幅度越大，电容器的容量就越大。

（2）电解电容器的检测

电解电容器质量，一般用电容量的误差、介质损耗的大小和漏电流 3 个指标来衡量。这 3 项指标采用专用仪器可以很方便地判断，在没有专用仪器的情况下，也可以用万用表进行检测。

电解电容器质量好坏利用数字万用表的蜂鸣器档进行检测，其方法如下（见图 2-8）：将万用表置于蜂鸣器档，用黑、红表笔分别搭接在电容器的两个引脚上，应能听到一阵短促的蜂鸣声，随即声音停止，同时显示溢出符号"1"；然后再将两表笔互换测量一次，蜂鸣器也有一阵短促的蜂鸣声，然后显示溢出符号"1"，说明被测电解电容器基本正常。若测试时，蜂鸣器一直发声，说明电解电容器内部已短路；若互换表笔测量，蜂鸣器始终不响，屏幕显示为"1"，则说明被测电解电容器内部断路或失效。

图2-8　电解电容器质量的检测

利用指针式万用表电阻档检测，其方法如下（见图 2-9）：电解电容器的容量较一般固定电容器大得多，在检测时应针对不同的容量选用合适的量程进行，一般情况下 1~47μF 的电容器，可用"×1k"档测量，大于 47μF 的电容器可用"×100"档测。检测时，将万用表拨至："×1k"档，红表笔接电解电容器的负极，黑表笔接其正极，若电容器正常，表针将向右即"0"的方向摆动，表示电容器充电，然后表针又向左即无穷大方向慢慢回落，并稳定下来，这时表针指示数值为电容器的正向漏电阻。电解电容器的正向漏电阻值越大，相应的漏电流则愈小，正常的电容器其正向漏电阻应在几十千欧或几百千欧以上。

图2-9　电解电容器质量的检测

电解电容器的好坏不但要根据它的正向漏电阻的大小，而且还要根据检测时表针的摆动幅度来判断。如果电阻值虽然有几百千欧，但表针根本不摆动，说明该电容器的电解液已干涸失效，不能使用了。如果在测试时，表针一直拨至"0"处不返回，则说明该电容器内部击穿或短路。

使用万用表电阻档，采用给电解电容器进行正、反向充电的方法，根据表针向右摆动幅度的大小，可

估算出电解电容器的容量。电解电容器的容量越大，充电时间越长，表针摆得也越慢。

（三）二极管

1. 二极管的识别

二极管（英文全称 Semiconductor Diode），具有单向导电性及开关特性，是诞生最早的半导体器件之一，几乎在所有的电子电路中都要用到二极管，其作用是检波、整流、开关、限幅、稳压、变容、发光、调制和放大等。二极管在电路中用字母"VD"或"D"表示。

根据作用的不同，二极管可分为普通二极管、开关二极管、快恢复 / 超快恢复二极管、肖特基二极管、变容二极管、稳压二极管、发光二极管、红外发光二极管等。根据材料的不同可分为硅二极管和锗二极管。

2. 二极管的检测

（1）二极管极性的判别

1）观察法。查看管壳上的符号标记，通常在二极管的外壳上标有二极管的符号，带有三角形箭头一端为正极、另一端为负极。发光二极管可以用眼睛观察来区分它的正、负电极，将它放在一个光源下，从侧面仔细观察两条引脚在管体内的形状，通常较大的一端为负极，较小的一端为正极。对于点接触型玻璃外壳二极管，可透过玻璃看触针，金属触针的一头为正极。另外，在点接触型二极管的外壳上，通常标有色点（白色或红色）。一般标有色点的一端即正极。还有的二极管上标有色环，带色环的一端则为负极。

2）表测法。对于不知引脚极性的二极管，可用数字万用表进行检测，其方法（见图 2-10）如下：将万用表置于二极管档，然后两表笔分别搭接在二极管的两个引脚上；若显示值在 1 以下，说明管子处于正向导通状态，红表笔接的是正极，而黑表笔接的负极；若显示值为 1，则说明管子处于反向截止状态，黑表笔接的是正极，红表笔接的是负极。

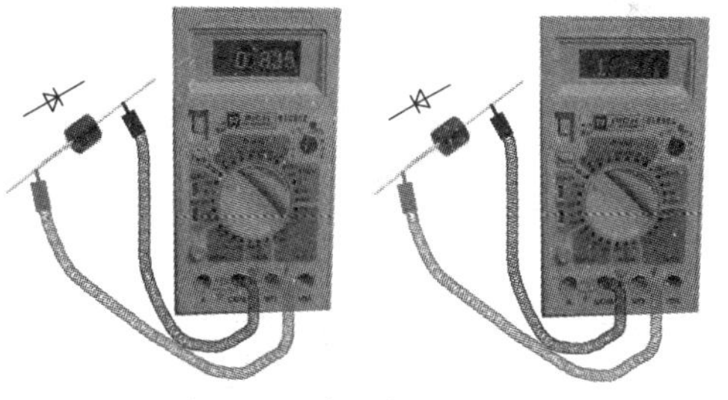

图 2-10 二极管极性的判断

（2）二极管好坏的检测

1）用指针式万用表检测。首先将万用表置于适当档位（一般检测小功率二极管时应将万用表置于"×100"档或"×1k"档），然后分别将两表笔接到二极管的两端引脚上，观察正、反向电阻值的差，如果正、反向电阻值相差较大，且反向电阻接近于无穷大，则二极管正常。如果正、反向电阻值均为无穷大，则二极管内部断路。如果正、反向电阻值均为 0，则二极管内部被击穿短路。如果正、反向电阻值相差不大，则二极管质量太差，不能使用。

2）用数字万用表检测。首先将数字万用表的档位调到二极管档，然后将红表笔接在"VΩ"接口，接着将万用表的两个表笔分别连接二极管的两个引脚，然后再将两个表笔分别对调连接二极管的两个引脚，然后对比显示屏的测量结果。如果测量的正、反向电阻值均为"1"，则二极管内部断路。如果正、反向电阻值均为 0，则二极管内部被击穿短路。如果正、反向电阻值相差不大，则二极管质量太差，不能使用。

（四）晶体管

1. 晶体管的识别

晶体管（transistor）是电子产品中应用最广泛的半导体器件之一，在电路中通常用作放大与开关作用。晶体管的 3 个电极分别为基极（base，简称为 b）、集电极（collector，简称为 c）与发射极（emitter，简称为 e）。晶体管在电路中用符号"V"或"VT"表示，在实际电路中也有用"Q"表示的。

晶体管按构成的材料可分为硅晶体管和锗晶体管两种，目前常用的是硅晶体管；按结构不同可分为NPN 型与 PNP 型；按功率可分为小功率晶体管、中功率晶体管和大功率晶体管 3 种；按封装结构可分为塑料封装晶体管和金属封装晶体管两种，常用的是塑料封装晶体管；按工作频率可分为低频晶体管和高频晶体管两种；按功能可分为普通晶体管、达林顿晶体管、带阻晶体管、光敏晶体管等多种，目前常用的是普通晶体管；按焊接方式可分为插入式焊接和贴面式焊接两类。

2. 晶体管的检测

（1）晶体管好坏的判断

普通晶体管好坏的判断方法很多，首先应该正确辨认晶体管的类型（是 NPN 型管还是 PNP 型管）和表笔的极性（防止测试时出错），然后再用指针式万用表置于"×100"或"×1k"电阻档进行判断，判断方法如下。NPN 型晶体管的判断：将万用表拨到"×1k"档，将黑表笔接在晶体管基极上，红表笔分别接晶体管的集电极和发射极，测基极与集电极之间的电阻，这两种情况下的电阻值均为千欧级（若晶体管为锗管，阻值为 1kΩ 左右；若为硅管，阻值为 7kΩ 左右）。再将红表笔接在基极上，将黑表笔先后接在集电极和发射极上，如果两次测得的电阻值均为无穷大，则说明晶体管是好的，否则说明此晶体管是坏的。下面可进一步判断晶体管的好坏，将万用表打到"×10k"档，用红、黑表笔测量晶体管发射极和集电极之间的电阻，然后对调一下表笔再测一次，这两次所测得的电阻有一次应为无穷大，另一次为几百到几千千欧，由以上即可判定此晶体管为好的。如果两次测得晶体管发射极和集电极之间的电阻都为零或都为无穷大，则说明晶体管发射极和集电极之间短路或开路，此晶体管已不再可用。

对于 PNP 型晶体管，用上面的方法判断时将万用表的红、黑表笔对调一下即可。

（2）晶体管极性的判别

用指针式万用表判别基极（b），测试方法如图 2-11 所示。将指针式万用表开关拨到"×1k"档，用红、黑表笔分别接晶体管任意两只引脚，测量晶体管 3 个电极中两个之间的正、反向电阻，当用第一根表笔接某一电极，而第二根表笔先后接触另外两个电极均测得低电阻值时，则第一根表笔所接的那个电极即基极 b。测试时，应注意极性，如果红表笔接的是基极 b，黑表笔分别接其他两个电极时，测得的阻值都较小，则会判定被测晶体管为 PNP 型管；如果黑表笔接的是基极 b，红表笔分别接触其他两电极时，测得的阻值均较小，则被测晶体管为 NPN 型管。

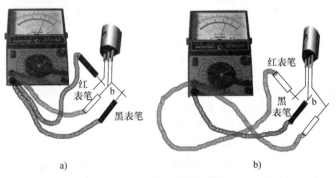

红表笔
红表笔
黑表笔
黑表笔

a)   b)

图2-11　判别基极测试图

a) 测 PNP 型管　b) 测 NPN 型管

判别集电极（c）和发射极（e），测试方法如图 2-12 所示。以 PNP 型管为例，将万用表置于"×1k"档，将晶体管基极悬空，红、黑表笔分别接另外两个引脚，此时表针应指在无穷大位置，然后用手指同时捏住基极与右边的端子，如果万用表表针向右偏转较明显，则右边一端为集电极 c，左边的端子为发射极 e。如果万用表表针基本不摆动，可改用手指同时捏住基极与左边的端子，若表针向右偏转较明显，则表明左边端子为集电极 c，右边的端子为发射极 e。如果测量过程中万用表表针均不向右摆动和摆动的幅度不明显，则说明万用表给被测晶体管提供的测试电压极性接反了，应将红、黑表笔对调位置后按上述步骤重新测试直到将管子的 c、e 极区分开为止。

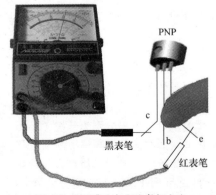

PNP

黑表笔

c

b

e

红表笔

图2-12　测试集电极与发射极方法

（五）集成电路

1.集成电路的识别

集成电路是一种微型电子器件或部件，采用一定的工艺，把一个电路中所需的晶体管、电阻器、电容器和电感器等元器件及布线互连在一起，制作在一小块或几小块半导体晶片或介质基片上，然后封装在一个管壳内，成为具有所需电路功能的微型结构。在电路中用字母"IC"（或用文字符号"N"）表示。集成电路外形有圆形、扁平方形和扁平三角形等。小家电所用集成电路主要有三端集成稳压器、误差放大器、运算放大器、电压比较器、微处理器等。

2.集成电路的检测

（1）集成电路

判断集成电路是否正常通常采用直观检查法、电压检测法、电阻检测法、代换检测法。

1）直观检测法：部分电源控制芯片、驱动块损坏时表面会出现裂痕，所以通过查看就可判断它已损坏。

2）电压检测法：电压检测法就是通过检测被怀疑芯片的各引脚对地电压的数据，和正常的电压数据比较后，就可判断该芯片是否正常。

3）电阻检测法：电阻检测法就是通过检测被怀疑芯片的各引脚对地电阻的数值，和正常的数值比较后，就可判断该芯片是否正常。电阻检测法有在路测量和非在路测量两种。

> **提　示**
>
> 在路测量时若数据有差别，也不要轻易判断集成电路损坏。这是因为使用的万用表不同，或使用的电阻档位不同，都会导致测量数据不同。该集成电路的电路结构不同，也会导致测量的数据不同。

4）代换检测法：代换法就是采用正常的芯片代换所怀疑的芯片，若故障消失，说明怀疑的芯片损坏；若故障依旧，说明芯片正常。注意在代换时首先要确认它的供电是否正常，以免再次损坏。

（2）三端集成稳压器

1）用万用表直接检测：使用万用表的"×100"档，分别检测三端集成稳压器的输入端与输出端的正、反向电阻值。正常时，阻值相差在数千欧以上；若阻值相差不大或近似于零，则表明被测的三端集成稳压器已损坏。

2）用万用表配合绝缘电阻表检测：以AN7805型三端稳压器为例，将被测的三端稳压器输入端接在绝缘电阻表E端正极，输出端接在万用表直流电压档+10V上。绝缘电阻表L端分别与三端集成稳压器外壳、万用表负极相接，进行检测。检测正常时电压为+5V，低于+5V时为失效，高于+5V时为击穿，无电压输出时为开路损坏。

（3）误差放大器

如图2-13所示，常用的TL431是3引脚封装的（外形类似2SC1815），它有3个引脚，分别是误差信号输入端R（有时也标注为G），接地端A，控制信号输出端K。检测时可在与电路脱离的状态下，用万用表测量R、A、K引脚间的正、反向电阻来判断其性能是否正常。

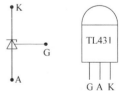

图2-13　误差放大器TL431

（4）运算放大器

使用万用表对运算放大器的电阻值和电压进行检测从而可以判断出其性能是否正常。具体检测方法如下：

1）电阻值检测：如图2-14所示，图中以LM324运算放大器为例，使用万用表检测其电阻值的方法和所测正常值。具体检测方法是：将万用表置于"×1k"档分别检测运算放大器各引脚的电阻值，若测得各对应引脚之间的电阻值与正常值相差不大，则说明该运算放大器性能正常。

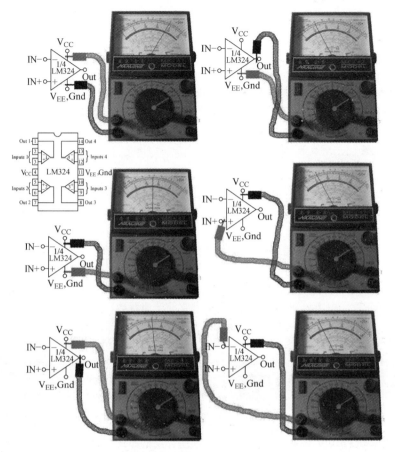

图2-14　检测运算放大器电阻值方法图

2）电压检测：以 LM324 运算放大器为例介绍使用万用表对其电压进行检测的方法。如图 2-15 所示，将万用表拨至直流电压档（如 DC 50V），测量输出端（①脚）与负电源端（⑪脚）之间的电压值约为 22V。然后用手持金属镊子依次点触运算放大器的两个输入端（即加入干扰信号），并观察表针的摆动情况。若表针有较大摆动，则说明该运算放大器性能正常；若表针根本不动，则说明该运算放大器已损坏。

（5）电压比较器

通常使用模拟万用表（指针式万用表），测量各引脚对地（GND）引脚的电阻和各引脚对（V_{CC}）引脚之间的电阻来进行判断（先对一只好的电压比较器进行测量，然后以此为参考数据，来进行判断）。以 LM（SF）339 为例介绍如下：

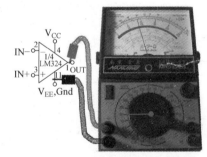

图2-15　检测运算放大器电压方法图

1）非在路电阻法判断。拆下 LM（SF）339 测量各引脚对地（⑫脚）电源（③脚）的电阻正常值（单位：kΩ）如下：对⑫脚电阻:黑表笔接⑫脚阻值依次为①脚 8、②脚 8、③脚 9.5、④脚 9.5、⑤脚 9.5、⑥脚 9.5、⑦脚 9.5、⑧脚 9.5、⑨脚 9.5、⑩脚 9.5、⑪脚 9.5、⑫脚 0、⑬脚 8、⑭脚 8。

红笔接⑫脚阻值为③脚 2.5kΩ，⑫脚 0kΩ，其他的为无穷大。

对③脚电阻为黑笔接③脚，①脚、②脚、⑬脚、⑭脚为 2.4kΩ；红笔接③脚，①脚、②脚、⑬脚、⑭脚为无穷大。

2）电压判断法。根据 LM（SF）339 比较器正向输入时其输出为高电压，反向输入时其输出端为低电压这一原则，测量各比较器输入、输出端电压，判断该比较器是否损坏。例如测量为比较器 2 的⑦脚正向输入（+）电压高于⑥脚反向输入（-）电压，正常时其①脚应输出高电压，否则如果①脚呈现低电压，则为该比较器损坏。

（6）微处理器

微处理器集成电路的关键测试点主要是电源（V_{CC}/V_{DD}）端、RESET复位端、X_{IN}晶体振荡信号输入端、X_{OUT}晶体振荡信号输出端及其他线路输入、输出端。可在路进行检测，其方法是将万用表置于电阻档（见图2-16）或电压档（见图2-17），红、黑表笔分别接集成电路的接地引脚，然后用另一表笔检测上述关键点的对地电阻值和电压值，然后与正常值对照，即可判断该集成电路是否正常。

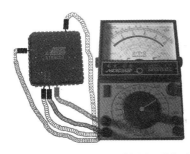

图2-16 微处理器关键点电阻检测

（六）变压器

1. 变压器的识别

变压器是利用电磁感应的原理来改变交流电压的装置，主要构件是一次绕组、二次绕组和铁心（磁心），主要功能有电压变换、电流变换、阻抗变换、隔离、稳压（磁饱和变压器）。小家电中常用的变压器主要有工频电源变压器和开关变压器等，如图2-18所示。

图2-17 微处理器关键点电压检测

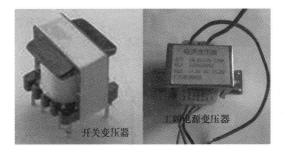

开关变压器　工频电源变压器

图2-18 变压器

2. 变压器的检测

判断电源变压器的好坏，可用万用表测量其绝缘性能、绕组断路或短路来进行判断。

（1）绝缘性能的检测

用万用表"×10k"档分别检测铁心与一次绕组表、一次绕组与各二次绕组、铁心与各二次绕组、静电屏蔽层与一次绕组和各二次绕组的电阻值，万用表表针均应在"∞"处不动，否则说明变压器绝缘性能不良。

（2）断路故障的检测

将万用表置于"×1"档，分别测量变压器一次及各二次绕组的电阻值，若某一绕组的阻值为无穷大，则判断该绕组存在断路性故障。

（3）短路故障的检测

采用测量变压器的空载电流的大小来进行判断。检测接线方法如图2-19所示，先将变压器各二次绕组断开，把万用表置于交流电流档，红、黑两表笔串入一次绕组中，接通电源，观察万用表的指示值与正常值比较，若大于正常值的20%，则判断该变压器绕组存在短路故障。

（七）蜂鸣器

1.蜂鸣器的识别

蜂鸣器（见图 2-20）是一种一体化结构的电子讯响器，采用直流电压供电，广泛应用在玩具、门铃、报警器、豆浆机等电子产品中。蜂鸣器主要分为压电式蜂鸣器和电磁式蜂鸣器两种类型。蜂鸣器在电路中用字母"H"或"HA"（旧标准用"FM"、"ZZG"、"LB"、"JD"等）表示。

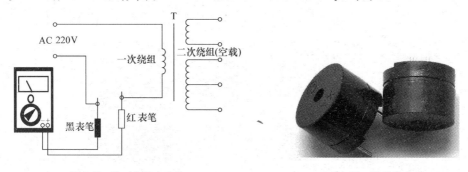

图 2-19　检测电源变压器　　　　　　　　图 2-20　蜂鸣器外形

2.蜂鸣器的检测

将待测的蜂鸣器通过导线与直流稳压器的输出端相接（正极接正极、负极接负极），再将稳压器的输出电压调到 8V，打开稳压器的电源开关，若蜂鸣器能发出响声，说明蜂鸣器正常，否则说明蜂鸣器损坏。

三、学后回顾

通过今天的面对面学习，对小家电通用元器件概念、分类和检测有了直观的了解和熟知，在今后的实际使用和维修中应回顾以下 3 点：

1）小家电通用元器件有哪些？＿＿＿＿＿＿＿＿＿＿＿＿＿＿＿＿＿＿＿＿＿＿＿。

2）小家电通用元器件如何从实物上进行识别？＿＿＿＿＿＿＿＿＿＿＿＿＿＿＿＿＿。

3）小家电通用元器件（电容器、电阻器、二极管、晶体管、集成电路、变压器、蜂鸣器等）如何检测？＿＿＿＿＿＿＿＿＿。特别注意小家电通用元器件是否损坏如何判断和测量？＿＿＿＿＿＿＿＿。

第7天　小家电专用元器件识别与检测

一、学习目标

今天主要学习小家电专用元器件，通过今天的学习要达到以下学习目标：

1）了解小家电有哪些专用元器件，这些元器件有什么作用，同一元器件又有哪些细分种类。

2）掌握小家电专用元器件的实物识别方法、电路图形符号和物理量的换算。

3）熟知小家电专用元器件的检测方法和步骤。今天的重点就是要特别注意学习损坏元器件的检测和判断技巧，这是小家电维修中经常要用到的一种基本操作技能。

二、面对面学

（一）电热开水瓶、电热水壶

1.电热开水瓶交流接触器、煮水电热圈的检测

当怀疑电热开水瓶某一元器件有故障时，可用万用表进行检测，判断其是否损坏。

（1）交流接触器好坏的判断

交流接触器的常见故障是线圈断路或烧坏，可用万用表测量线圈的电阻值，正常时应为 200Ω（不同规格线圈阻值会不同）左右，若为无穷大，则判断已烧坏。

（2）煮水电热圈好坏的判断

煮水电热圈一般为电热管，常见故障是烧坏，可用万用表测量其两端的电阻值，正常时应为十几欧或几十欧（不同规格的电热管，阻值会不同），若为无穷大，则判断该电热圈已烧坏。

2. 电热水壶防干烧温控器的识别

防干烧温控器主要由凸半球形热双金属片、触杆、动静触点、支架等组成。防干烧温控器凸半球形热双金属片与电热管连接端盖凹半球形吻合，能够传递电热管热量。当电热水壶无水时接通电源，电热管立即高热，热量通过连接端盖传给热双金属片而反向变形，触杆顶开动触片，动静触点断开而切断电源。当电热管冷却至常温时，热双金属片恢复原态，动静触点闭合。如图 2-21 所示为防干烧温控器。

3. 电热水壶防干烧温控器的检测

检查时，拔下温控器两引脚插线端子，将万用表红、黑表笔接触温控器的两引脚，再用热的电烙铁接触温控器铝帽，使热量传递给温控器，观察万用表表针能否偏转，若表针偏转，则说明温控器正常；若表针不偏转，则说明该温控器已损坏。

图2-21　防干烧温控器

（二）电压力煲、电饭锅

1. 电压力煲发热盘的识别

发热盘是电压力煲的加热部件，是一个内嵌电热管的铝合金圆盘，发热盘直接与内锅接触，将热能传给内锅。家用电压力煲的发热盘有多种规格，通常 4L 的电压力煲发热盘的功率为 800W，5L 的电压力煲发热盘的功率为 900W，6L 的电压力煲的发热盘功率为 1000W，发热盘的高度通常为 29mm。如图 2-22 所示为发热盘。

2. 电压力煲发热盘的检测

发热盘的检测时，将万用表置于电阻档，测量发热盘引脚之间的电阻值是否正常，正常值应为 50Ω 左右（不同功率的电压力煲其发热盘的电阻不同）。若实际测得阻值为不正常或无穷大，则说明该发热盘已损坏。

图2-22　发热盘

3. 电压力煲压力开关的识别

压力开关用于控制煲内的压力，当煲内不断变化的压力增大到触动了预先设置的闪动开关，其断开停止加热，而完成控制压力的工作。如图 2-23 所示为压力开关。

4. 电压力煲压力开关检测

压力开关的检测方法：首先将内锅放入 1/5 水，在锅盖排气管上放上带有专用接头的压力表，保压时间设置为 5min，通电加热，检测压力开关断开（加热灯灭，保压灯亮）时，看压力表值是否为 55~60kPa。在检测压力开关断开值时，检测压力开关吸合时的压力值范围，比断开时压力值小 5~15kPa。

图2-23　压力开关

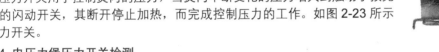

> **提　示**
>
> 切断电源，倒放锅体，打开底板，若压力小于 55kPa，则用小螺钉旋具逆时针方向调节压力开关，重新检测；若大于 60kPa，则用小螺钉旋具顺时针方向调节压力开关，重新检测。

5. 电饭锅限温器的识别

限温器主要用于防止发热盘干烧和温度异常（内煲没放好），当干烧引起的高温和温度异常而使电饭锅不能保证正常工作时自动断电，确保安全。

6. 电饭锅保温开关的检测

电饭锅的保温开关又称恒温器，当怀疑保温开关有故障时，可按以下方法进行判断：在锅内加上 0.5kg 左右的冷水，插上电源，按加热键，当锅内水温上升到 70℃左右时（水中有小气泡向上冒时），用手将按键开关向上抬起，观察指示灯的亮、灭情况。正常状态应该是，指示灯点亮、熄灭过几分钟后，再点亮再熄灭，不断反复。若指示灯一直点亮或一直熄灭，则判断保温开关已损坏。

7. 电饭锅限温器的检测

电饭锅的限温器起断电防止干烧的作用。当怀疑限温器有故障时，可按以下方法进行判断：在锅内加上一杯水，插上电源，按下加热开关，水加热到 100℃时，水蒸气开始蒸发，当锅内的水完全蒸发干后温度上升到 103℃ ±2℃便会听到"咔嗒"一声响，限温器迅速切断电源，指示灯随即熄灭，这说明限温器工作正常。如果锅内的水蒸发干后听不到"咔嗒"声，指示灯也不熄灭，则说明限温器已损坏。

（三）豆浆机

1. 豆浆机防溢电极的识别

防溢电极采用湿敏电阻器，保证在相对湿度达到一定值时产生警报并动作，防止浆液溢出或喷溅造成事故。同时要求防溢电极拥有较高准确性，不会因蒸汽湿度较大导致其动作，从而影响机器正常工作。如图 2-24 所示为防溢电极。

图2-24　防溢电极

2. 豆浆机中继电器好坏的检测

豆浆机工作时，其功能转换是依靠继电器的释放与吸合，接通或断开电路来实现的。一旦继电器线圈或触点烧坏，豆浆机就无法正常工作。但在整机带电状态下，对继电器检测难度较大，因此可采用对继电器单独通电进行检测，方法如下：

（1）电源要求

豆浆机所用继电器的工作电压多为 DC 12V，触点额定电流为 10A（DC 28V）。检测时，应使用 DC 12V 的外加电源。

（2）接线方法

使用万用表，按如图 2-25 所示进行接线，将电源的正极接在续流二极管（续流二极管的作用是防止线圈电感产生浪涌电压）的负极上，负极接在续流二极管正极上。正常情况下，当接通或断开外接电源时，应能听到继电器的吸合或释放声，而且测量常开触点或常闭触点，也应有接通或断开的反应，若无反应，则表明继电器电感线圈有故障。

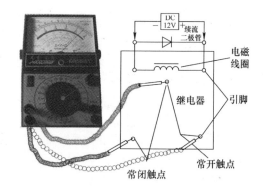

图2-25　用万用表检测继电器

3. 豆浆机电脑板的识别

电脑板主要由微控制单元（MCU）和电子元器件组成，电脑板根据选定的程序发出指令，控制各个有关部件的工作，无需手动即可完成搅拌、打浆、加热等操作过程。比如温度感应器检测温度到了 98℃，数据传输给 MCU，之后 MCU 通过预置的程序，又发指令给电动机，电动机转动，开始打浆。如图 2-26 所示为电脑板外形。

4. 豆浆机电脑板的检测

（1）单片机的检测

单片机故障，应重点检查各接口与单片机的接地点 VSS 接口之间的电阻值，并与正常的在路电阻值相比较，若差距过大，则说明单片机有问题；检测各接口电压的波形是否正常；检测各接口对地的直流电压是否正常。

图2-26　豆浆机电脑板

（2）单片机接口电路的检测

单片机接口电路故障，应重点检查电脑板上的熔丝是否熔断。如果发现熔丝熔断，则应进一步检查引起熔丝熔断的原因，排除电路板上可能出现的短路故障。另外，接口电路易损元器件还有晶闸管、晶体管和限流电阻器，应作为检修的重点。

> **提　示**
>
> 豆浆机电路板安装在机头内，检测十分不便，即使可以检测，但机头内带电测试风险较大，故可采用检测MCU各引脚对地阻值来进行判断，若检测到控制引脚和检测引脚与正常值偏离较大，则有可能是MCU内部击穿、开路或外围元器件有问题。

5.豆浆机电动机的识别

电动机是一种旋转式电动机械，它将电能转变为机械能，主要包括一个用以产生磁场的定子和一个旋转电枢或转子。电动机的使用和控制非常方便，具有工作效率较高，无烟尘、气味、不污染环境，噪声小等特点。豆浆机中常用到单相串励电动机与单相异步电动机两种：

（1）单相串励电动机

单相串励电动机（又称为直流通用电动机）主要由定子、转子、换向器、电刷等组成。其中，定子由定子铁心和定子绕组组成；转子由电枢铁心、电枢绕组和换向器、转轴等组成；换向器由换向片、云母片、塑料组成。由于单相串励电动机无论是接入直流电，还是单相交流电，转子的旋转方向不变，因此称其为交直流通用电动机。如图2-27所示为单相串励电动机外形。

图2-27　单相串励电动机外形

（2）单相异步电动机

单相异步电动机结构较简单，主要由定子和转子两大部分组成。其中，定子由定子铁心和定子绕组（此类型电动机的定子绕组通常有两个：一个称为一次绕组；另一个称为二次绕组）两部分组成；转子由铁心和绕组两部分组成。

6.豆浆机打浆电动机的检测

有相当一部分豆浆机电动机功率余量太小，因功率不足，温升过高，再加上进水、受潮等客观因素而烧坏电动机，几乎是各机型的一种通病。对电动机应首先直观检查，看电动机各绕组是否有烧焦、短路和断路等现象，换向片和电刷是否损坏，电动机上及其周围是否有黑色粉末，用手转动电动机是否灵活。电动机工作不正常或不转，而直观检查未见异常，那么就要对电动机绕组进行检测。

（1）单相异步电动机绕组短路的检测方法

电动机绕组短路包括匝间短路和相间短路，线圈中相邻的两个线匝短路称匝间短路，两相绕组之间短路称相间短路。

1）短路故障的判断：用万用表电阻档（"×10"档）测量其阻值，如果一次绕组电阻值在 65~95Ω，二次绕组在 110~200Ω（二次绕组的阻值比一次绕组的阻值大 50% 左右），说明该电动机正常，如果实测得的阻值较小，则可判断该电动机有短路故障。

2）断路故障的判断：用万用表电阻档测量绕组任意两引线间是否导通，若不导通，则判断该电动机绕组断路。电动机绕组断路或短路，应重新绕制绕组或更换新电动机。

（2）单相异步电动机绕组局部短路的检测方法

单相异步电动机绕组发生局部短路故障后，在通电状态下电动机会有较明显的"哼哼"声，严重发热，即使外加推力电动机也不能运转。绕组局部短路的判断方法如下：

1）测量法：用万用表"×1k"档测量电动机一次、二次绕组的串联电阻，若小于绕组的电阻之和，则可判断绕组存在局部短路。

2）感温法：拆下电动机的转子，用调压器给定子绕组加上 100V 左右的电压，用手感测绕组的发热情况，明显发热的部位则为短路点。

当判断绕组存在局部短路并确定短路点之后，可以采用局部更换的方法进行修复，其具体作法是先给需更换的绕组打上记号，然后将绕组放入装有香蕉水的盆内浸泡 20h 左右，待绕组上的浸漆软化后，取出短路点所在槽的槽楔，然后用尖嘴钳将已损坏的线圈从定子槽内拆除。再按照拆下线圈的线径及尺寸数据重绕后嵌入槽内进行连接，整形、浸漆、烘干处理后，即可使用。

（四）空气净化器和吸尘器

1. 空气净化器负离子发生器的识别

负离子发生器是利用脉冲、振荡电器将低电压升至直流负高压，利用电刷尖端直流高压产生高电晕，高速地放出大量的电子，而电子并无法长久存在于空气中，立刻会被空气中的氧分子捕捉，形成带负电荷的氧离子。如图 2-28 所示为负离子发生器。

负离子发生器在产生大量负离子的同时会产生微量臭氧，两者合一更易附各种病毒、细菌，使其产生结构的改变或能量的转移。

2. 吸尘器单相串励电动机的识别

吸尘器电动机通常采用单相串励电动机（又称直流通用电动机），此电动机的转速可达到 2000r/min 以上，主要由定子、转子、换向器、电刷等组成。其中，定子由定子铁心和定子绕组组成；转子由电枢铁心、电枢绕组和换向器、转轴等组成；换向器由换向片、云母片、塑料组成。由于单相串励电动机无论是接入直流电，还是单相交流电，转子的旋转方向不变，因此又称其为交直流通用电动机。如图 2-29 所示为单相串励电动机。

图 2-28　负离子发生器

图 2-29　单相串励电动机

（五）吸油烟机

1. 吸油烟机单相异步电动机的识别

单相异步电动机结构简单，主要由定子和转子两大部分（见图 2-30）组成。其中，定子由定子铁心和定子绕组（此类型电动机的定子绕组通常有两个：一个称为一次绕组；另一个称为二次绕组）两部分组成；转子由铁心和绕组两部分组成。

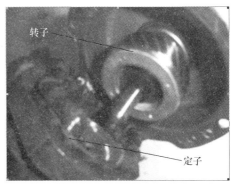

图 2-30　单相异步电动机定子和转子

2. 吸油烟机单相异步电动机的检测（与豆浆机相似）

3. 单相异步电动机转子断条的检测方法

当洗涤电动机不易起动或在空载时运转正常，而在负载后电动机转速变慢时，首先应检查电动机绕组是否存在局部短路、轴承是否磨损或缺油、电容器是否正常。在排除以上因素后，若电动机仍然难以起动及转速很慢时，则应考虑转子导条是否断裂，判断方法如下：拆下电动机，在电动机一次、二次绕组上加 110V 的电压，用手转动一下转子，同时用万用表测量电流，若任一组引线的电流不是均匀的摆动，而是大幅度地升、降，则可判断为转子导条有砂眼或有断条现象。

转子铝条断裂的条数占整个转子槽数的 15% 左右时，电动机就不能正常工作。加载后转速下降，并发出忽高忽低的"嗡嗡"声，振动很大，转子发热，甚至断裂处还会出现火花。转子断条，轻者可以补焊，严重时只能更换新的电动机。

4. 单相异步电动机绕组局部短路的检测方法（与豆浆机相似）

5. 吸油烟机叶轮的识别

叶轮由前盘、后盘、叶片组成，由薄钢板冲压成型并铆接成整体。叶轮可分为普通叶轮与镂空叶轮两种。其中，普通叶轮为前面进风，后面封闭，通常垂直放置，平行于台面；镂空叶轮为前后都进风，形成空气对流，吸力更强劲，与墙体平行设计或垂直放置。如图 2-31 所示为叶轮外形。

6. 吸油烟机叶轮的检测

1）叶轮表面要求电泳处理，电泳层厚度为 35~50μm。

2）叶轮表面处理后应光亮、平整、无斑点、流痕、气泡、露底等现象，附着力强。

3）叶片与前、后盘铆接牢固，不应有明显铆接伤痕及扭曲变形现象。

4）叶轮运行时不应有杂音，联轴器不应有明显铸造缺陷。

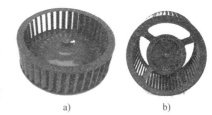

a)　　　　　　　　　b)

图 2-31　叶轮外形

a）普通风轮　b）镂空风轮

（六）消毒柜

1. 消毒柜臭氧发生器的识别

臭氧发生器一般安装在消毒柜的顶部中央（见图 2-32），主要用于杀菌、消毒。它直接插 220V 电即可产生臭氧，其具有输出功率大、工作效率高、浓度可调（根据实际情况，调整合适的臭氧产量和浓度）、过电流、过电压保护等特点。

2. 消毒柜臭氧发生器的检测

判断消毒柜臭氧发生器工作是否正常的方法：在使用臭氧消毒时，可根据柜内的声音和光线来进行判断。正常时，应有高压放电的"嗞嗞"声，且可见放电的蓝光。若无，则说明该臭氧发生器工作异常，已经失去了消毒功能。

图 2-32　臭氧发生器

3. 消毒柜温控器的识别

温控器是一种动作可以限温的也可以是调温的温度敏感控制器，在正常工作期间，通过自动或手动接通或断开电路。当消毒柜内温度超过120℃时断开，红外线管停止工作；当温度降到120℃以下后温控器闭合，红外线管又恢复工作，使柜内温度基本维持在120℃，以此实现高温的消毒过程。如图2-33所示为温控器外形。

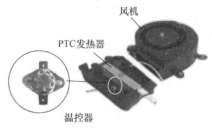

图2-33　温控器外形

4. 消毒柜温控器的检测

高温消毒柜温控器烧蚀黏连，会引起不能断开电源而导致高温消毒不停机故障。检查时，拔下温控器两引脚插线端子，将万用表红、黑表笔接触温控器的两引脚，再用热的电烙铁接触温控器铝帽，使热量传递给温控器，观察万用表表针能否偏转，若表针偏转，则说明温控器正常，若表针不偏转，则说明该温控器已损坏。

（七）饮水机

1. 饮水机半导体制冷片的检测

电子式制冷的饮水机，采用半导体制冷片制冷。当怀疑半制冷片有故障时，可用万用表进行检测。检测时，将万用表置"×1"档，测量其直流电阻值，正常时应为2~3Ω，若实测得为无穷大，则判断该半导体制冷片已损坏。

2. 饮水机电热管的检测

当怀疑电热管有问题时，可用万用表进行检测。检测时，先断开电源，将万用表置"×1"档测量其两引脚的直流电阻值，正常时应为几十欧，若实测得阻值为无穷大，则判断该电热管已烧断，不能继续使用。

3. 饮水机加热温控器的检测

饮水机加热温控器串联在加热电路中，用于对加热温度的控制。当怀疑加热温控器有故障时，可用万用表进行检测。检测时，断开电源，用万用表"×1"档测量温控器触点电阻值，正常时应为0Ω，若实测得为无穷大，则判断该温控器已损坏。

（八）电烤箱

1. 电烤箱加热器的识别

电烤箱加热器（见图2-34）分别装在顶部和底部，是电烤箱的主要工作部件，直接关系着其效率和使用寿命。电烤箱加热器有石英玻璃加热管、硅碳棒加热器、管状加热器、远红外发射器等。

石英玻璃管的特点是清洁美观，表面温度均匀，且生热较快，但机械强度稍差，热效率较低，有的产品在石英管外面涂了红外辐射物质，热效率会大大提高；硅碳棒加热器，一般成本较低，价格便宜，一旦损坏后比较易维修，热效率也不错；管状加热器，外部合金钢管，管内电阻丝和管之间有氧化镁填充，这种产品耐用、性能好；红外线发热器，这种产品较高档，

图2-34　电烤箱加热器

工作稳定发热快，但维修不便。

> **提　示**
>
> 　　红外线加热器与石英管在外形上基本相同，不同之处在于红外线加热器在石英管的管壁上涂有红外涂层，发出光的成分以红外线为主，其为波长 0.75~100μm 的电磁波，它很容易被物体吸取后转变成热能，烤制食物的速度比普通石英管快。

2. 电烤箱电动机的识别

电烤箱中一般有转叉电动机、热风电动机和贯流循环电动机（见图 2-35），也有的只有其中的一个。转叉电动机是用来旋转烤叉的电动机（普通电烤箱转叉电动机位于风机系统里面），可以使整个食物不断旋转；热风电动机能使烤箱内部形成热风对流，使内部温度均匀，增加热量的穿透效果，可以烤肉、烤饼干，也可以烘干东西；贯流循环电动机是用来循环热风，使被烤的食物受热均匀。

图2-35　电烤箱用电动机

> **提　示**
>
> 　　贯流循环电动机循环热风与热风电动机形成热风示意如图 2-36 所示。

3. 电烤箱温控器的检测

将万用表置于二极管档，然后用红、黑表笔搭接在温控器两引脚，观察万用表表针能否偏转；若表针偏转，说明是导通的，则温控器正常；若表针不偏转，则说明温控器损坏，如图 2-37 所示。

图 2-36　热风循环示意图　　　　　　图 2-37　电烤箱温控器的检测

4. 电烤箱热风电动机的检测

电烤箱风机的检测方法如下（见图 2-38）：在未通电情况下，将用万用表置于电阻档，然后分别用红、黑表笔搭接在电源板上黑线和蓝色零线上或接在电动机两端，测其阻值是否为正常的 405Ω，若阻值偏离正常值较多则说明风机有问题。

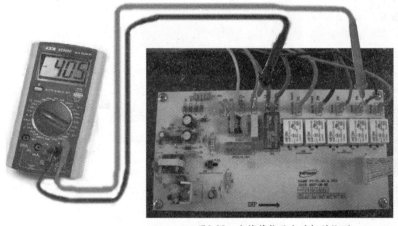

图 2-38　电烤箱热风电动机的检测

5. 电烤箱红外线加热器的检测

红外线加热器的检测方法：首先将红外线加热器接线拆除，然后将万用表置于"×1"档，红、黑表笔分别接在管子的两端测其电阻值。正常时，红外线加热器阻值为 2.5~4.5Ω；若阻值为无穷大，则说明该红外线加热器损坏。

6. 电烤箱电源板、主控板的检测

判断电烤箱电源板是否损坏的方法：用万用表检测电源板上输入电压是否正常，若主控板与电源板连接处无电压，则说明电源板损坏。

判断电烤箱主控板是否损坏的方法：如果输入电压正常，主控板与电源板连接处有电压，说明主控板损坏（通电状态下，用万用表打到 DC 20V 档位，是否有 5V 和 12V 输出），如图 2-39 所示。

（九）加湿器

1. 加湿器换能片的识别

加湿器的换能片就是一个压电陶瓷片（见图 2-40），它把电能转换为机械能，是加湿器的重要部件。

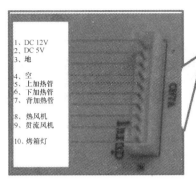

1、DC 12V
2、DC 5V
3、地
4、空
5、上加热管
6、下加热管
7、背加热管
8、热风机
9、贯流风机
10、烤箱灯

图2-39　电源板与主板连接插件示意图

2. 加湿器换能片的检测

当加湿器使用一段时间后会出现换能片结垢、低效或退极失效。判断换能片好坏的方法如下：

1）外观判断法。观察换能片是否存在碎裂、缺损；表面薄银层是否光滑、有无鼓泡、脱落现象。若出现鼓泡或银层部分脱落，说明换能片退极低效或失效。换能器出现锈蚀、电镀层剥脱起泡、麻点、凹凸不平和缺损，有这些情况之一者，应该更换。

2）仪表检测法。可用绝缘电阻表或万用表（"×10k"）测换能片有无漏电或击穿。漏电一般是因防水垫圈老化漏水使换能片反面受潮或黏有脏物所致，可用无水乙醇棉轻擦其正、反面，将脏物擦拭干净后再用电吹风吹干即可。

图2-40　加湿器换能片

三、学后回顾

通过今天的面对面学习，对小家电专用元器件概念、分类和检测有了直观的了解和熟知，在今后的实际使用和维修中应回顾以下 3 点：

1）小家电专用元器件有哪些？＿＿＿＿＿＿＿＿＿＿＿＿＿＿＿＿＿＿＿＿＿＿

2）小家电专用元器件如何从实物上进行识别？＿＿＿＿＿＿＿＿＿＿＿＿＿＿＿

3）小家电专用元器件如何检测？＿＿＿＿＿＿＿＿。特别注意小家电专用元器件是否损坏、如何判断和测量：＿＿＿＿＿＿＿＿＿＿

第8天　小家电电路组成

一、学习目标

今天主要学习小家电的电路组成，通过今天的学习要达到以下学习目标：

1）了解小家电的电路主要有哪些？这些电路的主要作用是什么？

2）掌握各种小家电电路中的具体电路是如何组成的。

3）熟知小家电各电路的电路组成框图。今天的重点就是要特别掌握小家电各电路组成框图，这是小家电维修中经常要用到的一种基本知识。

二、面对面学

（一）扫地机器人电路组成

整个扫地机器人可分为传感部分、控制部分、驱动部分、吸尘部分和电源部分，各部分的原理及具体功能实现如下：

1. 传感部分（感知系统）

传感部分相当于人的五官，起到对外界的感知作用。传感部分一般采用超声波传感器、接触和接近传感器、红外线传感器等来感知外部错综复杂的环境信息。

2. 控制部分（控制系统）

控制部分相当于人的大脑，起到连接对肢体的支配。控制部分的核心是单片机（见图2-41），其工作过程是通过以上各种传感器的使用，得到机器人控制所需要的各种信号，这些信号被送到控制器，由控制器进行存储、运算、处理，然后发出相应命令通过执行机构使智能扫地机器人的机械本体完成规定动作。

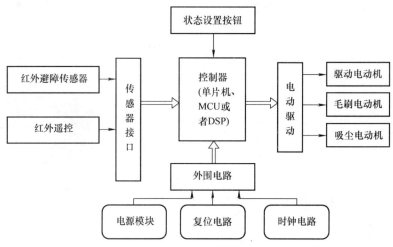

图2-41 控制部分框图

3. 驱动部分

驱动部分相当于人的肢体，被控制起到协调作业。驱动部分是由两个四相步进电动机以及相应的驱动机构组成的（见图2-42）。步进电动机带动两驱动轮（后轮），从而推动吸尘器运动。前轮不再采用传统的双轮结构，而采用了应用非常广泛的平面轴承，这既减少了结构复杂度，又进步了转弯的灵活性。通过改变作用于步进电动机的脉冲信号的频率，可以对步进电动机实现较高精度的调速。同时在对两个电动机分别施加相同或不同脉冲信号时，通过差速方式，可以方便地实现吸尘器前进、左转、右转、后退、调头等功能。

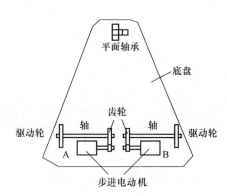

图2-42 驱动部分

4. 吸尘部分（清扫系统）

吸尘部分是由封闭在壳体中的小型吸尘器完成的。吸尘部分包括气泵、吸室、吸道和吸嘴。在吸尘器爬行的过程中，通过底盘上开的吸嘴将扫过的地面上的灰尘吸进吸室。

5. 电源部分（电源系统）

电源部分是提供机器所需要的动力系统，即指智能扫地机器人的供电方式。由于扫地机器人是以自主方式工作的，因而所用的电源不是一般拖线方式，而是采用随机身携带的蓄电池（3A/20h），这样不但可实现无人控制，而且工作时较灵活，一次充电可以连续工作几小时。

（二）吸尘器的电路组成

不同品牌的吸尘器其电路结构大同小异，但其原理是一样的。如图2-43所示是某品牌吸尘器电路参考图，主要由控制电路、显示电路和电动机电路三部分组成，其工作原理是IC1（NE555）定时器与外围元器件组成控制电路，用来触发脉冲，其②脚为同步信号输入端，引入与市电同步的控制信号，触发脉冲由③脚输出，经变压器B耦合去触发双向晶闸管（晶闸管）BCR。

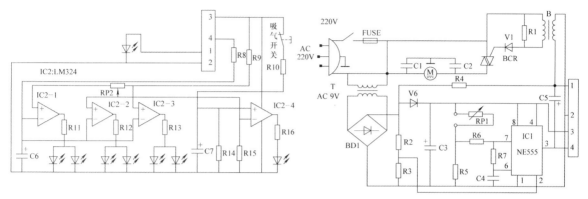

图2-43　某品牌吸尘器电路参考图

显示电路由IC2（LM324）集成运算放大器及黄、绿、红发光二极管等元器件组成；IC2-1与外围元器件组成弱档显示电路；IC2-2与外围元器件组成中档显示电路；IC2-3与外围元器件组成强档显示电路；IC2-4与外围元器件组成堵塞显示电路。当吸尘器堵塞时，红色指示灯亮，绿色指示灯用作电源指示；当吸尘器通电时，绿色指示灯亮，表示电源已工作。

双向晶闸管BCR、电动机M、变压器B等组成电动机电路。变压器B将控制电路输出的触发脉冲耦合后，由B的绕组输出，经二极管V1加至BCR的门极，BCR导通，电动机M得电运转，吸尘器开始工作。调整RP1的值，可改变BCR的导通角，从而控制电动机的转速，即调整了吸尘器的工作状态。

（三）电压力煲电路组成

电压力煲主要由电源电路、继电器控制电路、温度传感器电路、数码显示控制电路等组成。

1. 电源电路

如图2-44所示为电源电路原理图。

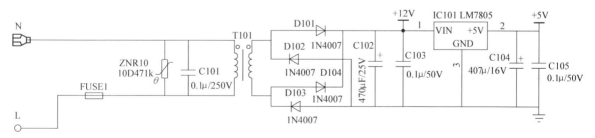

图2-44　电源电路原理图

1）220V交流电源经ACL、ACL接入，电源熔丝FUSE1过电流保护，在负载短路或电流大于10A时，电流熔丝熔断，防止负载短路或过热起火。

2）压敏电阻器ZNR101过电压保护，当电源最高电压短时间（小于50μS）超过470V时，压敏电阻器ZNR101处于短路状态，将电源电压钳制在470V，保护后级电路。当电源电压持续超过470V或电压过高时，压敏电阻器将击穿无法恢复，在压敏电阻器击穿时短路电流使电流熔丝熔断。

3）C101 对电源滤波，由变压器降压后经二极管 D101~D104 全桥整流，再经过电解电容器 C102、瓷片电容器 C103 滤波输出直流 +12V，为继电器的工作电压。

4）+12V 经三端稳压器 LM7805 稳压到 +5V，为芯片和其他外围电路供电。

2. 继电器控制电路

如图 2-45 所示继电器控制电路原理图。

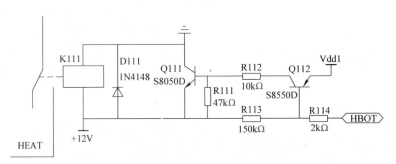

图2-45　继电器控制电路原理图

1）继电器 K111 是通过晶体管 Q111 的导通与截止分别控制继电器的断开与吸合，继电器的公共端接了交流 N 极，常开端连接加热组件。

2）控制 Q111 与 Q112 的导通是电路板芯片 IC 输出使能信号端 HBOT，输出高电平时 Q112 截止，此时继电器吸合，开始加热。

3）输出低电平时，Q112 导通，继电器被短路，停止加热，续流二极管 D111 主要是防止误动作。

3. 温度传感器电路

如图 2-46 所示为温度传感器电路原理图。

1）热敏电阻器一端接 5V 直流电源端 VDD2，一端与比例电阻器 R1 相连接，分压后 V 经 R2 电阻器反馈到 IC，程序运行过程接收温度点电平信号，做出相应的调节功率控制。

2）二极管 D1、D2 在电路中起到电平信号钳位作用，确保热敏电阻器变化过程输出的电平信号随之稳定变化。

3）电容器 C1、C2 在电路中扼制吸收尖峰电平信号等干扰影响，确保感温稳定。

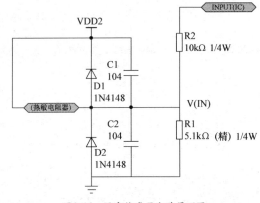

图2-46　温度传感器电路原理图

4. 数码显示控制电路

如图 2-47 所示为数码显示控制电路原理图。数码显示控制电路，以两位数码管为例，主要零部件为两个 PNP 型晶体管、一个数码管和若干电阻器。连接在两个晶体管的 4 个电阻器主要作用是为晶体管提供偏置电压，COM1 和 COM2 连接单片机的两个输出端口，连接在数码管引脚的 8 个电阻器主要起限流保护作用，电阻的另一端分别接单片机的 8 个输出端口。

1）当 COM1 输出 5V 高电平，COM2 输出 0V 低电平时，再用单片机控制 SEG1~SEG8 端口输出电压的高低值，可以使数码管的第一位"8"和第一个小数点点亮或熄灭。

2）当 COM1 输出 0V 低电平，COM2 输出 5V 高电平时，可以用同样的原理使第二位"8"和第二个小数点点亮或熄灭。

3）单片机每 10ms 刷新一次数码管的显示参数，分别使两位数码管单独显示不同参数，当人用肉眼去观察时，可以看到两位数码管是同时点亮的。

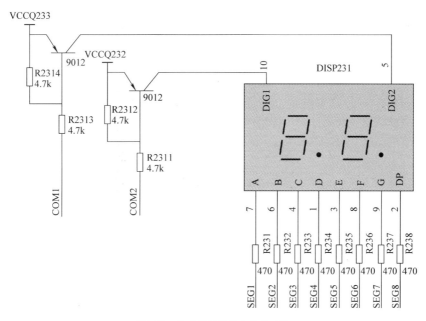

图2-47 数码显示控制电路原理图

（四）消毒柜电路组成

电子消毒柜电路由电源电路、控制电路和加热电路组成，如图2-48所示为电子消毒柜电路原理参考图。图中，电源电路主要由电源开关S1、消毒定时开关S2、启动按钮SB1、停止按钮SB2等组成；加热电路主要由加热器EH、臭氧发生器O$_3$、加热温控器T1等组成；控制电路主要由继电器K、保温温控器T2、保温开关S3等组成。

1）接通电源开关S1，将温控器选择至需要消毒的档位，按下启动按钮SB1，继电器K得电吸合，常开触点K2闭合，加热指示灯亮，加热器EH通电加热。

2）按下消毒定时开关S2，选择合适的时间，S2闭合。臭氧发生器得电产生臭氧对柜内食具进行消毒。

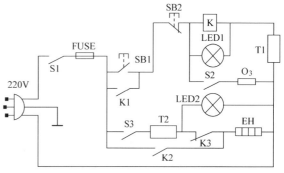

图2-48 电子消毒柜电路原理参考图

S1—电源开关 S2—消毒定时开关 S3—保温开关 SB1—启动按钮

SB2—停止按钮 K—继电器 EH—加热器

O$_3$—臭氧发生器 T1—加热温控器 LED1—消毒指示灯

T2—保温温控器 LED2—保温指示灯

3）当消毒时间达到定时时间，S2断开，臭氧发生器停止工作，消毒结束。

4）消毒结束后，消毒柜内加热器继续加热对食具进行烘干。当柜内温度达到120℃左右时，温控器T1动作，切断继电器K供电源，继电器常开触点K1、K2断开，加热器停止加热，加热指示灯熄灭。

5）加热后进行保温，保温电路由S3、T2及K3组成，当消毒结束后，保温开关S3接通，市电经S3、T2及K3加至EH一端，另一端直接接零线形成回路，保温指示灯亮。

6）随后保温加热器EH加热，当柜内温度上升到60℃时，T2动作断开电路，EH停止加热。

7）当柜内温度低于60℃时，T2又闭合，接通电路，EH又得电加热，如此反复，使柜内温度始终保持在60℃左右。

（五）吸油烟机电路组成

吸油烟机主要由电源电路、接键接口电路、单片机控制电路、开关控制电路等组成。

1. 电源电路

如图 2-49 所示为电源电路原理图。220V 市电经过变压器降压成为 12V 交流电，再经过桥堆 D2 整流，经过电容器 C4 滤波后供给 7805，得到稳定的 5V 电压，此电压用以供给单片机及整个电路稳定的直流电压。

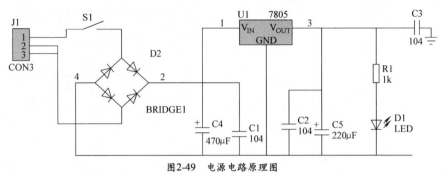

图2-49　电源电路原理图

2. 按键接口电路

如图 2-50 所示为按键接口电路原理图。

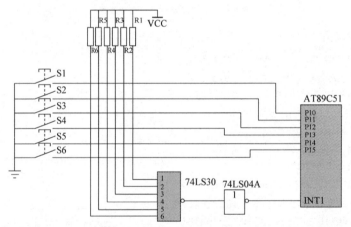

图2-50　按键接口电路原理图

1）未按下按键时，P10~P15 口输入均为同一信号，同时经八输入与非门及反相器，输出一高电平到单片机 AT89C51 的 INT1 引脚，此时不申请中断。

2）有键按下时，低电平则通过按键输入到 P10~P15 的某一口，同时经八输入与非输入到 INT1 引脚，从而使 INT1 有效，向单片机 AT89C51 申请中断，AT89C51 响应后，立即转至中断服务程序，查出键号，做相应处理。

3. 单片机控制电路

如图 2-51 所示为单片机控制电路原理图。它由单片机时钟电路和单片机复位电路组成。其中，单片机时钟电路是由晶体振荡电容器构成的简单的石英晶体自励振荡电路，用于提供单片机工作时候使用到的内部时钟信号。

> **提　示**
>
> U1 单片机晶体振荡频率直接影响单片机的处理速度，频率越大处理速度越快。复位电路的极性电容器的大小直接影响单片机的复位时间。

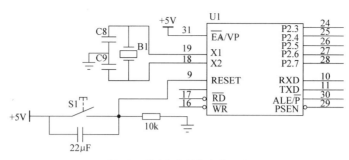

图2-51　单片机控制电路原理图

4. 开关控制电路

如图 2-52 所示为开关控制电路原理图。单片机通过 P0.0 外接一反相器控制固态继电器发光二极管的闭合，控制电动机的起动和关闭。

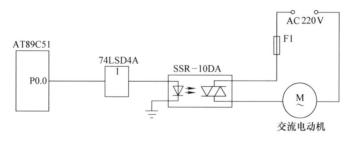

图2-52　开关控制电路原理图

1）当 P0.0 输出低电平时，固态继电器 SSR-10DA 内部的发光二极管通电变亮，触发导通右侧的光控晶闸管，形成电动机起动的闭合回路，吸油烟机起动。

2）当 P0.0 输出为高电平时，发光二极管不发光，固态继电器 SSR-10DA 不能触发导通，无法形成电动机起动的闭合回路，吸油烟机关闭。

（六）电烤箱电路组成

电烤箱控制电路一般由电源电路、温度控制电路、时间及加热控制电路和音乐提示电路 5 个部分组成。如图 2-53 所示是电烤箱电路图，它通过 IC1、IC2、IC3、IC4、IC5 5 块集成电路对整机进行控制。

1. 电源电路

1）接通电源后，交流 220V 电压通过限流熔丝 FUSE 分为两路，一路经继电器 KA1、KA2、发热选择开关 K1 为加热元器件供电。上、下两个加热片的工作情况受 K1 控制。

2）另一路经电源变压器变压后从其二次侧输出两路交流电压：一路经二极管 D2、D5 整流，电容器 C2 滤波后输出 –12V 直流电，为各集成电路和相关元器件提供工作电压；另一路经二极管 D3、D4 整流，C1 滤波后输出 –3V 直流电压，为音乐提示电路供电。

2. 温度控制电路

1）温度控制是利用热敏电阻器 R25 控制比较放大电路 IC2（MC1741CP）的输入端电压来实现的。

2）图 2-53 中稳压二极管 D13 为 IC2 的②脚提供稳定的参考电压；R25 和 R17 为 IC2 的③脚提供比较电压信号，经 IC2 放大后，从其⑥脚输出，再送至施密特触发器 IC5（NE555C）的②脚和⑥脚。

3）当电阻 R25 温度升高时其阻值变小，R17 两端电压也相应减少。IC2 的③脚电位降低，其⑥脚输出电压也降低，当 IC2 ⑥脚输出电压低于 VCC 50% 以上时，IC5 的③脚输出高电平，晶体管 V3（S9012）截止，使继电器 KA1、KA2 无工作电压而断开，加热元器件（R6/R7/R8、R9/R10/R11）失电而停止发热，箱内温度降低。

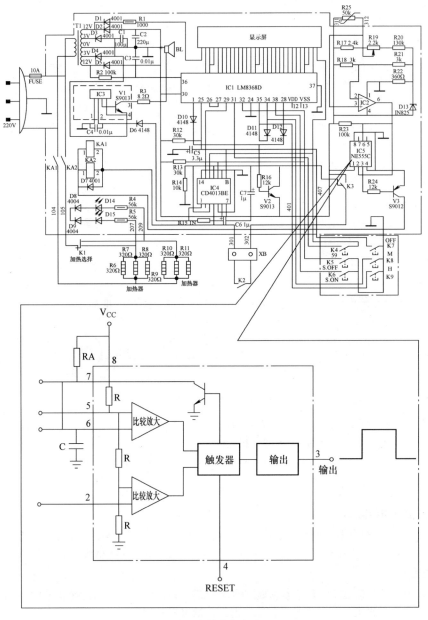

图2-53　电烤箱电路图

4）当温度逐渐降到一定值时，R5 阻值变大。IC2 ③脚电压升高，其⑥脚输出的电压也随之升高，当高于 VCC 电压 30% 以上时，IC5 ③脚输出低电平，使 V3 导通，KA1、KA2 吸合，加热元器件得电开始发热，从而将箱内温度控制在正常范围内。

3. 时间及加热控制电路

时间及加热控制电路是利用时钟及 LED 显示电路 IC1（三洋公司的 LM8368D，$V_{DD} = -18\sim0.3V$，$P_D=0.9W$）来实现时间显示、预定加热、开机和关机的控制。其控制过程分别如下：

（1）时间显示控制

1）时钟电路 IC1（LM8368D）的㉟脚为快速复位端，用来调节"小时"位数字，输入高电平脉冲，小时位会自动加1。

2）IC1 ㉞脚为慢速端，用来调整"分钟"位数字，每输入一个高电平脉冲，时间会自动增加 1min。

3）时钟和分钟调好后，IC1 的内部定时电路开始启动，电子表正常工作，显示正常时间。

（2）定时加热控制

1）定时加热时钟电路 IC1 ㉛脚、㉘脚的内部设置有 60min 定时电路。

2）按住面板上的 KS 键的作用是给 IC4 的⑩脚输入高电平，使⑫脚置"1"（高电平），从而使 LED 的 ㉟脚为高电平，时控显示点发亮。

3）按住 K4 时，IC1 的㉛脚输入高电平，调节脉冲送到㉞脚。时控显示屏不断地显示调节时间，当调到预定的时间后，松开 K4 键，预定的关机时间即被存储，显示屏恢复标准时间显示。

4）当电烤箱达到预定的关机时间时，IC1 的㉘脚输出低电平，V2 截止，继电器 KA1、KA2 断开，电热元器件失电停止加热，自动程序中止。

（3）即时关机控制

即时关机由 IC1 ㉕脚和 K7 控制，按下 K7 键，使㉕脚为高电平，①脚输出低电平，送至 V3 基极，使 V3 截止，继电器断开，电烤箱停止工作。

（4）定时自动开 / 关机控制

1）自动开机控制：IC1 的㊳脚与 K6 键相连，按住"H"和"M"键使 IC1 ㉟、㉞脚产生输入脉冲，调节开机时间，开机时间即被存储，到预定时间时，IC1 ①脚输出高电平，使 V3 导通，继电器吸合，加热元器件得电加热。

2）自动关机控制：IC1 ㉜脚与 K5 相连，按住 K5 键，使㉜脚为高电平，使"闹 1"开始工作，按住 K9 键和 K8 键调定"小时"和"分钟"，关机时间被存储。达到预定关机时间时，IC1 ①脚输出低电平电压，V3 截止，继电器断开，加热元件失电停止发热。

4. 音乐提示电路

音乐提示电路用来完成关机音乐提示（包括即时关机和定时关机的音乐提示），它是利用与关机相关的电压信号，即 IC4 和电容器 C7 充放电来控制音乐电路工作。

1）工作时，V2 导通，C7 作为 CP 时钟源，产生 CP 脉冲送入 IC4 的③脚。

2）当 V2 截止时，开始对 C7 充电，C7 产生的 CP 脉冲由低电平变为高电平，使 IC4 的①脚输出高电平，送到音乐提示电路 IC3 的②脚，使 V1 导通，音乐电路开始工作，发出音乐提示。

3）在上述电路工作过程中，IC4 ①脚输出高电平，经 R15 对 C6 充电，使 C6 电压变高，IC4 ④脚电压变高，IC4 ①脚复位为低电平，音乐提示电路停止工作，音乐提示终止。

（七）豆浆机电路组成

豆浆机一般采用微电脑控制，具有自动控温、加热保温、低水位防干烧、防溢、语音提示和自动停机等功能。主要由稳压电源电路、微电脑控制电路、温度检测电路、电动机和加热管电路、语音电路等组成。

1. 稳压电源电路

如图 2-54 所示，稳压电路主要由降压变压器 T1、桥式整流二极管 D、滤波电容器 C 以及三端稳压块 7805 和限流电阻器 R 等组成。

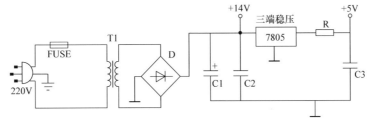

图2-54　稳压电源电路

2. 微电脑控制电路

微电脑控制电路一般由 CPU（一般采用 EM78P156ELP、EM78P156ELM 等，图 2-55 为其封装及引脚功能图）、复位电路、加热控制电路、继电器以及电动机控制电路等组成。

3. 温度检测电路

温度检测电路主要由比较器 IC（一般采用 HA17358、HA17904 等，图 2-56 为其内部框图及引脚功能图）、温度传感器 RT 以及外围元器件等组成。RT 实际上是一个负温度系数的热敏电阻器。

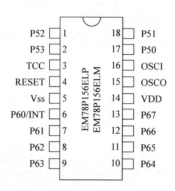

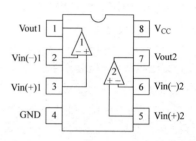

图 2-55　EM78P156ELP、EM78P156ELM 封装及引脚功能图　　　　图 2-56　HA17358、HA17904 内部框图及引脚功能

4. 电动机和加热管电路

电动机和加热管电路主要由电动机 M、加热管、继电器等组成。

5. 语音电路

语音电路一般采用 IS22C012-P 语音芯片（图 2-57 为其内部框图及引脚功能）、驱动放大电路（一般用 8050 放大管进行放大）、偏置电阻器和扬声器组成。

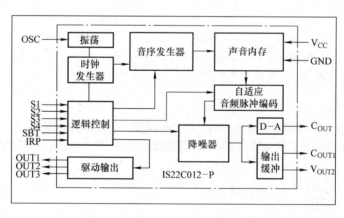

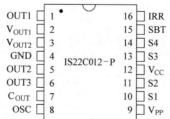

图 2-57　IS22C012-P 语音芯片内部框图及引脚功能

（八）电热水壶电路组成

如图 2-58 所示为电热水壶的电路原理图，主要由煮水电路、保温电路和电泵出水电路组成。

1. 煮水电路

煮水电路由煮水电热器 RL1、防干烧温控器 KD1、煮水温控器 KD2 组成。

1）电热器插上电源后，220V 电源经热断路器 FR 加到煮水电路，红色指示灯 LED1 亮，RL1、RL2（保温电热器）同时开始加热煮水。

2）当水温上升至 100℃时，KD2 自动断开，切断煮水电路电源，RL1 停止加热，LED1 熄灭。

2. 保温电路

保温电路由保温电热器 RL2、出水开关 K 和整流二极管 D7 组成。由于保温电路与煮水电路是同时通电工作的，当水温升到 100℃时煮水电路自动断开后，此时仍有几毫安的电流经 RL1、LED2、R2、RL2、K、D7 流过，使电热水壶进入保温状态，此时绿色指示灯 LED2 点亮，瓶内的水温保持在 95℃左右。

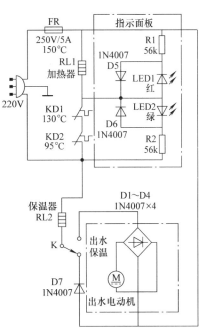

图2-58　电热水壶的电路原理图

3. 电泵出水电路

电泵出水电路由出水开关 K、整流二极管 D1~D4、直流电动机 M 等组成。

1）按下 K，220V 电压经 D1~D4 整流后输出约 12V 脉动直流电，直流电动机 M 得电转动，驱动电泵出水。

2）松开 K 后，M 断电则停止出水。

（九）空气净化器电路组成

空气净化器由高压电路、负离子发生器、微型电风扇、空气过滤器等部分组成。其控制方式采用各种传感器红外遥控、间隙运转等技术。其过滤器形式有机械式、静电式和机械混电混合式。

接通电源后，高压电路产生的直流高压对空气不断地电离，产生大量正、负离子。由于针状的发射体带有负高压，它吸收了正离子，剩下大量的负离子受到负高压的排斥，被微电风扇吹出，形成负离子风，从而达到净化空气的目的。

> **提　示**
>
> 空气净化器电路有两种形式：一种是市电 220V，经升压、倍压整流后产生直流负高压，如图 2-59 所示；另一种是市电 220V 经升压、整流、滤波形成直流负高压，后者不同的是增加了自励振荡电路。两种形式的电路所产生的负高压电压值都在千伏至数万伏之间。通过针状电极放电，将带电尘埃吸到带正电的电极板上。

（十）洗脚器电路组成

洗脚器主要由电源电路、控制电路和保护主控器、主工作电路等组成，其中主工作电路又分为加热电路、水泵冲浪电路、气泵气泡电路、臭氧发生器电路和振动按摩电路等。电路组成框图如图 2-60 所示，电路原理如图 2-61 所示。

1. 电源电路

通电后，电源开关 S1 闭合，220V 市电经熔断器 FU 分两路，一路为电源变压器 T1 一次侧供电，二次侧输出 12V 交流电经整流滤波后，输出 +12V 和 +9V 直流电，除直接为继电器和振动按摩电动机供电外，还经稳压集成电路 IC1 稳压输出 +5V 直流电，为控制电路供电；另一路市电直接为主工作电路供电。

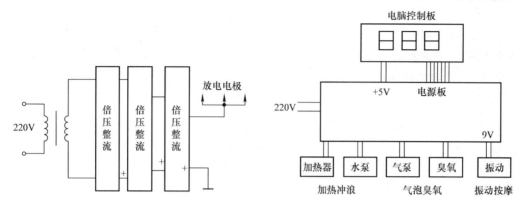

图 2-59　升压和倍压整流后产生直流负高压　　　　图 2-60　洗脚器电路组成框图

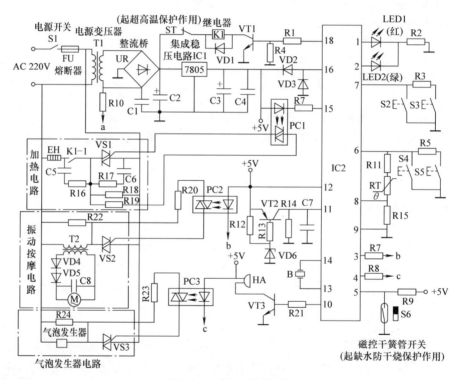

图2-61　洗脚器电路原理图

2. 主工作电路

（1）加热电路

由电加热管、晶闸管、继电器等组成。当微电脑控制电路（IC2 ⑮脚）输出低电平时，光耦合器（PC1）导通，输出一触发脉冲加至晶闸管（VS1）的触发极，晶闸管导通，电加热管对盆内水进行加热。

（2）水泵冲浪电路

由水泵、晶闸管等组成。当微电脑控制电路输出低电平时，光耦合器导通，输出一个触发脉冲，加至晶闸管的触发极上，使之导通，水泵得电工作，实现冲浪按摩。其工作方式选择可通过薄膜按键或遥控按键实现电加热和水泵冲浪功能。

（3）气泡发生器电路

由气泡发生器及晶闸管（VS3）等组成。当微电脑控制电路（IC ㉔脚）输出低电平时，光耦合器

（PC3）导通，输出一触发脉冲，加至晶闸管触发极上，使之导通，气泡发生器得电工作，实现气泡按摩。其工作方式选择可通过薄膜按键或遥控按键实现气泡按摩功能。

（4）臭氧发生器电路

由臭氧发生器、晶闸管等组成。当微电脑控制电路输出低电平时，光耦合器导通，输出一触发脉冲，加至晶闸管的触发极上，使之导通，臭氧发生器得电工作，实现臭氧消毒。其工作方式选择可通过薄膜按键或遥控按键实现臭氧消毒功能。

（5）振动按摩电路

由电源变压器（T2）、整流二极管（VD4、VD5）、晶闸管和振动电动机等组成。当微电脑控制电路（IC㉓脚）输出低电平时，光耦合器（PC2）导通，输出一个触发脉冲加至晶闸管（VS2）的触发极，晶闸管导通，由电源变压器、二极管整流为振动按摩电动机提供 +9V 直流电，振动电动机运转带动振动头实现振动按摩。其工作方式选择可通过薄膜或遥控按键实现振动按摩功能。

3. 控制电路

由集成电路（IC2）、继电器（K1）、热敏电阻（RT）、光耦合器（PC1、PC2、PC3）、晶体管（VT1~VT3）、电阻器、电容器等组成。接通电源，闭合电源开关，电路自检，蜂鸣器发出"嘀"自检提示声，整机进入待机状态。向盆内加入适量水后，按压加热 / 保温按键开关，加热指示灯亮。微电脑电路输出触发脉冲至晶闸管，晶闸管导通，电加热管对盆内水进行加热，盆内水温逐渐升高。

4. 保护电路

由缺水防干烧保护、超温保护、短路保护三部分组成。当电路发生短路时电流迅速增大，FU 熔断切断电源，避免故障扩大。

（十一）智能电饭煲电路组成

智能电饭煲主要由电源部分、控制电路以及显示电路（LED 工作状态指示电路、LCD 显示电路）等组成，如图 2-62 所示。

1. 电源部分

电源部分由交流输入电路、变压器、整流滤波和稳压电路等部分构成。其工作过程如图 2-63 所示，电源部分为单片机提供 +5V 的直流稳压源，并且通过降压、整流、滤波之后的 +14V 电压对继电器进行供电，通过控制晶体管发射极的导通与否来控制继电器的工作状态。

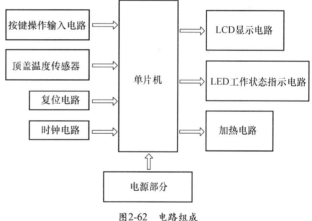

图2-62　电路组成

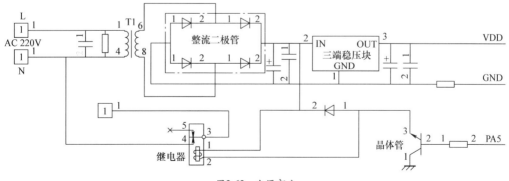

图2-63　电源部分

2. 控制电路

控制电路主要包括 CPU 电路、复位电路、时钟电路、温度控制电路（湿度传感器电路）、加热控制电路及按键输入电路。CPU（单片机）是整个电路的核心，完成数据采集、输入、处理、输出、显示等功能。

（1）复位电路

无论用户使用哪种类型的单片机，总要涉及单片机复位电路的设计，其作用是在上电或复位过程中，控制 CPU 的复位状态：这段时间内让 CPU 保持复位状态，而不是一上电或刚复位完毕就工作，防止 CPU 发出错误的指令、执行错误操作，也可以提高电磁兼容性能。

（2）时钟电路

单片机晶体振荡器是单片机内部电路产生单片机所需的时钟频率的部件，单片机晶体振荡器提供的时钟频率越高，那么单片机运行速度就越快，单片机一切指令的执行都建立在单片机晶体振荡器提供的时钟频率上。通常一个系统共用一个晶体振荡器，便于各部分保持同步。

（3）温度控制电路

温度控制电路由两个传感器（锅底温度传感器和锅顶温度传感器）组成，用来检测锅底和锅盖的温度。如图 2-64 所示为温度控制电路，J2 和 J3 是温度传感器的两个接口，其中 J2 和 J3 分别是顶盖和底盘温度传感器的接口，单片机检测的信号实际上是与温度传感器分压的电阻器的电压值，由于温度传感器的电阻值会随温度的上升而减少，所以分压电阻器的电压值间接反映了某一时刻的温度。

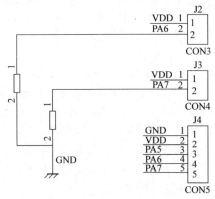

图2-64 温度传感器电路

（4）加热控制电路

加热控制电路由主加热器 L1、锅盖加热器 L2 和侧加热器 L3 组成（形成三面环绕立体加热），如图 2-65 所示。加热控制电路中继电器控制 L1 通／断电，而晶闸管 VS 控制 L2 和 L3 通／断电。

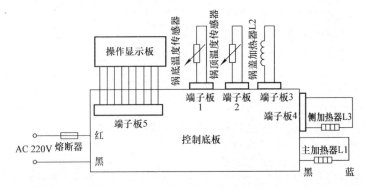

图2-65 加热电路（以美的 FB10-31 型电饭煲电气原理图为例）

（5）按键输入电路

该电路由几个独立键盘构成，包括一个中断键盘单元，来完成智能电饭煲的手动控制。键盘的一脚接在单片机的引脚上，另外一脚接在电源地上，当有键盘按下时对应的键盘就会有一个低电平送进单片机内部。为消除触点式按键开关的机械抖动，单片机内部有程序进行消抖处理，然后确定哪一个键盘被按下后来执行程序完成该系统的指定工作。该控制系统键盘输入电路如图 2-66 所示。

3. 显示电路

显示电路由共阳极数码管和 LED 组成，通过单片机位选和所送的数据来点亮相应的 LED 和数码管的显示状态，如图 2-67 所示。

（十二）加湿器电路组成

加湿器主要由电源电路、控制电路、振荡电路及风机、换能器（压电陶瓷

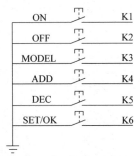

图2-66 键盘输入电路

片）组成，如图 2-68 所示。

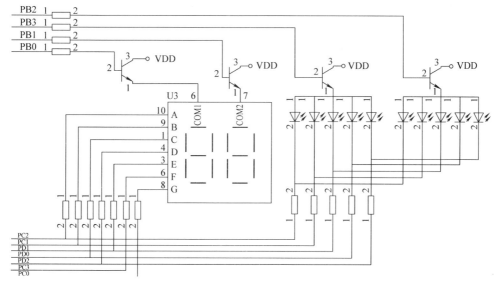

图2-67　显示电路

1. 电源电路

电源部分有两种供电方式：一种是变压器降压、整流滤波后为振荡电路供电；另一种是由开关电源供电。

第一种供电方式，因变压器过载能力强，故被大多数机型采用，其工作原理如图 2-69 所示，旋转电位器 W1 使其触点接通，市电（220V）通过熔断器 FU 输入后，第一路通过双向晶闸管 T1 为加热器电路供电；第二路通过变压器 T 降压输出 72V、12V 两种交流电压。其中，72V 交流电压经桥式整流器整流，C1 滤波后产生 72V 左右直流电压分为两路，一路为换能器 D 和振荡管 Q6 供电，另一路通过 R12 限流使指示灯 D1 发光，表明电源电路已工作；12V 交流电压经桥式整流堆整流，再经 C7 滤波后，为直流电风扇电动机供电。

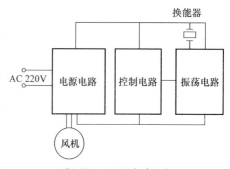

图2-68　加湿器电路组成

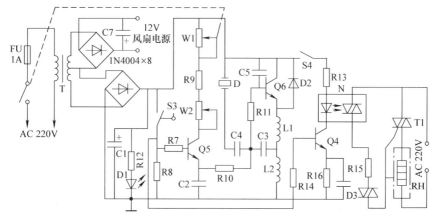

图2-69　采用变压器供电方式的典型超声波加湿器电路图

2. 控制电路

控制电路包括缺水检测、缺水指示和雾量调整与喷雾控制电路。

1）缺水检测有两种方式：一种是干簧管配合漂浮磁环检测方式，目前大多机型都采用此方式；另一种是水面探针检测方式。

2）缺水都采用发光二极管点亮来指示。

3）雾量调整电路在所有的加湿器电路中都是通过调整面板上设置的电位器（起可调电阻器作用）来调节振荡管的偏置实现的，这部分电路与缺水检查电路是串联的。如图 2-69 所示调节电位器 W1 可改变振荡管 Q6 的 b 极电流，也就可以改变振荡器输入信号的放大倍数，控制了换能器 D 的振荡幅度，实现了加湿强弱的控制。

喷雾控制电路工作原理：当旋转电位器 W1 使其触点接通，并且容器内的水位正常时，C1 两端的电压通过 S3、R7 使 Q5 导通，由 Q5 的 e 极输出的电压经 R10、R11 加到振荡管 Q6 的 b 极，使 Q6 在 L1、L2、C3 等组成的电感三点式振荡器起振，产生的脉冲电压使换能片 D 产生高频振动，最终将水盒内的水雾化，在电风扇电动机的配合下吹向室内，实现加湿的目的。

3. 振荡电路

振荡电路由功率晶体管和外围电容器电感器组成三点式振荡电路，这部分的电路在所有加湿器电路中几乎是一样的，电路振荡频率约为 0.65MHz。

因换能器本身就是一个固有频率约为 1.7MHz 的晶体振荡器，它通过耦合电容器跨接在振荡管基极和电源之间，振荡电路 6.5kHz 的振荡电压通过耦合电容器加在换能器上。换能器受振荡电路激励后产生振荡，这个振荡信号又通过耦合电容器反馈到振荡管基极，使振荡电路谐振在 1.7MHz，振荡幅度峰峰值达 200V 左右。强烈的超声波振荡电能经换能器转换成机械能将表面的水打成水雾，由送风电扇把水雾吹出从而使室内空气增加湿度。加湿器的风机有的采用 220V 罩极式异步电动机电风扇，也有的采用 12V 仪表电风扇。

三、学后回顾

通过今天的面对面学习，对小家电路组成、作用和电路组成框图有了直观的了解和熟知，在今后的实际使用和维修中应回顾以下 3 点：

1）小家电由哪些电路组成？ ＿＿＿＿＿＿＿＿＿＿＿＿＿＿＿＿＿＿＿＿＿

2）小家电各大电路的作用是＿＿＿＿＿＿＿＿＿＿＿＿＿＿＿＿＿＿＿＿＿

3）小家电各电路内部信号流程是＿＿＿＿＿＿＿。特别要学会手绘小家电路组成的内部电路示意图＿＿＿＿＿＿＿＿

第9天　小家电部件组成

一、学习目标

今天主要学习小家电的实物部件组成，通过今天的学习要达到以下学习目标：

1）了解小家电的实物部件主要有哪些？这些部件的主要作用是什么？

2）掌握小家电实物部件内部部件是如何组成的。

3）熟知小家电各部件的实物组成部件名称和作用。今天的重点就是要特别掌握小家电各部件的组成结构是怎样的？这是小家电维修中经常要用到的一种基本知识。

二、面对面学

（一）扫地机器人部件组成

1. 外部组成

扫地机器人（智能吸尘器）的种类很多，但结构大同小异，都是由主机、虚假墙发射器、充电基座、

遥控器组成，如图 2-70 所示。

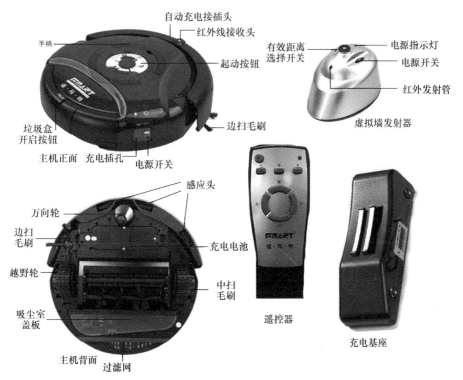

图2-70　扫地机器人实物组成

1）主机。由起动按钮、自动充电接插头、红外线接收头、毛刷、感应头（对家中的墙体、柱体进行感应，是扫地机器人的眼睛）、充电池（一般以镍氢电池为主，部分用锂电池，但用锂电池通常产品单价较高。每个厂商的电池充电时间与使用时间也有所差别）、万向轮等组成，不同厂商品牌设计，外形会有所不同。

2）充电基座。能提供扫地机器人自行回家充电的地方。

3）遥控器。可控制扫地机器人吸尘用，也可在机身上控制。

4）虚拟墙发射器。定时预约清扫功能，虚拟墙会发射红外线形成一堵虚拟的墙，按人们的意愿来清洁地面。

2. 内部组成

大多数的扫地机器人采用框架式结构（见图 2-71），从下至上分隔成 3 个空间：第一层装配各运动部件的驱动电动机、传动机构；第二层为垃圾存储空间；第三层装配机器人控制系统、接线板、电源电池、开关等。

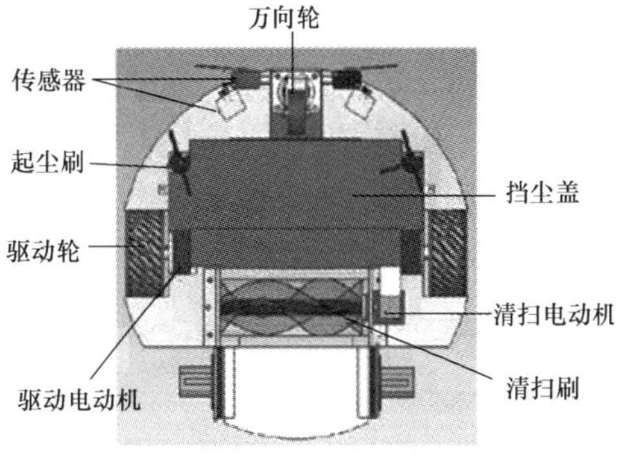

（二）吸尘器部件组成

吸尘的种类很多，但结构大同小异，一般由动力部分、过滤系统、功能性部分、保护装置及附件等部分组成，如图 2-72 所示。

图2-71　扫地机器人内部组成

1. 动力部分

动力部分当然就是最重要的电动机，电动机有不同的型号大小和分类，此外还有电动机输出功率的大小调节装置，简称调控器（调速器）。电动机有铜线电动机和铝线电动机之分，铜线电动机有耐高温、寿命长、单次操作时间长等优点，但价格较铝线高；铝线电动机有着价格低廉的特点，但是耐温性较差、熔点低、寿命不及铜线长。调速器分手控、机控，手控式一般为风门调节，机控式为电源式手持按键或红外线调节。

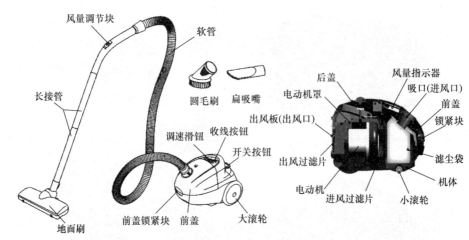

图2-72 吸尘器结构组成图

2. 过滤系统

过滤系统就是以过滤网（前过滤片、后过滤片）、尘袋等组成。按过滤材料不同又分纸质、布质、SMS、海帕（HEPA 高效过滤材料）。

3. 功能性部分

功能性部分主要由收放线机构、尘满指示、按钮或滑动开关等组成。

4. 保护措施

保护措施有无尘袋保护、真空度过高保护、抗干扰保护（软启动）、过热保护、防静电保护。

5. 附件

附件部件就是一些额外配件和人性化设计，方便人们使用，比如手柄，软管、接管、地刷、扁吸、圆刷、床单刷、沙发吸、挂钩、背带等。

（三）空气净化器部件组成

空气净化器又称空气清洁器、空气清新机，是指能够吸附、分解或转化各种空气污染物（一般包括粉尘、花粉、异味、甲醛之类的装修污染、细菌、过敏原等），有效提高空气清洁度的产品。

空气净化器一般由壳体、净化部分（过滤网）、电动机（风机）、电气控制部分 4 个主体组成，如图2-73 所示。空气净化器决定寿命的是电动机，决定净化效能的是过滤网，决定是否安静的是风道设计、机箱外壳、过滤网、电动机。

1. 壳体

主要由前盖、本体、后盖、底座、出风罩、控制板等组成，构成空气净化器的框架结构，是整个空气净化器的支撑部分（见图 2-74）。现阶段市面上的空气净化器外壳主要还是塑料壳，当然也有一部分品牌已经用了钣金外壳。

2. 风机部分

风机部分其作用是使室内空气循环，将净化后的空气输出，主要由电动机、叶轮及风道组成（见图2-75）。叶轮与风道蜗壳、后盖组成离心风机结构，提供空气循环动力。一般为 EC 风机或者 AC 风机，进口风机和国产风机都在用。

3. 电气控制部分

电气控制部分是空气净化器的"大脑"，通过它实现不同模式的空气净化需要。主要包含了有液晶触摸屏显示、电源板、APP 控制、温湿度传感器、粉尘传感器、异味传感器、二氧化碳传感器等。

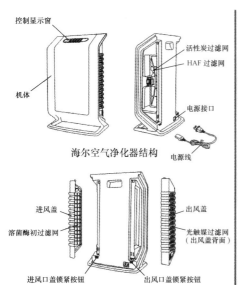

控制显示窗

活性炭过滤网

HAF 过滤网

机体

电源接口

电源线

海尔空气净化器结构

进风盖

出风盖

溶菌酶初过滤网

光触媒过滤网
（出风盖背面）

进风口盖锁紧按钮

出风口盖锁紧按钮

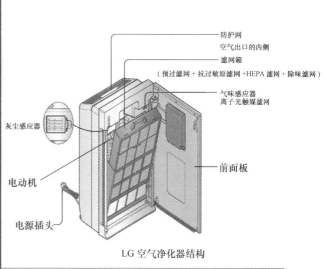

防护网

空气出口的内侧

滤网箱

（预过滤网＋抗过敏原滤网＋HEPA 滤网＋除味滤网）

气味感应器
离子光触媒滤网

灰尘感应器

前面板

电动机

电源插头

LG 空气净化器结构

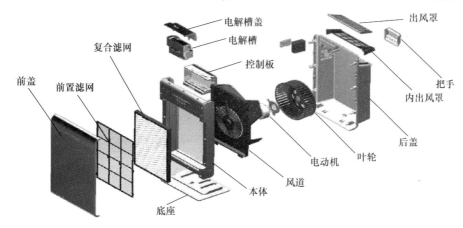

电解槽盖

电解槽

复合滤网

控制板

出风罩

前盖

前置滤网

把手

内出风罩

后盖

电动机

叶轮

电动机

风道

本体

底座

图2-73　空气净化器部件组成

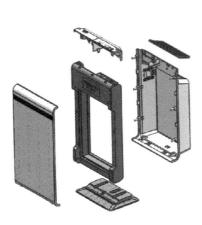

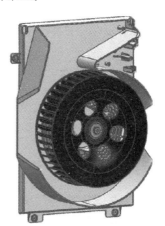

图 2-74　壳体　　　　　　图 2-75　风机部分

4. 净化部分

净化部分主要是各种功能的过滤网（见图 2-76），它是空气净化器的核心部件，其数量和材质对净化

效果有很大影响。目前市场上的空气净化器滤网一般只有 3~4 层，好一些的产品拥有 5~6 层。其中，空气净化器主流的滤网主要有 5 种，包括预置过滤网、活性炭过滤网、甲醛去除过滤网、HEPA 和加湿过滤网等。

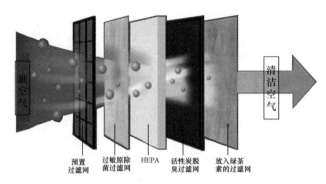

图2-76　过滤网

（1）预置过滤网（前置过滤网）

预置过滤网是最新开发出来的微米网状滤尘网，它的网眼面积比一般的更小，除了可以吸附小灰尘颗粒外，还有效去除毛发，并且起到保护其他过滤网的作用。

（2）过敏原除菌过滤网（抗过敏滤网）

过敏原除菌过滤网可以吸收并分解会导致过敏的成分（过滤掉空气中的花粉、宠物的毛发等过敏原），具有防过敏效果，同时还具有除臭杀菌的效果。

（3）活性炭过滤网（可清洗脱臭过滤网）

一般用于除掉空气中的异味。一直以来活性炭都被认为是除异味最好的材质之一，因此近年来活性炭广范地应用在除味产品中，不论是家居还是电冰箱，对于大部分异味它都能起到不错的效果。活性炭过滤网属于可以反复清洗使用的脱臭过滤网，进行定期清洗就可以恢复脱臭性能，可以有效去除汗臭味、宠物气味等异味。

（4）HEPA（集尘滤网）

HEPA 是 High Efficiency Particulate Air Filter（高效率空气微粒过滤器）的缩写，HEPA 由一叠连续前后折叠的亚玻璃纤维膜构成，形成波浪状垫片用来放置和支撑过滤介质。

HEPA 的滤净效能与其表面积成正比。空气净化器的 HEPA 呈多层折叠，展开后面积比折叠时增加约 14.5 倍，滤净效能十分出众。HEPA 被死螨虫、花粉、微尘、悬浮霉菌、动物毛发等污染后，可以进行清洗。

（5）加湿过滤网

加湿过滤网以独特的"圆号构造"＋"背面网格构造"设计、完美的"倾斜 0°新气流"，明显加大了风量，吸附了室内飞扬的尘土、杂菌和异味，并以极快的速度去除，达到对空气净化和消毒的效果，显著提高空气净化能力。

（四）消毒柜的部件组成

1. 消毒柜外部组成

消毒柜外部结构主要由 LED 显示屏、触摸按键、拉手、门体、搁物架（由上层架和下层架组成，主要用于存放碗、盘、筷子、勺子等餐具）、电源线插头、光波管、紫外线管等组成。如图 2-77 所示为消毒柜外部结构。

2. 消毒柜的内部组成

消毒柜主要由壳体（箱体）、消毒装置、烘干装置、控制器 4 个部分组成。内部部件结构如图 2-78 所示、顶部部件结构如图 2-79 所示（以 ZTD90A-1 型消毒柜为例）。

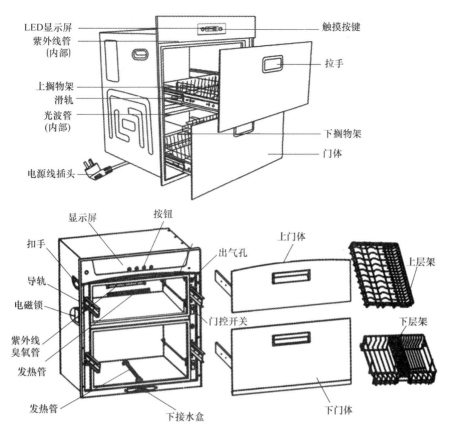

LED显示屏
紫外线管
（内部）
上搁物架
滑轨
光波管
（内部）
电源线插头

触摸按键
拉手
下搁物架
门体

显示屏　按钮
扣手
导轨
电磁锁
紫外线
臭氧管
发热管
发热管

出气孔
门控开关
下接水盒

上门体
上层架
下层架
下门体

图2-77　消毒柜外部结构

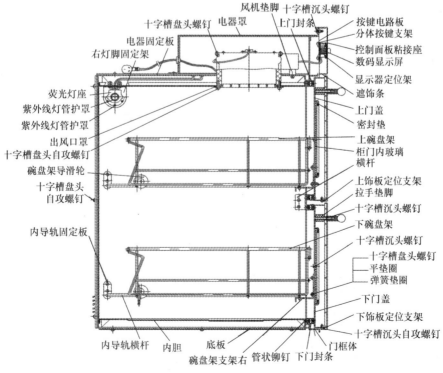

风机垫脚　十字槽沉头螺钉
十字槽盘头螺钉　电器罩　上门封条
电器固定板
右灯脚固定架
荧光灯座
紫外线灯管护罩
紫外线灯管护罩
出风口罩
十字槽盘头自攻螺钉
碗盘架导滑轮
十字槽盘头
自攻螺钉
内导轨固定板

按键电路板
分体按键支架
控制面板粘接座
数码显示屏
显示器定位架
遮饰条
上门盖
密封垫
上碗盘架
柜门内玻璃
横杆
上饰板定位支架
拉手垫脚
十字槽沉头螺钉
下碗盘架
十字槽沉头螺钉
十字槽盘头螺钉
平垫圈
弹簧垫圈
下门盖
下饰板定位支架
十字槽沉头自攻螺钉

内导轨横杆　内胆　底板　门框体
碗盘架支架右　管状铆钉　下门封条

图2-78　内部部件结构

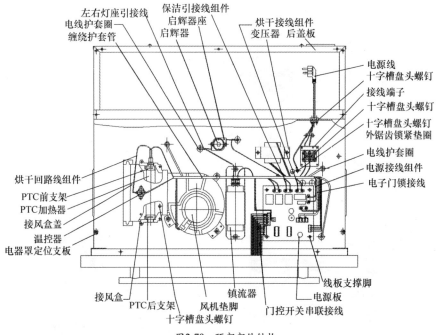

图2-79 顶部部件结构

（1）壳体部分

壳体部分包括内外箱体（外箱体一般使用不锈钢或冷轧板喷涂材料，内箱体一般使用不锈钢）、门体（其一般使用塑料件、铝型材、玻璃等材料）、导轨（用来连接门体和箱体，均起支撑和储藏作用）。

（2）消毒装置

消毒装置是消毒柜的核心部分，是主要的功能部件之一，它主要由红外线加热管、臭氧发生器、紫外线管、荧光灯座、镇流器、启辉器等组成。红外线加热管用于高温消毒，臭氧发生器和紫外线管用于低温消毒和烘干。

（3）烘干装置

烘干装置是通过加热流动空气的方式使柜内温度升高从而达到烘干碗筷的目的，这部分装置主要由PTC加热器、温控器、风机等部分组成。

（4）控制器

控制器由电源板和按键显示板组成。可根据用户的要求来完成消毒柜各项功能，其主要任务是选定功能、设定时间、控制消毒柜消毒及烘干状态。

（五）智能电饭煲部件组成

1. 外部组成

主要由煲体、盖板、上盖、内锅、控制面板等组成，如图 2-80 所示。

2. 内部组成

主要由盖板组件、外壳罩组件、上盖传感器组件、主传感器组件、电源板组件、锁扣组件、排气阀组件、线圈盘等组成，如图 2-81 所示。

（六）普通电饭煲的部件组成

电饭煲又称作电锅、电饭锅，它是利用电能转变为内能的炊具，常见的电饭煲分为保温自动式、定时保温式以及新型的微电脑控制式三类。普通电饭煲主要由内胆、外壳、锅盖、发热盘、限温器、保温开关、杠杆开关、限流电阻器、指示灯、插座等组成，如图 2-82 所示。

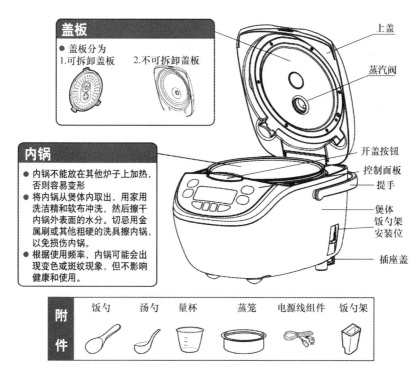

图2-80 外部组成

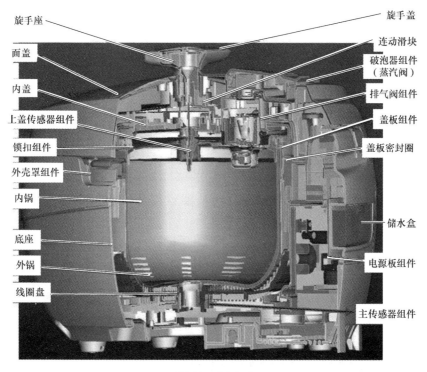

图2-81 内部组成

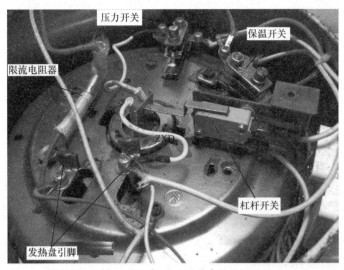

图2-82　普通电饭煲内部结构

1. 内胆

内胆是电饭煲直接接触米饭的部分。内胆的内壁由铝合金层基体和喷涂的复合层组成。胆的内壁上有刻度，可指示出放米量和放水量。内胆的边向外翻口，既可增加强度，又可使溢出的水流到壳外，以防损坏内部电器零件。

2. 外壳

外壳是用冷轧薄钢板拉伸成型，外面喷涂装饰性漆层。外壳与内胆之间有一层空气间隔，起保温作用，同时可以安装开关、发热板和温度控制装置。

3. 锅盖

有的锅盖中央部位嵌有一块玻璃，能观察烹饪情况；有的装有压紧锅盖用的手柄，兼具便携作用。

4. 发热盘

发热盘是给电饭煲内胆加热煮熟食物的发热元件，它是一个内嵌电发热管的铝合金圆盘，内锅就放在它上面，取下内锅就可以看见。发热盘如图2-83所示。

5. 限温器

限温器（感温器）又叫磁钢，它的内部装有一个永久磁环和一个弹簧，可以按动，位置在发热盘的中央。煮饭时，按下煮饭开关时，靠磁钢的吸力带动杠杆开关使电源触点保持接通，当煮米饭时，锅底的温度不断升高，永久磁环的吸力随温度的升高而减弱，当内锅里的水被蒸发掉，锅底的温度达到103℃±2℃时，磁环的吸力小于其上的弹簧的弹力，限温器被弹簧顶下，带动杠杆开关，切断电源。

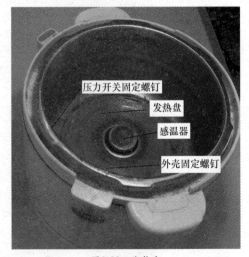

图2-83　发热盘

6. 保温开关

保温开关又称恒温器，它是由一个弹簧片、一对常闭触点、一对常开触点、一个双金属片组成。煮饭时，锅内温度升高，由于构成双金属片的两片金属片的热伸缩率不同，结果使双金属片向上弯曲。当温度达到80℃以上时，在向上弯曲的双金属片推动下，弹簧片带动常开与常闭触点进行转换，从而切断发热管的电源，停止加热。当锅内温度下降到80℃以下时，双金属片逐渐冷却复原，常开与常闭触点再次转换，接通发热管电源，进行加热。如此反复，即达到保温效果。

7. 杠杆开关

杠杆开关采用机械结构，有一个常开触点。煮饭时，按下此开关，给发热管接通电源，同时给加热指示灯供电使之点亮。饭好时，限温器弹下，带动杠杆开关，使触点断开。此后发热管仅受保温开关控制，如图 2-84 所示。

8. 限流电阻器

限流电阻器（热熔断器）接在发热管与电源之间，起着保护发热管的作用，当出现不正常的湿度或温控失灵导致温升过高，限流电阻迅速分断电路。限流电阻器是保护发热管的关键元件，不能用导线代替。限流电阻外观金黄色或白色为多（见图 2-85），大小像 3W 的电阻，常用的限流电阻为 105℃ 5A 或 10A（根据电饭煲功率而定）。

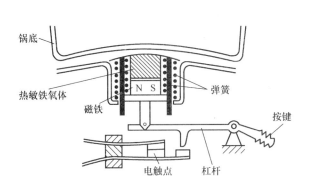

图 2-84　杠杆开关结构

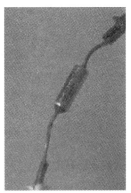

图 2-85　限流电阻

（七）电压力锅部件组成

1. 外部组成

主要由机身、集水盒、排气阀、浮子阀、旋钮面板等组成，如图 2-86 所示。

图2-86　外部组成

2. 内部组成

电压力锅内部主要由控制盒、定时器、电热盘、压力开关等组成，如图 2-87 所示。

图2-87　电压力锅内部组成

（八）饮水机部件组成

1. 饮水机的外部结构

饮水机的外部主要由顶盖、功能指示灯、聪明座、冷热水龙头、加热开关、储物柜、接水盒等组成，如图 2-88 所示。

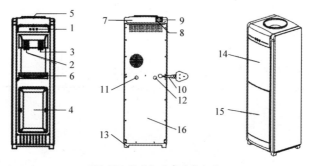

图2-88　饮水机外部结构组成

1—功能指示灯　2—热水龙头　3—冷水龙头　4—储物柜　5—聪明座　6—接水盒　7—顶盖　8—制冷开关
9—加热开关　10—电源线　11—冷水排水口　12—热水排水口　13—底座　14—上门　15—下门　16—后背板

2. 饮水机内部结构

饮水机主要由壳体及聪明座、加热装置、制冷装置、消毒装置等组成，如图 2-89 所示。

（1）聪明座

聪明座就是一个控水装置，使水槽内水位始终保持一个设定高度来使饮水机自动供水。其原理是饮水机的大桶下有聪明座和接水桶，大桶的水流到接水桶，接水桶中水位上升，封住大桶口，空气不能进入大桶，桶内外气压平衡，桶内水就不流出了；接水桶中水用掉时，水位下降，下降到大桶口时，空气又能进入大桶，大桶水又能流出了。

（2）加热装置

加热装置主要由热罐、电热管、温控器及保温壳等组成。热罐用不锈钢制成，内装功率为 500～800W 的不锈钢电热管。在热罐的外壁装有自动复位和手动复位温控器。将保温壳前、后两半合好，上、下端各用扎线扎牢。加热装置的结构如图 2-90 所示。

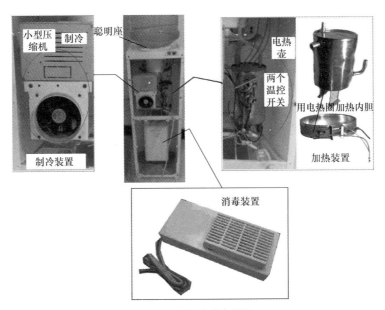

图2-89　饮水机内部结构

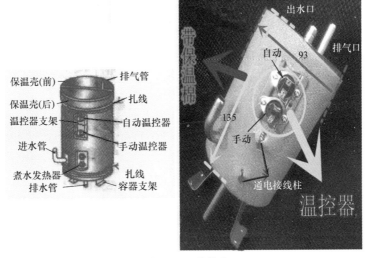

图2-90　加热装置

（3）制冷装置

制冷装置主要由散热电风扇、半导体制冷片（有些机型采用小型压缩机）等组成。半导体制冷片里面并联排列有很多特殊半导体材料做成的颗粒，当电流从这些特殊的颗粒流过时，热量就会从颗粒的一边传到另一边去，所以半导体制冷片工作时，大量的热量就带到另一边去了，从而实现了制冷。半导体在通电的情况下会引起两面有温差，厂家把多个这样的半导体器件装成一块正方形瓷片，这样温差就会更大，涂上散热油后制冷的一面贴在水罐体上即可制冷，发热的一面是朝外的，为了达到更好的制冷效果，一般也会装上散热电风扇把热吹到空气中散走，如图 2-91 所示。

（4）消毒装置

饮水机的消毒装置有"紫外线和臭氧"两种。紫外线型就是在柜里装有一个小型紫外线灯管，一般要30min 左右才能有实际效果；臭氧消毒是在柜体里装有产生臭氧的方形小盒子（内置有臭氧发生剂的，要定期更换），消毒完后至少要等 30min 才能打开，所以最好是在晚上睡前进行消毒为好。

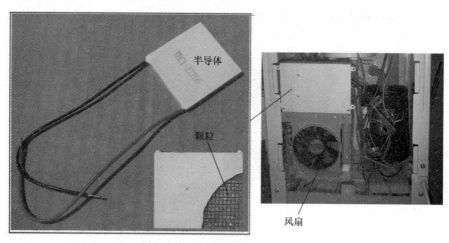

图2-91　制冷装置

（九）净水器部件组成

净水器也称净水机，主要由低压开关、高压开关、增压泵、废水比、进水电磁阀、冲洗电磁阀、压力桶、进水小球阀、压力桶小球阀、逆止阀、单向阀、变压器、电脑控制板、滤芯等组成，如图 **2-92** 所示。

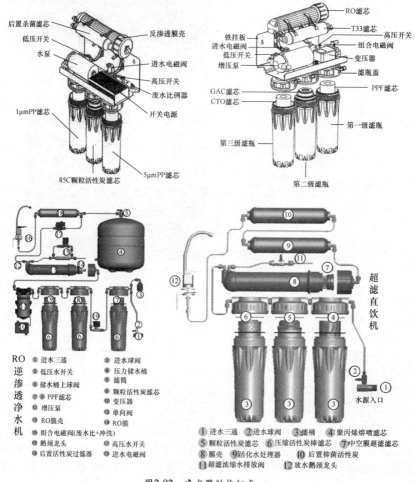

图2-92　净水器结构组成

1. 高、低压开关

（1）高压开关

感应储水桶的压力，自动开、停机用，防止水泵满转，处于常开状态。当压力桶水满或压力达到设定值时（约 0.25MPa，此时压力桶水满），高压开关断开，切断制水电路，停止制水；当压力桶压力下降到设定值时（<0.2MPa，此时压力桶水浅），高压开关闭合，接通电路，开始制水。如图 2-93 所示为高压开关外形。

（2）低压开关

低压开关（处于常开状态）起到整机缺水保护作用，防止水泵空转。低压开关安装在进水口，水先经过低压开关。工作过程是当自来水压力达到设定值时，低压开关闭合，接通制水电路；当自来水停水、水压太低（低于 0.5kg 压力）或预处理滤芯堵塞等时，低压开关断开，切断制水电路，保护泵不空转。如图 2-94 所示为低压开关。

2. 增压泵（隔膜泵）（反渗透机有，超滤机、中央机没有）

增压泵（见图 2-95）用来增加自来水的压力（为 RO 膜提供大于渗透压的压力，一般为 4.5~6kg 压力），为净水机提供所需的工作压力。

图 2-93 高压开关外形

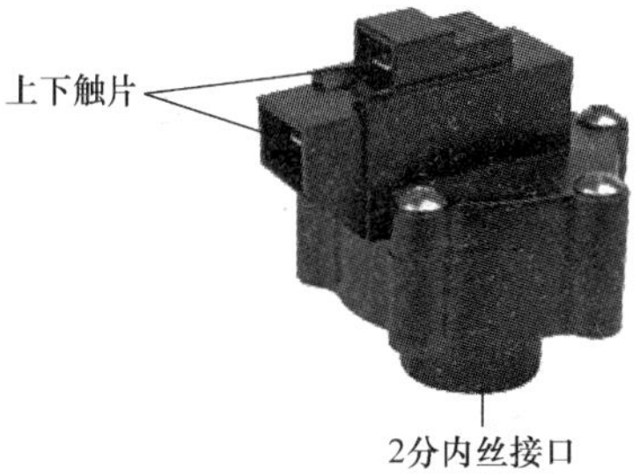

上下触片

2分内丝接口

图 2-94 低压开关外形

图 2-95 增压泵外形

3. 废水比例器（反渗透机有废水）

在净水机中，有一种用于调节和排放废水的工具，这就是废水比例器（见图 2-96），它的作用是通过内部设置的调节开关，合理分配纯水机内部纯废水（3:1），排放比例主要以原水水质和 RO 膜净水效果为标准。原理：当膜壳内压力不足时，废水比例器往外排水速度变缓，随着膜壳内水满，膜壳内压力增大，使源水顺利通过 RO 膜以达到制水效果；反之，当膜壳内压力过大时，废水比排水速度变快，达到泄压效果，以保护 RO 膜。

4. 进水电磁阀

当系统开始制水时，打开系统水源；当系统停止制水时，切断水源，起到防止后续滤芯继续受到水压的作用、防止自来水经过 RO 膜废水通道导致废水流不停滤芯寿命降低。进水电磁阀外形如图 2-97 所示。

5. 冲洗电磁阀（废水电磁阀）

在制水系统每次制水开始时或系统冲洗时打开，提供过滤膜（RO 膜）废水快速流动的通道，提高过滤膜（RO 膜）表面水的流动速度，将 RO 膜冲洗干净，避免膜堵塞，延长 RO 膜的寿命。冲洗电磁阀外形如图 2-98 所示。

图 2-96 废水比例器

图 2-97 进水电磁阀外形图

进水　　　　　出水

图 2-98 冲洗电磁阀外形图

6. 压力桶（储水桶）

存储净水用，缓解过滤膜（RO膜）单位时间内制水量小与用户单位时间内需水量大之间的矛盾。

7. 进水小球阀

安装及更换滤芯时切断整机水路用。

8. 压力桶小球阀

调试维修机器及更换后置活性炭滤芯时切断压力桶水路用。

9. 逆止阀、单向阀

使储水桶内的纯水不回流，以免产生背压[整机停止制水时防止压力桶内纯水通过过滤膜（RO膜）废水通道导致废水流不停，可以起到保护滤芯的作用]，是高压开关的前端闸口，使高压开关所受压力始终与压力桶内压力一致。

10. 变压器

变压器给整机提供电源（直流24V），如图2-99所示为其外形。

图2-99 变压器外形

11. 电脑控制板

显示整机的工作状态，会根据整机工作状态自动冲洗RO膜；显示滤芯的实际使用时间，提醒用户及时更换滤芯（部分机型有此功能）；实时监测纯水的电导率（部分机型有此功能）。如图2-100所示为电脑盒及电脑控制板外形。

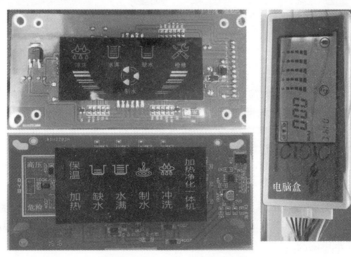

图2-100 电脑盒及电脑控制板外形

> **提 示**
>
> 电脑板插头共12条线：两条黄线接低压开关；两条蓝线接高压开关；两条黑线接进水电磁阀；两条红线接冲洗电磁阀；两条绿线接高压泵（隔膜泵）；白线和粉线接电源（变压器）。

12. 滤芯

滤芯是净水机的核心配件，是净水设备净化水质的关键。根据净水机功能的不同，会有不同的滤芯组合，它主要有五级，分别为5μm PP棉、颗粒活性炭、压缩活性炭、RO反渗透膜、后置活性炭（也称小T33）。前三级的PP棉、颗粒活性炭、压缩活性炭都是起到粗过滤作用，截留水中较大的杂质，有效保护RO膜的作用；其中RO膜又叫逆浸透膜，它是依靠机器对原水施加压力，使原水中水分透过RO膜，而把原水中的细微杂质，过多的无机盐、有机物、重金属离子、细菌、病毒、农药、三氯甲烷废物等其他有害物质统统截留下来，并通过连续排放的浓水将这些水中有害异物及盐分排出，进而得到十分洁净的饮用水。它的孔径只有 0.0001μm，它对水中粒径最小的无机盐离子的去除率在 90%~96%，对细菌、病毒等有害异物的去除率在 99.99% 以上。后置活性炭主要起到改善口感的作用。

> **提　示**
>
> 　　按滤芯组成结构分为 RO 反渗透净水机和超滤膜净水机、能量净水机等。超滤净水器是以超滤膜为主、其他滤芯如活性炭（不包括能量滤芯）为辅，超滤净水器按照安装方式分为立式与卧式两种，立式超滤净水器由 PP 棉、颗粒活性炭、压缩活性炭、外压超滤膜、T33 组成；卧式超滤净水器由不锈钢外壳及内压超滤膜、KDF 组成。

（十）洗脚器部件组成

1. 洗脚器的外部组成

洗脚器外部主要由盆体、控制面板、按摩滚轮、药盒装置、过滤网等组成，如图 2-101 所示。

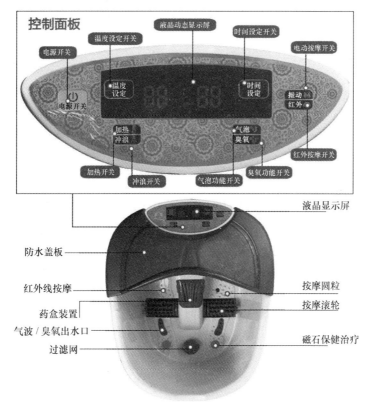

图2-101　洗脚器外部组成

2. 洗脚器的内部组成

洗脚器一般由盆座和盆体两部分组成，盆体内安装有加热管、主电路板、遥控板、水泵、气泵、振动器、臭氧发生器、温度传感器、温控开关、缺水传感器、温度熔丝、档位开关、主板及按钮等。如图 2-102 所示为采用的玻璃管加热方式洗脚器内部结构。

　1）盆体。装水泡脚用。

　2）加热管。玻璃结构，管外敷有导电涂层，通电会发热。

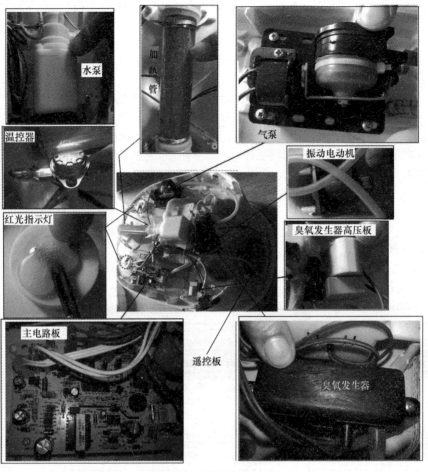

图2-102　洗脚器内部组成

3）振动器。由电动机＋偏心轮组成。

4）水泵。用于带动水循环，使水温均匀并快速加热。

5）温度传感器。负温系数热敏电阻器，把水温信息送给运算放大器做反馈。

6）温控开关。固定于加热管外侧起到超温保护作用。

7）缺水传感器。由磁铁和干簧管组成，防止无水干烧损坏加热管。

8）温度熔丝。与加热管电路串联。

9）档位开关。用来转换功能，如按摩、冲浪等。

10）温度调节旋钮。用来设定水温。

11）主板。为整机各部分电路分配供电。

（十一）豆浆机部件组成

豆浆机外部结构主要由操作按键、机头、防溢电极、下盖、不锈钢内杯、刀片、强电耦合器等组成。如图2-103所示为豆浆机外部结构。

图2-103　豆浆机外部结构

1. 操作按键

按下操作按键选择要执行的操作程序，相应的功能指示灯亮。

2. 机头

机头是豆浆机的主要部件，机头的上盖有提手，机头内安装有电脑板、变压器和打浆电动机等部件。

3. 防溢电极

防溢电极设置在杯体上方，外径为5mm，有效长度为15mm，用来检测豆浆沸腾，防止豆浆溢出。为确保防溢电极正常工作，必须及时对其清洗干净，同时豆浆不宜太稀，否则防溢电极将失去防护作用，造成溢杯。

4. 下盖

下盖实际属于机头的一部分，使用符合卫生要求的优质材料制成，用来安装电脑板、变压器和打浆电动机等主要部件。

5. 不锈钢内杯

不锈钢内杯采用优质不锈钢材料，用于盛放豆浆。

6. 刀片

刀片外形酷似船舶螺旋桨，使用高硬度不锈材料制成，用来粉碎各种物料。

7. 强电耦合器

强电耦合器为豆浆机的安全装置，当提起机头后自动断电。

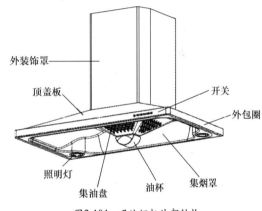

图2-104 吸油烟机外部结构

（十二）吸油烟机部件组成

1. 吸油烟机的外部结构

吸油烟机外部主要由外装饰罩、顶盖板、开关、照明灯、集油盘、油杯、集烟罩等组成。如图2-104所示为吸油烟机外部结构。

2. 吸油机的内部结构

吸油烟机内部一般由支架部件、集烟罩部件、风机部件等组成。如图2-105所示为吸油烟机结构分解图。

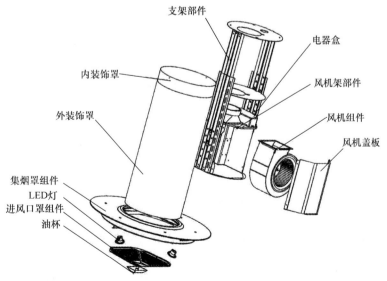

图2-105 吸油烟机结构分解图

1）支架部件分别由内装饰罩、外装饰罩、电器盒零件组成。

2）集烟罩部件分别由集烟罩组件、LED灯、进风口罩组件、油杯等零件组成。

3）风机部件分别由风机组件（蜗壳、离心叶轮、电动机）、风机盖板等零件组成。

（十三）加湿器部件组成

加湿器的样式多种多样，但它的结构一般由水箱、出雾口、底座、电路板、出水盖等组成，如图2-106所示。

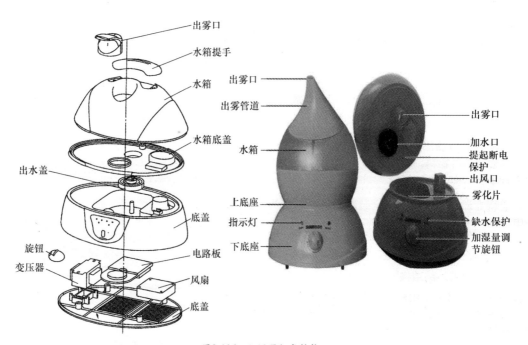

图2-106 加湿器组成结构

各种类型的家用空气加湿器所共有的系统是由电源系统、供水系统、水雾输送系统、人机交互系统这4个部分组成的。另外有根据不同的使用场所、不同形式、不同要求设计的不锈钢机体、有机玻璃机体、塑料机体、陶瓷机体、玻璃机体等。

（十四）电风扇部件组成

以空调扇为例进行介绍，空调扇主要由主体、操作面板、定时器、风机、过滤加湿装置、摆动送风装置和水箱等组成。如图2-107所示为空调扇外部结构。

1. 主体

主体用ABS塑料制造而成。风机、过滤加湿装置、摆动送风装置和水箱等部件安装在主体内，底部装有脚轮，便于移动使用。

2. 操作面板

风向开关、风类开关、风速开关、定时器及功能指示灯安装在操作面板上。

3. 定时器

定时器用于空调扇开机和关机，是一种发条式齿轮传动，内设微动开关定时器。

4. 风机

风机由电动机和离心式风叶组成。离心式风叶竖直装在电动机转轴中，风叶用塑料制成圆柱形。风叶

高速转动时，空气由排风口送出形成风。

5. 过滤加湿装置

过滤加湿装置由后壳、背板、卷帘电动机（永磁同步电动机）、棘齿主动轴、被动轴和卷帘等组成。卷帘是过滤加湿装置的主要零件。

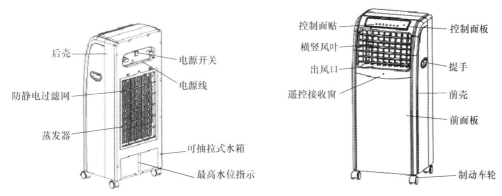

图2-107　空调扇外部结构

6. 摆动送风装置

摆动送风装置由摆动电动机、偏心轮、连杆和长短导风片组成。手动调节上、下调节杆时，短导风片相应向上或向下定向送风。

7. 水箱

水箱通常在主体下方，正面有水位尺，内装红色浮子，可观察浮子位置高度及时注水。

三、学后回顾

通过今天的面对面学习，对小家电实物组成、作用、电路组成和信号流程有了直观的了解和熟知，在今后的实际使用和维修中应回顾以下两点：

1）小家电由哪些部件组成？＿＿＿＿＿＿＿＿＿＿＿＿＿＿＿＿＿＿＿＿＿＿＿

2）小家电各大部件的作用是＿＿＿＿＿＿＿＿＿＿＿＿＿＿＿＿＿＿＿＿＿＿

第10天　小家电工作原理简介

一、学习目标

今天主要学习小家电的基本工作原理，通过今天的学习要达到以下学习目标：

1）了解小家电的基本工作原理概况。

2）掌握小家电的工作过程。

3）熟知小家电工作原理。今天的重点就是要特别掌握小家电的原理，这是小家电维修中经常要用到的一种基本知识。

二、面对面学

（一）吸尘器工作原理

吸尘器主要是利用压强原理，工作时利用电动机高速旋转，经电动机的入口将吸尘器尘箱内的空气吸走，使尘箱产生负压（即产生一定的真空），由于大气压强的作用，地面上的毛发、灰尘等垃圾物就被外部大气压推进吸尘器，通过地刷吸入口、接管、手柄、软管、主吸管进入尘箱中的滤尘袋（或尘杯），灰尘被留在滤尘袋内，空气进入到电动机后经吸尘器的出风口排出。在吸入垃圾后，用过滤袋过滤网将垃圾过滤出来，这样吸尘器就完成了一个工作循环。吸尘器工作原理如图 2-108 所示。

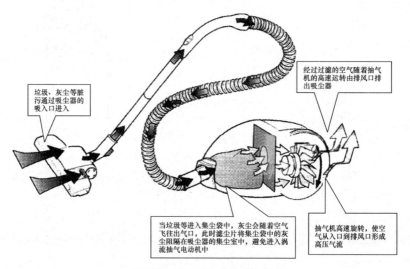

图2-108 吸尘器工作原理示意图

（二）扫地机器人工作原理

扫地机器人，又称自动打扫机、智能吸尘器、机器人吸尘器等，是智能家居电器的一种，能凭借一定的人工智能，自动在房间内完成地板清理工作。一般采用刷扫和真空方式，将地面杂物先吸纳进入自身的垃圾收纳盒，从而完成地面清理的功能。一般来说，将完成清扫、吸尘、擦地工作的机器人，也统一归为扫地机器人。

扫地机器人的工作原理（见图 2-109）：智能吸尘器利用了超声波侦测技术，通过向前方和下方向发射超声波脉冲，并接收相应的返回声波脉冲，对障碍进行判断；然后反馈给电脑芯片（MCU 或者 DSP）为核心的控制器实现对超声发射和接收的控制，并在处理返回脉冲信号的基础上加以判断，选定相应的控制策略；通过驱动器驱动两个步进电动机的正、反转向及转速，从而实现机器的前进、后退及转弯；与此同时，由其机器内部携带的吸尘器部件（小型吸尘器），对经过的地面进行吸尘清扫。

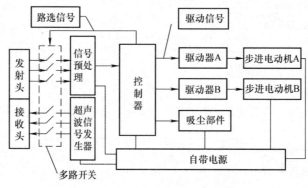

图2-109 智能吸尘器工作原理框图

扫地机器人和家用吸尘器在工作原理上的区别是，扫地机器人的清洁原理是滚动毛刷＋真空吸口，即由电池带动发动机，滚动毛刷刷起垃圾与小颗粒灰尘，然后由真空吸口吸入，与马路清洁车的原理相似，关键在于"扫"＋"吸"；家用吸尘器工作时电动机高速旋转，利用由此产生的气流，将垃圾吸入，关键在于"吸"。

（三）空气净化器工作原理

机器内的电动机和微电风扇（又称通风机）使室内空气循环流动，污染的空气通过机内的空气过滤器后将各种污染物清除或吸附，某些型号的空气净化器还会在出风口加装负离子发生器（工作时负离子发生器中的高压产生直流负高压），将空气不断电离，产生大量负离子，被微电风扇送出，形成负离子气流，达到清洁、净化空气的目的。

虽然市场上的空气净化器种类、名称、功能等不尽相同，但是从它的原理上来说主要可以分为两种：一种是被动吸附过滤式的空气净化原理；而另一种则是主动式的空气净化原理。

1. 被动吸附过滤式的空气净化原理

被动吸附过滤式的空气净化器原理是（见图 2-110）用风机将空气抽入机器，通过内置的滤网过滤空气，主要能够起到过滤粉尘、异味、有毒气体和杀灭部分细菌的作用。这种滤网式空气净化器多采用 HEPA 滤网＋活性炭滤网＋光触媒（冷触媒、多远触媒）＋紫外线杀菌消毒＋静电吸附滤网等方法来处理空气。其中 HEPA 滤网有过滤粉尘颗粒物的作用，其他活性炭等主要是吸附异味的作用，因此可以看出，市面上带有风机滤网、光触媒、紫外线、静电等各种不同标签、看似十分混乱的空气净化器所采用的工作原理基本是相同的，都是被动吸附过滤式的空气净化。

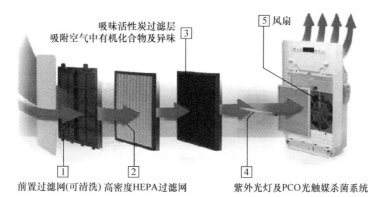

前置过滤网(可清洗) 高密度HEPA过滤网　　紫外光灯及PCO光触媒杀菌系统

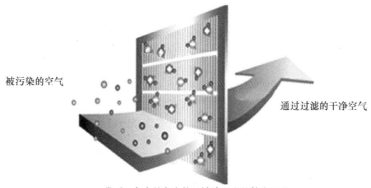

带正、负电的灰尘粒子被滤网上的静电吸附

图2-110　被动吸附过滤式的空气净化原理

2. 主动式空气净化器原理

主动式空气净化器原理（见图 2-111）就是一种利用自身产生的负离子作为作用因子，主动出击捕捉空气中的有害物质并分解，其核心功能是生成负离子，利用负离子本身具有的除尘降尘、灭菌解毒的特性来对室内空气进行优化。主动式空气净化器的原理与被动式空气净化器原理的根本区别就在于，主动式空气净化器摆脱了风机与滤网的限制，不是被动的等待室内空气被抽入净化器内进行过滤净化，而是有效、主动的向空气中释放净化灭菌的因子，通过在空气中弥漫、扩散的特点，到达室内的各个角落对空气进行无死角净化的效果。

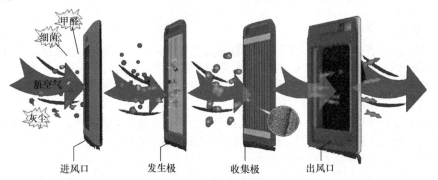

进风口　　　　发生极　　　　收集极　　　　出风口

1. 空气经过进风口的初过滤网到达发生极。
2. 发生极在高压作用下，形成等离子场，并使部分空气分子电离。
3. 细菌等有害物质通过等离子场时，被高能量的自由基氧化而杀死，同时甲醛等高分子有机物也被高能量的自由基氧化分解成水和二氧化碳。
4. 部分电离的空气在电场力的作用下被加速而碰撞其他离子，并使其带上电，通过这样一系列滚球式的雪崩效应，净化器箱内大部分灰尘、细菌都带上电荷。
5. 在电场力的作用下，带电灰尘颗粒向电极运动，最终在带相反电荷的收集极被吸附。
6. 清洁的空气在电荷被中和之后，保持其动能而继续前进，从而形成离子风而循环整个空间的空气。

图2-111　主动式的空气净化器原理

主动式空气净化器之所以不需要传统的过滤网，是因为产品使用了主动净化因子，也就是 APT 因子来杀死室内的细菌。主动式空气净化器根据主动杀菌原理可分为银离子技术、静电技术、负离子技术、低温等离子技术、光触媒技术和净离子群离子技术。这类净化器一般不带有滤网设计，对于空气中的粉尘和异味没有清除的效果。

1）银离子净化技术。就是把银块离子化到空气中以起到杀菌的效果，缺点产品成本高，细菌杀灭率低，对病毒几乎没有杀灭特性。

2）负离子技术。就是运用静电释放负离子，吸附集中空气中的粉尘起到降尘作用，同时负离子对空气中的氧气也有电离成臭氧的作用，对细菌有一定的杀灭作用。

3）低温等离子技术。就是通过给气体外加电压至气体的放电电压，使气体被击穿，产生各种强氧化性的低温等离子，并在极短时间内把接触到的污染物分解掉。这种技术一般用于工业废气处理，化学反应后产生二次污染，若要应用到家用空气净化器中，需要做人体安全测试以及相应的二次污染处理技术。

4）光触媒技术（见图 2-112）。光触媒技术是一种光催化反应，就是利用半导体在光线的照射下，使周围的氧气及水分子激发成具活性的自由基，这些自由基几乎可分解所有对人体或环境有害的有机物质及部分无机物质。但这种光催化剂其本身却不起变化。该技术的优点是产品成本较低，缺点是自由基活性导致其在空气中停留的时间较短，对病毒及细菌的杀灭效果也有限。

5）净离子群技术（见图 2-113）。就是利用特殊的离子群释放装置释放出大量的 H^+ 正离子和 O^{2-} 负离子，这些离子群和空气中带有正电荷或者负电荷的病菌结合吸附后，经过化学反应生成 OH 氢氧根离子活性氧，这些 OH 氢氧根离子从浮游菌细胞膜的蛋白质中抽取出氢，从而消除病菌的生物活性。经过消毒后的空气再进入层层过滤装置，最终输出的就是几乎没有了病菌、粉尘、甲醛、异味干净而湿润的空气。

3. 双重净化类（主动净化 + 被动净化）

该类是目前较为主流的形式，就是滤网和杀菌技术相结合的双重净化。这类空气净化器就能够针对空

气中的粉尘、污染、异味和有毒气体进行全方位的清除。另外部分净化器还具备加湿功能，既能起到湿润空气的作用，对降尘也有一定效果。

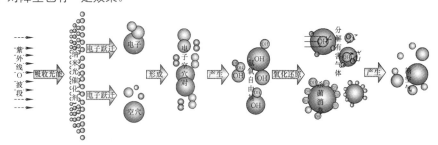

图2-112　光触媒技术示意图

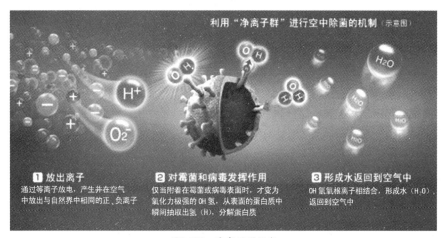

图2-113　净离子群技术

（四）消毒柜工作原理

消毒柜工作原理是利用高温、臭氧、紫外线等方式将病菌杀死，并储藏餐具。消毒柜按消毒方式分为单一消毒方式和组合消毒方式。组合消毒方式有：高温＋紫外线＋臭氧、紫外线＋臭氧。单一消毒方式分为高温、紫外线、臭氧，几种方式的消毒机理是完全不同的。

1. 高温消毒

利用发热管（红外线灯管）加热食具，快速达到高温对食具进行杀菌消毒，能有效杀灭肝炎病毒和常见的大肠杆菌、金黄色葡萄球菌等肠道传染病毒。红外线消毒一般控制温度在120℃，持续20min，通过常闭的温控器实现温度控制。当消毒柜内温度超过120℃时温控器断开，红外线灯管停止工作；当温度降到120℃以下后温控器闭合，红外线灯管又恢复工作，使柜内温度基本维持在120℃，以此实现高温的消毒过程。红外线杀毒原理如图2-114所示。

食具消毒柜上所用的电发热元件绝大部分为远红外石英发热管，它所发出的红外线辐射热易于被水分子吸收，所以消毒效果较好。

2. 臭氧（化学杀毒）

它是利用臭氧的强氧化性来对食具进行消毒。紫外线臭氧灯管是利用波长短于200nm的紫外线能使空气中的氧分子电离后再聚合而产生臭氧。其化学性质活跃，可杀灭细菌繁殖体和芽孢，病毒、真菌等，并可破坏肉毒杆菌毒素，在常温下臭氧还原成氧气，对环境不会污染。

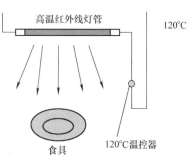

图2-114　红外线杀毒原理示意图

紫外线杀菌灯的发光谱线主要有254nm和185nm两条。254nm紫外线通过照射微生物的DNA来杀灭细菌，185nm紫外线可将空气中的O_2变成O_3（臭氧），臭氧具有强氧化作用，可有效地杀灭细菌，臭氧的弥散性恰好可弥补由于紫外线只沿直线传播、消毒有死角的缺点。臭氧紫外线杀菌原理如图 2-115 所示。

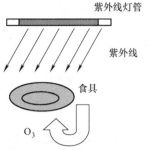

3. 紫外线消毒（物理杀毒）

利用紫外线灯对食具表面进行光照灭菌，即利用的是紫外线光波的杀菌能力，通过 C 波长 200~275nm 对细菌、病毒等微生物的照射，改变其 DNA（脱氧核糖核酸）结构从而达到杀死细菌的目的。适合玻璃塑料等低耐热食具的消毒，能迅速杀灭大肠杆菌。一般用低压紫外线管产生紫外线。

图2-115　臭氧紫外线杀菌原理图

> **提 示**
>
> 紫外线是波长在可见光范围之外的短波。按波长范围可分为 A、B、C 3 个波段和真空紫外线，其中真正具有杀菌作用的是 C 波段紫外线，尤以波长 254nm 左右的紫外线最佳。A 波段（320~400nm）、B 波段（205~320nm）、C 波段（200~205nm）、真空紫外线 100~200nm。

4. 电热型消毒柜

电热型消毒柜是利用高温发挥杀菌作用。高温对细菌有致死作用。细菌中的蛋白质因为受热而发生变性凝固，活性消失，代谢发生障碍，导致死亡。电热型消毒柜的消毒温度应 ≥ 100℃，消毒时间应 ≥ 15min。

（五）电饭煲工作原理

电饭煲的原理是在内锅中放入大米和一定量的水，通过电加热器使水沸腾，米粒逐渐膨胀、糊化，随着水分蒸发，煮成熟化的米饭。具体工作过程是，开始煮饭时，用手压下开关按钮，永磁体与感温磁体相吸，手松开后，按钮不再恢复到如图 2-116 所示状态，则触点接通，电热板通电加热，水沸腾后，由于锅内保持 100℃不变，故感温磁体仍与永磁体相吸，继续加热，直到饭熟后，水分被大米吸收，锅底温度升高，当温度升至"居里点 103℃"时，感温磁体失去铁磁性，在弹簧作用下，永磁体被弹开，触点分离，切断电源，从而停止加热。

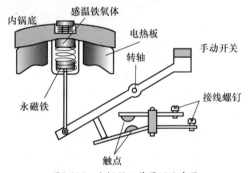

图2-116　电饭煲工作原理示意图

如果用电饭煲烧水，在水沸腾后因为水温保持在 100℃，故不能自动断电，只有水烧干后，温度升高到 103℃，才能自动断电。

（六）智能电饭煲工作原理

传统机械电饭煲的工作原理是利用磁钢受热失磁冷却后恢复磁性的原理，对锅底温度进行自动控制。智能电饭煲的工作原理是利用微电脑芯片，控制加热器件的温度，精准的对锅底温度进行自动控制。

智能电饭煲的具体工作过程是通电按启动键，电饭煲开始工作，微电脑检测主温控器的温度和上盖热敏传感器温度，当相应温度符合工作温度范围，接通发热盘电源，发热盘上电开始发热，由于发热盘与内锅充分接触，热量很快传到内锅上，内锅把相应的热量传到米和水中，米和水开始加热，随着米和水加热升温，水分开始蒸发，上盖传感器温度升高，当微电脑检测到内锅米和水沸腾时，调整电饭煲的加热功率（微电脑根据一段时间温度变化情况，判断加热的米和水量情况）从而保证汤水不溢出；当沸腾一段时间后，水分蒸发，内锅里的水被米基本吸干，而且内锅底部的米粒有可能连同糊精粘在锅底形成一个隔离层，因此，锅底温度会以较快速度上升，相应主温控器的温度也会以较快温度上升，当微电脑检测主温控器温度达到限温温度，微电脑驱动继电器断开发热盘电源，发热盘断电不发热，进入焖饭状态，焖饭结束后转入保温状态。

在保温状态随着时间推移，内锅里的米饭温度下降，使主温控器温度下降，当微电脑检测主温控器温度下降到保温的控制温度，驱动电热盘的电源，重新上电加热，温度上升，主温控器温度也随之升高，当微电脑检测到主温控器温度升高，发热盘断电降温，主温控器温度下降，重复上述循环，使电饭煲维持在保温过程。

提　示

电饭煲从机械式原理到现在的智能电饭煲，期间经历了许多的阶段。微电脑或电脑控制的智能电饭煲符合现代人的要求，人性化的界面设计，使得人们一眼看出当前工作状态，让人们更安心，各种烹调过程全部由电脑自动控制，这些特点符合现代人省时、省力、耐用的观念。

（七）电压力锅工作原理

1. 电压力锅的烹调工作原理

电压力锅的烹调工作原理如图 2-117 所示，通电后，扭转定时开关使 S 接通，此时保温开关 [一般的室内温度都比保温开关的温控点（65℃）低] 和定时开关两路一起给发热盘 EH 供电，加热指示灯 FG2 亮，发热盘 EH 发热。当温度达到 65℃ 时 SA1 断开，S 继续接通，EH 继续发热；当温度上升到 120℃ 时，保压开关 SA2 断开，这时 FG2 灭，FG1 亮，定时电动机 M 转动开始计时；在设定的定时时间内定时开关 S 始终接通，而保压开

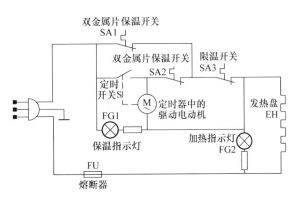

图2-117　电压力锅的烹调原理图

关 SA2 在反复的通一断，维持锅内温度在 120℃ 左右，一直到定时时间结束 S 断开，烹调结束，电压力锅自动进入到保温状态。SA3 为 145℃ 限温开关，以防电饭锅发生异常的超温情况，用限温开关 SA3 来断开电路。

2. 电压力锅的加热原理

使用时，盖好锅盖，电压力锅的锅盖与外锅进行刚性扣合，内锅与锅盖通过密封圈进行密封。通电后，发热盘发热，发热盘直接与内锅进行热传递，使内锅温度升高，从而使食物受热，锅内的水温升高，蒸发加剧，水面上方的水蒸气不断增多，锅内气压不断增大。当达到工作压力时，发热盘推动压力开关下移，从而切断发热盘的电源。当锅内温度下降到一定值时，内锅内压力下降，锅底膜片弹性上升，带动发热盘上升，压力开关闭合，发热盘重新通电加热，如此周而复始，从而使锅内压力控制在一定范围，如图 2-118 所示。

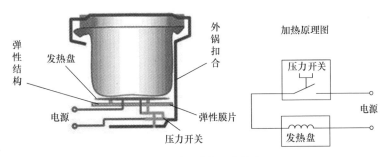

图2-118　电压力锅加热原理

一般锅内气压接近 1.7atm$^{\ominus}$，则水沸点会接近 120℃，这样就使锅内食品被加热的温度比用普通锅提高了约 20℃，从而使食物迅速达到熟透的效果。

（八）净水器工作原理

净水器也称净水机，按组成结构可分为 RO（反渗透）净水器、UF（超滤膜）净水器等类别。

1. 自来水前置过滤器工作原理

前置过滤器主要装在家庭的主管道上，通过滤网能够过滤掉沙子、铁锈，同时起到保护家庭涉水家电（比如洗衣机、热水器等）的作用。其工作原理如图 2-119 所示。

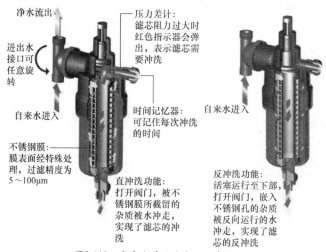

净水流出

压力差计：滤芯阻力过大时红色指示器会弹出，表示滤芯需要冲洗

进出水接口可任意旋转

自来水进入

时间记忆器：可记住每次冲洗的时间

自来水进入

不锈钢膜：膜表面经特殊处理，过滤精度为 5～100μm

直冲洗功能：打开阀门，被不锈钢膜所截留的杂质被水冲走，实现了滤芯的冲洗

反冲洗功能：活塞运行至下部，打开阀门，嵌入不锈钢孔的杂质被反向运行的水冲走，实现了滤芯的反冲洗

图2-119　自来水前置过滤器工作原理图

2. 超滤净水器工作原理

超滤净水器的作用是将进入净水器的过滤液体，通过内部的筛选分离技术，将过滤液体中的水分子穿过超滤膜孔径，到达净水器的另一侧，留下的过滤液体就成为高浓度液体，也就是含细菌、病毒等较大体积的隔离液体被滞留下来，而净化液体则随着过滤器管道进入下一层过滤环节，经过层层过滤后的液体，就成了最后过滤的净水。如图 2-120 所示为超滤净水器工作原理示意图。

3. RO 净水器工作原理

RO 净水器（或称 RO 纯水机）即使用反渗透技术原理进行水过滤的净水机。它的工作原理是对水施加一定的压力，使水分子和离子态的矿物质元素通过反渗透膜，而溶解在水中的绝大部分无机盐（包括重金属），有机物以及细菌、病毒等无法透过反渗透膜，从而使渗透过的纯净水和无法渗透过的浓缩水严格的分开。RO 净水器不仅可以将杂质、铁锈、胶体、病菌等过滤掉，还可以滤除对人体有害的放射性离子、有机物、荧光物、农药、水碱和重金属，保证了在烧开水的时候不会产生水垢。反渗透技术其实是一种仿生物学的科技。

RO 膜工作原理：水进入膜壳内，被止水带阻隔，在压力作用下从原水导流网渗透到膜表面；在压力作用下，原水自外向内通过 RO 膜被过滤。纯水被集水管收集后从纯水端口流出，废水自导流网中流出。如图 2-121 所示为 RO 膜构造及工作原理示意图。

RO 净水器的工作原理简单说来就是通过多层过滤达到水质净化的效果。RO 净水器通常分为 5 级过滤（见图 2-122），分别介绍如下：

第 1 级：采用 5μm 的 PP 棉作为滤芯材质，用于去除铁锈、泥沙、悬浮物等大颗粒杂质。

$\ominus$　1atm=101.325kPa。

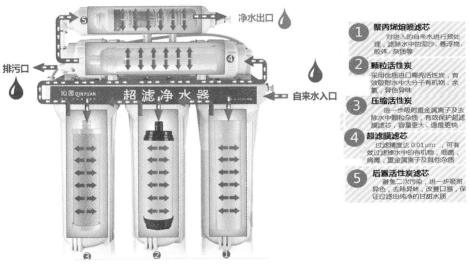

图2-120　超滤净水器工作原理示意图

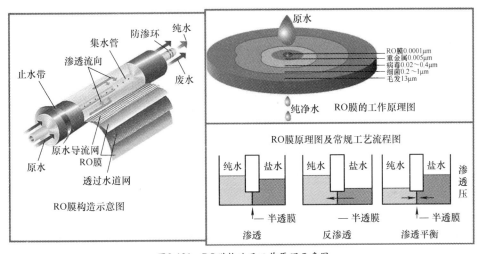

图2-121　RO膜构造及工作原理示意图

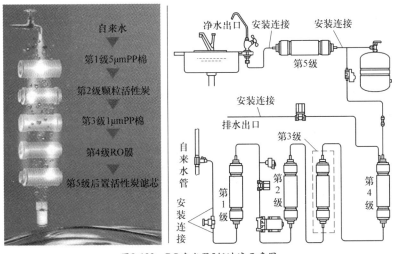

图2-122　RO净水器5级过滤示意图

第 2 级：采用颗粒活性炭作为滤芯材质，能有效去除异臭异味，提高水的纯净度。对水中各种杂质如氯、酚、砷、铅、农药等有害物质也有很高的去除率。

第 3 级：采用烧结活性炭作为滤芯材质，也有部分厂家采用 PP 棉作为滤芯材质。加强第 1 级、第 2 级过滤的效果，进一步吸附去除异味、余氯和细微颗粒，为下一级 RO 膜保驾护航。

第 4 级：RO 膜是 RO 净水器的核心过滤部件，它的性能指标直接决定了净水器效果的好坏。它是用特定的高分子材料制成的具有选择性能的薄膜。它能在外加压力作用下，使水溶液中的水和某些组分选择性透过，从而达到纯化或浓缩、分离的目的。由于反渗透膜的膜孔径非常小，因此能够有效地去除水中的溶解盐类、胶体、微生活、有机物等。

第 5 级：后置活性炭，主要作用是改善水的口感，进一步吸附余氯、增加含氧量。

（九）洗脚器工作原理

1. 根据洗脚器（又称足浴器、洗脚盆）加热原理

（1）玻璃管（石英管）加热

玻璃管（见图 2-123）加热是通过水泵循环，再通过发热的玻璃管达到加热的效果。石英管加热方法是当前市场上洗脚器首要的加热方法，它的优点是：加热速度快、时间短；但是质量不好的容易发生爆破事故，安全保证对技术的要求就很高了。

（2）蒸汽加热

蒸汽加热，蒸汽由电热管或其他发热体产生后，水蒸气由蒸汽管道传输到洗脚器内水中对水加热，如图 2-124 所示。从图中可以看出，洗脚器是采用蒸汽加热的，水和电是截然分开的，所以是绝对不会漏电的，因此也就是最安全的洗脚器。

图 2-123　玻璃加热管

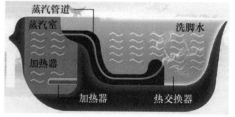

图 2-124　蒸汽加热原理示意图

蒸汽加热的速度比玻璃管稍慢，比 PTC 加热快。这种方式加热的优点是：比较安全、卫生，有着更多的保健优势，但成本很贵。

（3）PTC 加热

PTC 加热管采用铝型材制作，加热管正中为圆形，左右两侧通过铝挤压方式固定 PTC 陶瓷加热片，加热片表面为陶瓷材质，外部包裹耐高温绝缘膜，具有水电分离、使用安全、耐久性高等特点。其工作过程是发热管与水泵连接，水泵运行时水由进水口进入，经过加热管即时加热，再经过水泵从盆体前部出水实现循环加热（冲浪），由温度传感器进行水温控制，由可复位温控器和温度熔丝实现双重干烧保护。如图 2-125 所示洗脚器加热系统，由 PTC 加热器和过热保护开关两部分组成，过热保护开关采用串联方式与 PTC 加热器连接，并通过钢夹固定在 PTC 加热器上，当 PTC 加热出现干烧过热时，过热保护开关会自动切断电路，避免洗脚器温度过高导致烧毁。

2. 洗脚器工作过程

洗脚器中装入适量的水，通电后面板指示灯点亮，此时操作面板上各档位开关即可进行相应的工作。如旋转至"按摩"档，装有偏心轮的电动机就会得电旋转，使盆体振动产生按摩效果；旋至"冲浪加热"档，

面板上加热冲浪指示灯亮起，水泵开始工作，使加热管里面的水流经缺水传感器，缺水传感器里面的磁铁被冲向上端向干簧管靠近，干簧管被接通内部触点，干簧管则串联于调温电路晶闸管的控制极，此时晶闸管导通，加热管得电发热，管内的水被加热并在水泵的作用下从盆体内的小孔冲出，产生冲浪效果，冷热水不断循环，使盆内的水温逐渐上升，并由水温传感器把当前温度送入主板的比较器电路，当水温超过预设温度时，比较器输出端会降低晶闸管的导通角，使加热管电压下降；当水温低于设定温度时，比较器会增加晶闸管的导通角，加热管电压上升，直到电压不再上升也不再下降，加热管被锁定在预设温度，当档位开关旋至"冲浪；加热；按摩"档时，水泵、加热管、偏心轮电动机同时得电工作，原理同上，不再介绍。

过热保护开关

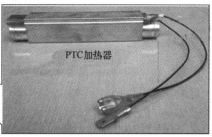

PTC加热器

图2-125　PTC加热器

（十）饮水机工作原理

饮水机是将桶装纯净水（或矿泉水）升温或降温并方便人们饮用的装置，它是利用电能，通过内部的制冷、制热系统及净化、消毒等系统来达到制冷、热水的饮水电器产品。饮水机的制热、制冷、消毒均分别由各功能开关控制，接通饮水机电源，按下功能开关，相应的指示灯亮，其中绿灯亮，表示电源已接通；红灯亮，表示饮水机正在进行加热。当水烧开时（开水的温度视安装在水罐壳体上的温控器而定，一般为85℃），温控器内部触点断开，切断了水胆加热的供电，此时红灯熄灭，黄灯点亮，表示水已烧开，正在保温。当水罐内的开水被饮用减少而补入凉水后，水温下降，温控器内部触点自动闭合，接通水胆加热电源，此时黄灯熄灭，红灯再次点亮，表示饮水机进入二次加热烧水，以此周而复始，使热水罐内的水始终保持在85~95℃。

1. 下水与出水原理

饮水机下水与出水原理其实很简单，就是利用了液体的虹吸原理、大气压力平衡（主要是靠聪明座来达到大气的压力平衡）的原理以及两者的结合。饮水机内部的水循环原理是通过负压来实现的，水瓶底部为密封，插入饮水机时，其内部的压力小于外界的大气压力，保证了瓶内的水不会流淌出来，当用户接水时，水罐内水位下降，空气由下面进入瓶内，使得瓶内的水进入水罐。

> **提　示**
>
> 若水瓶破裂或出现缝隙，外面的空气进入水瓶内，使得瓶内压力增大，破坏了压力平衡，致使水罐水面上升，出现聪明座溢水现象。

2. 加热原理

饮水机加热原理有两种，即内热式和外热式。内热式是指在加热热罐中安装加热棒然后对水进行加热，外热式指在热罐外部加装电热丝部分，通过热罐的不锈钢进行热能传递，来加热热罐内的水。内热式的优点是结构相对简单，价格较便宜，更换也比较容易，缺点是容易受水垢影响，随着水垢的增厚，加热棒散热受阻，发生轻微爆炸。外热式的优点是不受水垢影响，缺点是结构相对复杂，价格较高，维修更换较难。目前市场上多为内热式。

3. 制冷原理

（1）压缩机制冷原理

压缩机制冷采用压缩机配合制冷剂，用冷凝器散热，其制冷原理与电冰箱相同，不同的是蒸发器绕在不锈钢水箱壁外，吸收热量使水降温。压缩机制冷原理：压缩机制冷系统主要有压缩机、冷凝器、毛细管和蒸发器 4 个部件，它们之间用管道连接，形成一个封闭系统，制冷剂在系统内循环流动，不断地发生状态变化，并与外界进行能量交换，从而达到制冷的目的。

压缩机制冷的工作过程是：按下压缩式制冷饮水机制冷开关，制冷绿色指示灯亮，压缩机起动运行；压缩机将蒸发器中已吸热气化的制冷剂蒸气吸回，并随之压缩成高温、高压气体，送至冷凝器；制冷剂蒸气经冷凝器向外界空气中散冷凝成高压液体，再经毛细管节流降压流入蒸发器内，吸收冷胆热量而使水温降低，制冷剂液体又被压缩机吸回，如此循环，达到降温的目的（见图 2-126）；当水温随时间降到设定温度时，制冷温控器触点断开，制冷绿色指示灯熄灭，压缩机停转，转入保温状态；断电后水温逐渐回升，当升到设定温度时，制冷温控器触点动作闭合，接通电源绿色指示灯亮，压缩机运行。

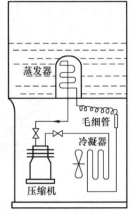

图 2-126　压缩机制冷原理图

（2）电子制冷原理

电子制冷利用温差电制冷原理，主要制冷部件为半导体制冷片，配合散热片和直流电风扇散热，从而达到制冷的目的。电子冰胆中的制冷芯片包含着许多（常用的是 255 对）由 P 型和 N 型半导体器件连接成的电偶。通直流电之后半导体热端放出热量、冷端吸收热量，产生温差。然后将冷端与水罐接触，吸收水的热量，使水罐内水温持续下降，热端通过直流电风扇散热降温，再通过热敏传感器来控制制冷芯片工作，达到控制水温的目的。

4. 消毒原理

现在的立式饮水机一般都是带消毒功能的，也就是底部的柜体是消毒柜设计，原理是臭氧消毒：插电→旋动或者打开消毒开关→底部柜体里有个产生臭氧的方形小盒子，开始工作→可以消毒杯子等容器。一般起动 10min 后，柜内的臭氧浓度即超过 20mg/m³，对柜内的容器进行消毒，当消毒设备时间达到后，消毒指示灯熄灭，表示消毒结束。

（十一）豆浆机工作原理

接通电源，220V 交流电分两路：一路经温度熔丝，给加热管和打浆电动机供电；另一路经变压器 B 变压后得到 12V 交流电。再经桥式整流器 D，滤波电容器 C 得到 +14V 直流电压，为继电器、晶闸管及扬声器提供工作电压。

+14V 直流电压再经三端稳压器 7805 稳压得到 +5V 稳定电压。+5V 电压送到电源指示灯及 CPU（EM78P156ELP）的⑦脚，指示灯点亮，CPU ⑮、⑯脚外接晶体振荡电路与内电路一起组成振荡电路，产生 4MHz 振荡时钟，使整机处于待命状态。

按下启动键，机器便执行自动工作程序，先由语音集成电路输出语音信号，经驱动放大，告知机器已工作。CPU 从其⑱脚输出高电平，使晶闸管饱和导通，继电器得电吸合，加热管进行加热。当水温达到 80℃时，温度传感器阻值变小，CPU 的⑨脚变成低电平。CPU 检测得⑨脚为低电平后，就起动电动机进行打浆。

电动机工作 15s 后，CPU ⑰脚输出低电平，晶闸管截止，继电器断电释放，电动机停止工作，CPU ⑱脚输出高电平，晶闸管饱和导通，继电器得电吸合，加热管得电加热 15s。然后电动机再工作 15s，停止后再加热 15s，如此反复 5 次后，再持续加热，直至将豆浆加热至沸点，再防溢延煮 5min。当 CPU 的⑩、⑱脚均输出低电平时，电热管停止加热，语音芯片⑦脚输出语音信号，告知人们机器工作结束。

（十二）吸油烟机工作原理

吸油烟机安装于炉灶上部，根据流体力学的基本原理，接通吸油烟机电源，驱动电动机带动叶轮转动，在进风口、风柜内、出风口产生负压，实现压力差，将室内的油烟气体吸入吸油烟机内部。当油烟经过进风口过滤网时，部分油烟实现冷却分离，然后冷却凝聚的污油沿着导油系统导入油杯排出机体，而其余部分的污油通过叶轮的旋转对油烟气体再次进行分离，风柜中的油烟受到离心力的作用，油雾凝集成油滴，通过油路收集到油杯，油烟分离后的烟由出风口外排。

（十三）加湿器的工作原理

加湿器从工作原理来讲有超声波加湿器（水喷雾式）、纯净型加湿器（气化式）、电加热式加湿器（蒸汽吹出式）、冷雾加湿器等，家用加湿器的工作原理如下：

1. 超声波加湿器

超声波加湿器的原理是利用超声波产生的采用每秒 200 万次的超声波高频振荡（1.7MHz 频率），将水打散成直径只有 1~5μm 的细小颗粒（这些小颗粒直观的看来就是蒙蒙的水雾），通过风动装置，将水雾扩散到空气中，使空气湿润并伴生丰富的负氧离子，达到均匀加湿，能清新空气、增进健康、营造舒适的环境。

目前大部分加湿器都采用该加湿方式，其具体加湿原理如图 2-127 所示，超声波加湿器工作时，控制阀将水箱内的水通过净水器净化后，注入雾化池；换能器将高频电能转换为机械振动，把雾化池内的水雾化成超微粒子的雾气，风机产生的气流将该雾气吹入室内，就可实现为空气加湿的目的。

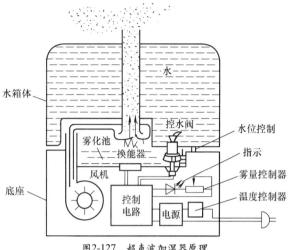

图2-127　超声波加湿器原理

超声波加湿器的核心部件是超声波雾化器，通过其中的振荡器和换能器及其他零件的协作，完成将水雾化为超微粒子的工作过程。

2. 纯净型加湿器

纯净型加湿器又叫直蒸式加湿器，顾名思义就是直接蒸发式。纯净型加湿技术是当今加湿领域的高新技术，采用分子级选择性挥发技术及水幕洗涤技术，通过 PTC 材料使水直接升华，除去水中杂质，再经过净水洗涤处理，最后经风动装置将纯净的水分子扩散到空气中，从而达到加湿的目的。同时也具有粗效过滤空气的作用。纯净型加湿器是今后发展推广的趋势。

纯净型加湿器的核心部件为 PTC 材料元件（正湿度系数热敏电阻器），当其湿度超过一定限时（居里湿度），其阻值会随着湿度的升高而呈阶跃性急增。

3. 电加热式加湿器

热蒸发型加湿器也叫电加热式加湿器，其工作原理是利用电热元件将水加热到 100℃，利用热量使水由液态变为气态（水蒸气），用电动机（风机）将蒸汽送出。电加热式加湿器是技术最简单的加湿方式。电加热式加湿器的核心部件为电热元件，通电发热。

4. 冷雾加湿器

工作原理：利用电风扇的转动，强制空气通过吸水介质，以使空气中的水充分接触、变换，使吸水介质中的水分扩散到相对干燥的空气中，以此来增加空气的相对湿度，从而完成空气的加湿过程。

冷雾加湿器的核心部件为吸水加湿介质，该介质一般以玻璃纤维为基材，经过特殊成分树脂浸泡，再经过烧结处理的高分子复合材料制成，每立方米可以吸收 100kg 左右。

（十四）电风扇的工作原理

以联创 DF-4168 型飘香氧吧电风扇为例进行介绍。如图 2-128 所示为该电风扇的外形相关图。该电风扇与众不同之处是具有立体（水平、垂直）送风功能和负离子氧吧功能。除主电动机外还有两个小电动机：一个是垂直方向移动的驱动电动机；还有一个是水平方向移动的驱动电动机。氧吧则是通过负离子发生器，利用开放式高压端的电极尖端放电，产生电子，使电子与空气中的氧结合生成负离子，再通过吸附作用结合形成负氧离子。

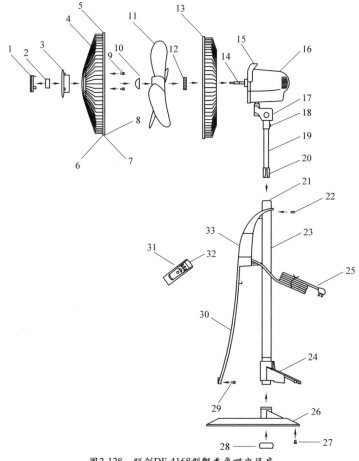

图2-128　联创DF-4168型飘香氧吧电风扇

1—装饰盒盖　2—香膏盒（干香花）　3—装饰盒　4—前网　5—网圈　6—网罩固定螺钉　7—网罩固定螺母　8—网罩固定扣　9—螺钉
10—叶束　11—风叶　12—网束　13—后网　14—电动机轴　15—电动机前罩　16—电动机后罩　17—摇头座　18—摇头支架　19—内管
20—电源接插头　21—电源接插座　22—固定螺钉A　23—外管　24—立柱底部固定套　25—电源线　26—底盘　27—固定螺钉B
28—塑胶固定螺母　29—固定螺钉C　30—飘带　31—遥控器　32—遥控器红外线发射窗　33—控制面板

如图2-129所示为该电风扇电路原理图。整个电路的核心电路是电风扇专用控制模块IC1（BA8204BA4L），采用该芯片的电风扇具有3种风类、3档风速、4段累加定时、中风起动、立体摆头、带灯或不带灯功能。该IC是豪华遥控立体摆头的专用芯片，其功能与SM3015B-BM4A-FN2N、BA8204BA4类似，损坏时可间接替换。其①～⑩脚为控制信号输入引脚，⑪脚为空引脚，其中⑦、⑧、⑨脚与控制指示灯相连。JS为遥控接收器。⑲、⑳脚外接455时钟晶体振荡器（CX1）⑱脚接功能操作蜂鸣器BUZZ⑫～⑯脚接3个电动机控制端子，其中，⑭～⑯脚接主电动机，通过3个双向晶闸管TR1（97A6）~TR3分别控制主电动机的三档转速。⑫、⑬脚接两个小电动机的控制管TR4、TR5，分别控制小电动机的起停。㉒脚控制负离子发生器，通过控制双向晶闸管TR6的G极进行控制，开启或关闭信号通过发光二极管LED13进行显示。图中M为主电动机（即电风扇电动机），M1和M2分别为电动机座水平和垂直方向移动的驱动电动机，安装于遥头座上方的电动机后罩内部。

该电风扇电源除供给电动机220V的交流电源外，还有供电路工作的+5V直流电源，+5V电源是通过220V电源通过D1、D2半波整流DW1稳压后获得的。其中R3、R6为限流降压电阻器，C1、C3、C4为滤波电容器，C2为降压电容器。

除主机电路外，该机遥控电路也比较简单，采用专用遥控芯片IC2（BA5104），该IC为⑯脚红外遥控编码集成电路，损坏后，可用SM5021B、RT1021B间接替换。采用3V直流电源供电，其⑫、⑬脚外接455晶体振荡器。⑮脚输出发射信号，通过放大管Q1（8050）送到红外线发射二极管LED14。

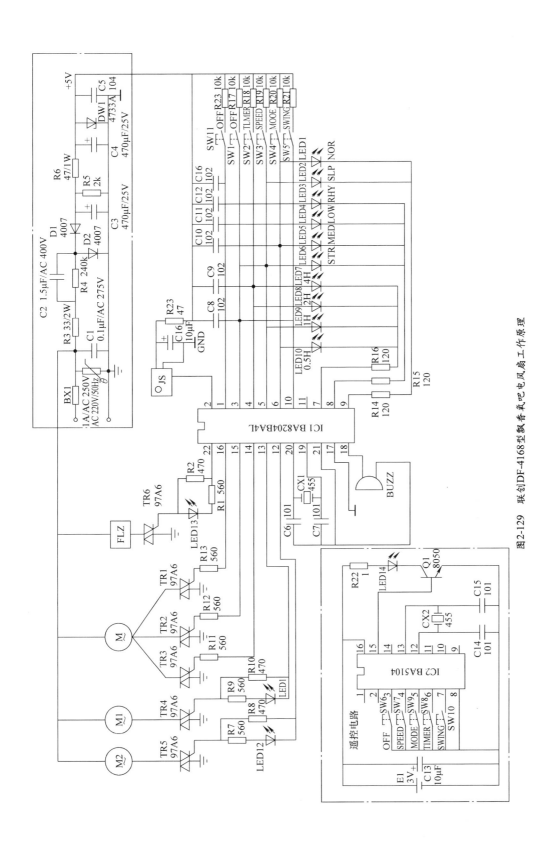

图2-129　联创DF-4168型飘香氧吧电风扇工作原理

三、学后回顾

通过今天的面对面学习，对小家电的基本原理、工作原理和工作过程有了直观的了解和熟知，在今后的实际使用和维修中应回顾以下两点：

1）小家电的基本工作原理是什么？ _____。

2）小家电的工作过程是怎样的？ _____。

第11天　图说菜鸟级小家电维修入门

一、学习目标

今天主要学习小家电简易故障维修入门技巧，通过今天的学习要达到以下学习目标：

1）了解小家电易出现故障的部位有哪些？

2）掌握小家电简易故障有哪些故障表现？

3）熟知小家电简易故障的处理方法。今天的重点就是要特别掌握小家电简易故障中故障现象与故障部位的对应关系，这是小家电维修中经常要用到的一种基本知识。

二、面对面学

（一）电压力煲简易故障维修

1）现象：开盖困难。

原因：放气后浮子阀未落下；煲内有压力。

处理：用筷子轻压浮子阀；等煲内压力下降，浮子阀落下后开盖。

2）现象：合盖困难。

原因：密封圈未放置好。

处理：放好密封圈。

3）现象：煲盖漏气。

原因：未放上密封圈；密封圈粘有食物渣滓；密封圈破损。

处理：检查密封圈是否按要求放好；清洁密封圈；更换密封圈。

4）现象：浮子阀漏气。

原因：浮子阀密封圈粘有食物渣滓；浮子阀密封圈破损。

处理：清洁浮子阀密封圈；更换浮子阀密封圈。

5）现象：浮子阀不能上升。

原因：煲内食物和水过少；煲盖或限压放气阀漏气。

处理：按规定放适量的食物和水；送售后服务部维修。

6）现象：工作时限压放气阀强烈排气。

原因：限压放气阀未放密封位；压力控制失灵。

处理：限压放气阀拨到密封位置；送售后服务部维修。

7）现象：通电时显示屏不亮。

原因：电源线插座接触不良。

处理：检查电源线插座。

（二）电饼铛简易故障维修

1）现象：电源指示灯不亮，发热盘不加热。

原因：电源未接通；内部导线断开。

处理：检查插头插座、电源引线是否完好，并插到位。

2）现象：加热指示灯不亮，发热盘不加热

原因：电源没有接通；内部导线断开。

处理：检查插头插座、电源线是否完好，并插到位；送售后维修。

（三）开水煲简易故障维修

1）现象：水沸腾前开水煲提前断电。

原因：水垢太多。

处理：清除水垢。

2）现象：开水煲不工作。

原因：检查电源是否有电；开水煲里是否有水。

处理：插头是否插好、开关是否按下；加入冷水即可。

3）现象：水中有水垢生成，或者水比较浑浊。

原因：当地水质较硬，是由水中的碳酸钙或碳酸镁引起的。

处理：及时清除水垢即可。

（四）豆浆机简易故障维修

1）现象：指示灯不亮。

原因：机头没放正；电源线插头未插到底。

处理：重新放正机头；电源线插头插到底。

2）现象：指示灯亮，机器不工作。

原因：杯体内未加水或加水太少；温度传感器故障。

处理：加水至上、下水位刻度线之间；送售后维修。

3）现象：电动机不工作。

原因：电动机使用时间过长，自动保护功能启动。

处理：断电 1h 后再通电使用。

4）现象：豆子或米打不碎。

原因：水位过低；电压过低；豆子浸泡时间短；物料量太小或太多；机器自身故障；电动机起动自动保护功能，不工作。

处理：加水至上、下水位刻度线之间；可用家用稳压器；加长浸泡时间；按说明书食谱要求加物料；送售后维修；断电 1h 后再通电使用。

5）现象：溢锅。

原因：选错功能程序；器自身故障；豆浆太稀或加豆太多；水位过低。

处理：正确选择功能程序；送售后维修；按说明书食谱要求加物料；加水至上、下水位刻度线之间。

（五）洗脚器简易故障维修

1）现象：冲浪不良。

原因：滤网堵塞。

处理：清洗过滤网。

2）现象：天冷不冲浪。

原因：水泵冻结。

处理：加热水解冻。

3）现象：不加热。

原因：无水时误开加热开关；电源未接通。

处理：待湿度下降可恢复正常；检查电源并确定已接通。

4）现象：不动作中途停下来。

原因：电源断电；浴足时间到；水温过高。

处理：检查电源线路；再按定时设定键；掺冷水降温。

5）现象：遥控器不能操作。

原因：电池没电。

处理：更换电池。

6）现象：遥控器灵敏度不高。

原因：红外线遥控发射和接收口没对准。

处理：遥控器红外发射窗口对准主机遥控接收处。

（六）吸油烟机简易故障维修

1）现象：灯不亮，电动机转动。

原因：灯坏；灯座接插件接触不良。

处理：更换灯；修理或更换。

2）现象：灯不亮，电动机不转动。

原因：插头与插座接触不良；电源线断路。

处理：修理或更换；更换电源线。

3）现象：机体剧烈振动，噪声增大。

原因：油烟机悬挂不可靠；连接件固定螺钉松脱；蜗壳支脚固定螺钉松脱；电动机固定螺钉松脱；叶轮安装未到位；叶轮受损或丢失平衡块。

处理：可靠悬挂主机；拧紧螺钉；拧紧螺钉；拧紧螺钉；安装到位；更换叶轮。

4）现象：吸力不强。

原因：安装高度过高；厨房空气对流太大或密封不严重；出风管过长；室外风力太大。

处理：调整至合适高度；减少空气对流或适度打开门窗；按说明书安装；出风口安装防倒灌风帽。

（七）饮水机简易故障维修

1）现象：水温不适合。

原因：短时间用水量过多；电源未接通。

处理：稍等片刻，即可再次取水；检查并插好电源插头。

2）现象：水龙头无水出。

原因：水瓶无水；聪明座入水孔被水瓶封盖纸堵塞。

处理：换装一瓶新水；清除废纸，注意撕开水瓶盖上的封贴，再把水瓶放上去。

3）现象：聪明座漏水。

原因：水瓶破损。

处理：更换水瓶。

4）现象：噪声大。

原因：机器安装不平稳。

处理：机器应置于平稳厚实的平面上。

5）现象：冷水龙头不出水。

原因：冰堵。

处理：关闭制冷功能几小时。

（八）消毒柜简易故障维修

1）现象：紫外线杀菌灯不亮。

原因：门未关严；紫外线灯管接触不良；紫外线杀菌灯或上层门开关损坏；启辉器损坏。

处理：将门关严；旋转灯管，安装到位；送售后维修；送售后维修。

2）现象：烘干效果不理想。

原因：食具放置不合理；贮存前食具上积水未清除干净。

处理：合理放置食具；贮存前应将积水清除干净。

3）现象：显示屏不显示。

原因：停电；电源插头未插好；未正确操作。

处理：待通电后使用；插好电源插头；按说明书正确操作。

4）现象：闻不到臭氧味，不见高臭氧紫外线灯管亮。

原因：门控开关未接通；紫外线灯管未旋到位；紫外线灯管系统故障。

处理：检查柜门是否关好；检查紫外线灯管是否旋到位；送售后维修。

（九）吸尘器简易故障维修

1）现象：电动机不转。

原因：检查电源插头未牢固地插在插座上；电源插座无电；吸尘器电源开关未打开。

处理：重新将插头插入插座；保证电源插座有电；打开开关。

2）现象：吸力减弱。

原因：地面刷、软管和伸缩管被堵塞；过滤部件积满灰尘；前盖未安装到位；过滤片堵塞。

处理：及时将堵塞物除去；清理或更换过滤部件；将前盖安装到位；清洗过滤片。

3）现象：电源线无法全部卷入。

原因：电源线绞在一起。

处理：将电源线抽出 2~3m，重新收线。

4）现象：电源线无法抽出。

原因：电源线可能缠绕在一起。

处理：压下收线按键，往复将电源线卷入或拉出。

5）现象：电源线自缩。

原因：卷线器惯性卷入电源线。

处理：将电源线反复拉出卷入 4~5 次，若仍旧自缩请送售后维修。

6）现象：前盖盖不上。

原因：未安装过滤部件或过滤部件安装不到位；前盖变形。

处理：将过滤部件安装到位；送售后维修。

（十）空气净化器简易故障维修

1）现象：机器不工作。

原因：电源插头未牢固地插在插座上；电源插座无电；进、出风盖未安装到位。

处理：重新将插头插入插座；保证电源插座有电；重新安装到位。

2）现象：遥控器不工作。

原因：电池处的隔电塑料片未取出；电池电量用完；中间有异物阻挡。

处理：抽出隔电塑料片；更换新电池；移除阻挡物品。

3）现象：机器工作但出风口没有风吹出或风很弱。

原因：滤材塑料外包装未打开；风口堵塞异物。

处理：按说明打开外面的塑料包装物再使用；清除异物。

（十一）加湿器简易故障维修

1）现象：指示灯不亮、无风、无雾。

原因：电源插头未插好；电源开关未打开。

处理：插好电源插头；打开电源开关。

2）现象：指示灯亮、有风、无雾。

原因：水箱无水；自动恒湿旋钮未打开；水位浮子压盖未压紧。

处理：给水箱加满水；顺时针旋动恒湿旋钮；压紧浮子压盖。

3）现象：喷出的雾有异味。

原因：水箱内水不干净。

处理：清洗水箱，更换一箱水。

4）现象：指示灯亮、无风、无雾。

原因：水槽内水位过高。

处理：将水槽内的水倒出一些，拧紧水箱盖。

5）现象：雾量小。

原因：换能片结垢；水脏或存水时间太长。

处理：清洗换能片；更换清洁的水。

三、学后回顾

通过今天的面对面学习，对小家电中简易故障部位、简易故障现象和处理方法有了直观的了解和熟知，在今后的实际使用和维修中应回顾以下 3 点：

1）小家电简易故障常出在哪些部位？_____

2）小家电简易故障的主要表面有哪些？_____

3）小家电简易故障的处理方法有哪些？_____。特别要学会小家电简易故障中常见故障现象与故障部位的对应关系：_____

第3章
面对面学小家电维修方法与技巧——高手级

第12天　小家电通用维修方法

一、学习目标

今天主要学习小家电的通用维修方法，通过今天的学习要达到以下学习目标：

1）了解小家电检修的基本原则。

2）掌握小家电检修时应具备的条件。

3）熟知小家电各类故障的常用检修方法。今天的重点就是要特别掌握小家电各类故障现象对应的检修方法，要注意有的放矢，灵活应用。这是小家电维修中经常要用到的一种基本知识。

二、面对面学

（一）小家电检修思路

要排除电器的故障就要了解电器的工作原理，熟悉电器的结构、电路，知道电器的某部件出现故障会引起什么后果、产生什么现象。根据故障现象，根据机器的工作原理，通过逻辑推理分析，初步判断故障大致产生在哪一部分，以便逐步缩小检查目标，集中力量检查被怀疑的部分。下面具体说明电器检修的一般程序。

1. 判断故障的大致部位

（1）了解故障

在着手检修发生故障的电器前除应询问、了解该电器损坏前后的情况外，尤其要了解故障发生瞬间的现象。例如，是否发生过冒烟、异常响声、摔跌等情况，还要查询有无他人拆卸检修过而造成"人为故障"。另外，还要向用户了解电器使用的年限、过去的维修情况，作为进一步观察要注意和加以思考的线索。

（2）试用待修电器

对于发生故障的电器要通过试听、试看、试用等方式，加深对电器故障的了解，并结合过去的经验为进一步判断故障提供思路。

检修顺序为接通电源，拨动各相应的开关、接插件，调节有关旋钮，同时仔细听音，分析、判断可能引起故障的部位。

（3）分析原因

根据前面的观察和以前学的知识与积累的经验综合运用，再设法找到故障机的电路原理图及印制电路板布线图。若实在找不到该电器的相关数据，也可以借鉴类似机型的电路图，灵活运用以往的维修经验并根据故障机的特点加以综合分析，查明故障的原因。

（4）归纳故障的大致部位或范围

根据故障的表现形式，推断造成故障的各种可能原因，并将故障可能发生部位逐渐缩小到一定的范围。其中尤其要善于运用"优选法"原理，分析整个电路包含几个单元电路，进而分析故障可能出在哪一个或哪几个单元电路。总之，对各单元电路在整个电路系统中所担负的特有功能了解得越透彻，就越能减少检修中的盲目性，从而极大地提高检修的工作效率。

2. 故障的查找与排除

（1）故障的查找

对照电路原理图和印制电路板布线图，在分析电器工作原理并在维修思路中形成可疑的故障点后，即应在印制电路板上找到其相应的位置，运用仪器仪表进行在路或不在路测试，将所测资料与正常资料进行比较，进而分析并逐渐缩小故障范围，最后找出故障点。

（2）故障的排除

找到故障点后，应根据失效元器件或其他异常情况的特点采取合理的维修措施。例如，对于脱焊或虚焊，可重新焊好；对于组件失效，则应更换合格的同型号、同规格元器件；对于短路性故障，则应找出短路原因后对症排除。

（3）还原调试

更换元器件后往往还要或多或少地对电器进行全面或局部调试。因为即使新换入的元器件型号相同，也会因工作条件或某些参数不完全相同而导致电器特性差异，有些元器件本身则必须进行调整。如果大致符合原参数，即可通电试机，若电器工作全面恢复正常，则说明故障已排除；否则应重新调试，直至该故障机完全恢复正常为止。

（二）小家电检修的基本原则

1. 先外后内

"先外后内"是指先检查小家电是否有明显裂痕、缺损，并了解小家电工作环境是否达到要求、使用方法是否正确。在确认小家电工作环境符合要求，使用方法正常，且家庭用电正常的情况下，才能对小家电内部进行拆卸检查。

2. 先静后动

"先静后动"是指在小家电未通电时，判断小家电按钮、熔丝及继电器的好坏，从而判断故障部位。通电试验，听其声、测参数、判断故障，最后再进行维修操作。

3. 先机械后电气

"先机械后电气"是指先确定机械零件无故障后，再进行电气方面的检查。检查电路故障时，应采用检测仪器寻找故障部位，确认无接触不良故障后，再检查线路与机械的运行关系，避免出现误判。

（三）小家电的维修方法

维修小家电时应细心观察故障现象，认真分析故障原因，逻辑判断故障部位；然后再仔细检查故障点，查找故障元器件，对故障元器件进行维修或替换；最后进行必要的复查和调试，使整机恢复良好的性能。掌握正确的维修方法和检修程序会使维修工作事半功倍，少走弯路。下面介绍 6 种常用维修方法：

1. 直观检查法

直观检查法是凭借维修人员的视觉、听觉、嗅觉、触觉等感觉特性，查找故障范围和有故障的组件。直观法是最基本的检查故障的方法之一，实施过程应坚持先简单后复杂、先外面后里面的原则。实际操作时，首先面临的是如何打开机壳的问题，其次是对拆开的电器内的各式各样的电子元器件的形状、名称、代表字母、电路符号和功能都能一一对上号，即能准确地识别电子元器件。

直观法主要有以下特点：①直观法是一种非常简便的检修方法，它不需要任何仪表、仪器，对检修电器的一般性故障及损坏型故障很有效果；②直观法检测的综合性较强，它是同检修人员的经验、理论知识和专业技能等紧密结合起来的，要运用自如，需要大量地实践，才能熟练地掌握。

2. 电阻检测法

电阻检测法就是借助万用表的电阻档断电测量电路中的可疑点、可疑组件以及集成电路各引脚的对地电阻，然后将所测资料与正常值作比较，可分析判断组件是否损坏、变质，是否存在开路、短路、击穿等情况。这种方法对于检修开路、短路性故障并确定故障组件最为有效。

电阻法可分为"在路"电阻测量法和"不在路"电阻测量法。所谓在路电阻测量法就是直接在印制电路板上测量组件两端或对地的阻值，由于被测组件接在电路中，所以所测数值会受到其他并联支路的影响，在分析测量结果时应予以考虑；不在路电阻测量法是将被测组件的一端或将整个组件从印制电路板上焊下后测其阻值，虽然较麻烦，但测量结果却更准确、可靠。为减少测量误差，测量时万用表应选用合适的档位，对于一些关键部位的阻值要采用正、反相表笔结合测量，以提高判断故障的准确性。

3. 电压检测法

电压法是通过测量电路的供电压或晶体管的各极、集成电路各引脚电压来判断故障的，因为这些电压是判断电路或晶体管、集成电路工作状态是否正常的重要依据。将所测得的电压数据与正常工作电压进行比较，根据误差电压的大小，就可以判断出故障电路或故障元器件。一般来说，误差电压较大的地方，就是故障所在的部位。

电压法有直流电压法和交流电压法两种，可在交流与直流两种状态下进行。对于维修小家电来讲，直流电压法可分为静态测量和动态测量两种方式。静态测量是电器不输入信号的情况下测得的结果，动态测量是电器接入信号时所测得的电压值。根据所测得的数据，经电路分析，了解电路元器件数值变化与工作点电压的关系，就可以根据检测到的电压变化来找出故障元器件。

4. 电流检测法

电流法是通过检测晶体管、集成电路的工作电流，各局部的电流和电源的负载电流来判断小家电故障的一种检修方法。进行电流检查时，既可把万用表串入电路直接测量，又可用测量串入电路中的电阻两端的电压来间接测量。

电流法适合检查短路性故障、漏电或软击穿故障。电流法检查往往反映出各电路静态工作是否正常。测量整机工作电流时，必须将电路断开（或取下熔丝管），将万用表电流档（选择最大量程）串入电路中（应将万用表先接好再通电）；另外，还可以测量电子设备插孔电流、晶体管和集成电路的工作电流、电源负载电流、过载继电器动作电流等。

在小家电维修中一般是测量整机总电流，在进行测量时，常常把万用表串入熔丝插座或利用自制检测电盘上的电流表而进行，条件许可的情况下用钳型电流表也可以。

5. 替换检测法

替换检查法是用规格相同、性能良好的元器件或电路，代替故障电器上某个被怀疑而又不便测量的元器件或电路，从而判断故障原因的一种检测方法。替换法包括元器件替换和某一个部件的替换。这种方法一般用于经多次检修没能修好而且故障部位又未得到确切判断的情况，较适用于难以判断是否失效的元器件，如电容器、集成电路等元器件。对于其他检查方法久久难以判断的疑难故障，采用替换法往往可迎刃而解。

替换法俗称万能检查法，适用于任何一种电路类故障或机械类故障的检查。该方法在确定故障原因时准确性为 100%，但操作时比较麻烦，有时很困难，对印制电路板有一定的损伤。因此，使用替代法要根据电器故障具体情况，以及检修者现有的备件和代换的难易程度而定。要注意的是，在代换元器件或电路的过程中，连接要正确可靠，不要损坏周围其他组件，从而正确地判断故障，提高检修速度，并避免人为造成故障。

6. 其他检测方法

除了上述常见的基本方法外，还有不少行之有效的方法，如升/降温检查法、冷却法、干扰法、断路法、短路法等。

（1）升/降温检查法

升/降温检查法是用电烙铁或电热吹风给某个有怀疑的组件加热，使故障现象及早出现，从而确定损坏组件。降温法是用蘸酒精的棉球给某个有怀疑的组件降温，使故障现象发生变化或消失，从而确定故障组件。

（2）干扰法

干扰法就是以人体作为干扰源，用来检测仪器和电子线路及排除故障。这种方法不需要额外使用其他仪器和设备，只需要用自己的手触碰或触摸电路，然后根据电路的反映状况来进行判断。业余条件下，人体干扰法是一种简单方便又迅速有效的方法。

（3）断路法

断路法又称断路分割法，它通过割断某一电路或焊开某一组件、接线来压缩故障范围，是缩小故障检查范围的一种常用方法。若某一电器整机电流过大，可逐渐断开可疑部分电路，断开哪一级电流恢复正常，故障就出在哪一级，此法常用来检修电流过大、烧熔丝故障。

（4）短路法

短路法就是将电路某一级的输入端对地短路，使这一级和这一级以前的部分失去作用。当短路到某一级时（一般是从前级向后级依次进行的），故障现象消失，则表明故障就发生在这一级。短路主要是对信号而言，为了不破坏直流工作状况，短路时需要用一只较大容量的电容，将一端接地，用另一端碰触。对于低频电路，则需用电解电容器。从上述介绍中可看到，短路法实质上是一种特殊的分割法。这种方法主要适用于检修故障电器中产生的噪声、交流声或其他干扰信号等，对于判断电路是否有阻断性故障十分有效。

三、学后回顾

通过今天的面对面学习，对小家电检修的基本原则、检修时应具备的条件和常用检修方法有了直观的了解和熟知，在今后的实际使用和维修中应回顾以下 3 点：

1）小家电的基本原则有哪些？＿＿＿＿＿＿＿＿＿＿＿＿＿＿＿＿＿＿＿

2）检修小家电应具备哪些条件？＿＿＿＿＿＿＿＿＿＿＿＿＿＿＿

3）小家电常用检修方法有哪些？＿＿＿＿＿＿＿。特别要学会小家电检修中应用得最多的电压检测、静态电压检修、在线电阻检测和脱焊电阻检测等常用检修方法的区别和作用＿＿＿＿＿＿

第13天　小家电专用维修方法

一、学习目标

今天主要学习小家电专用维修方法，通过今天的学习要达到以下学习目标：

1）了解小家电的通用检测方法，其常见故障如何维修？

2）掌握小家电常见故障维修方法。

3）熟知小家电的故障特征及故障处理方法。今天的重点就是要特别掌握小家电的主要检测点、检修流程、易损元器件、常见故障现象与故障部位的对应关系。这是小家电维修中经常要用到的一种基本知识。

二、面对面学

（一）消毒柜的检修方法

检修消毒柜时可通过看、听、闻、问、测等常用的诊断方法，从而判断故障的部位。

1. 看

主要是看消毒柜显示屏上是否出现乱码、熔丝管是否烧坏、灯管是否烧黑、主板上是否元器件异常等。

2. 听

就是听消毒柜有没有异响。若怀疑控制开关损坏，可先操作高温功能听有没有信号输出的提示音，当有信号输出提示音说明开关是好的，反之可判断开关损坏；控制开关正常，但无继电器吸合声，则可判定问题出在主板上。

另外维修臭氧发生器（见图3-1）时，其好坏可根据柜内的声音和光线来进行判断。若有高压放电的"嗞嗞"声，且可见放电的蓝光，则说明该臭氧发生器正常；若无高压放电声及蓝光，则说明该臭氧发生器工作异常，已经失去了消毒功能，需更换新的臭氧发生器。

3. 闻

用鼻子闻闻有无烧焦气味，找到气味来源，故障可能出现在放出异味的地方。

4. 问

就是问一下用户，了解机器的使用时间、工作情况及故障发生前兆。

5. 测

若以上维修方法仍发现不了问题，就要通过万用表对可疑元器件进行检测从而判断故障的部位。若消毒柜不能操作高温功能，则最快捷的方法就是直接从主板上将下室高温功能的插头拔下，用万用表在插头上检测下室高温功能一整套电路是否导通，若不能导通则用万用表检测高温发热管的通断、高温熔断的通断等。

图3-1　臭氧发生器

（二）饮水机的检修方法

检修饮水机时可通过看、听、闻、问、测等常用的诊断方法，从而判断故障的部位。

1. 看

主要是看电源插座是否有电、电热管是否烧断、电热管两引脚接插端子是否氧化或松动、连接进出水管道的胶管是否老化或破损及堵死、电脑板排线是否有连接松动或接触不良等。

2. 听

就是听饮水机有没有异响。有无和散热片或其他物体发生碰撞、噪声是否来自压缩机或电风扇；若通电后臭氧发生器无"沙沙"声（即臭氧 O_3 放电管不放电），则检查臭氧发生器输入引线接口有无松动或脱落、臭氧发生器内部元器件是否损坏。

> **提　示**
>
> 饮水机在启动或停机时内机塑料件因温度变化发生胀缩而发出的声音，属正常现象；饮水机启动或停机时系统内冷媒在达到平衡之前会发出较响流动声，属正常现象。

3. 闻

用鼻子闻闻有无烧焦气味，找到气味来源，故障可能出现在放出异味的地方。

4. 问

就是问一下用户，了解机器的使用时间、工作情况及故障发生前兆。

5. 测

若以上维修方法仍发现不了问题，就要通过万用表对可疑元器件进行检测从而判断故障的部位。如测电热管两引脚阻值是否正常，若偏离正常值或为无穷大，则需更换电热管；测 PTC 两引脚常温电阻值，若为无穷大，则需更换启动器。

（三）吸尘器的检修方法

检修吸尘器时可通过看、听、闻、问、测等常用的诊断方法，从而判断故障的部位。

1. 看

主要是看吸尘器的各个固定部位是否松动、刷子是否磨损严重、吸尘头和排气口是否堵塞等。

2. 听

就是听吸尘器有没有异响。若电动机转子与定子碰触、电动机轴承损坏或叶轮变形与外壳等相碰，就会发出"嗒、嗒"或"喀、喀"等异响,此时应拆开电动机或叶轮罩,仔细查出碰壳之处,然后进行校正便可;若吸尘器吸入了豆子、小瓶盖之类的颗粒状硬物,就会发出"嗒、嗒"异响,此时应及时关机,取出异物,不然尖锐的硬物容易碰破滤尘罩或划伤塑料机壳;若风道被严重堵塞,就会发出变调的噪声或沉闷的"呜……"声,此时应立即关机,排除堵塞,否则电动机因严重过载迅速发热,时间一长就可能烧坏。

3. 闻

用鼻子闻闻有无烧焦气味,找到气味来源,故障可能出现在放出异味的地方。

4. 问

就是问一下用户,了解机器的使用时间、工作情况及故障发生前兆。

5. 测

若以上维修方法仍发现不了问题,就要通过万用表对可疑元器件进行检测从而判断故障的部位。若怀疑电刷和换向器间接触不良造成电动机转速慢,此时可用万用表"×1"档测量电动机两端的电阻(正常时应为 8~10 Ω),若实测值远大于此,便可判断为接触不良;若实测值过大,甚至断路,那电动机就不会起动,而不是转速慢的问题了。

(四)吸油烟机的检修方法

检修吸油烟机时可通过看、听、闻、问、测等常用的诊断方法,从而判断故障的部位。

1. 看

当电动机转速慢时,可拨动电动机的扇叶,看转动是否灵活,若不能灵活转动,则检查电动机的轴承等机构;当不能排烟时,看气敏传感器表面是否被油污污染,导致检测灵敏度下降;若怀疑起动电容器有问题,可看电容器外观是否有烧焦的痕迹;当电动机时转时停时,看电动机接线是否松动、电动机接线器螺钉是否松动、琴键开关触片是否变形等。

2. 听

就是听吸油烟机有没有异响。若电动机不转且有"嗡嗡"声,一般是起动电容容量减少或短路;若不能排烟且电动机不转也无蜂鸣器叫声,此时应检查放大器、可调电阻器及气敏传感器是否正常;若电动机能转动,但噪声很大(且外壳很烫),则多是电动机转子含油轴承严重缺油或磨损所致。

3. 闻

用鼻子闻闻有无烧焦气味,找到气味来源,故障可能出现在放出异味的地方。如电动机绕组短路时,通常会发出焦味并且电动机的表面温度较高。

4. 问

就是问一下用户,了解机器的使用时间、工作情况及故障发生前兆。

5. 测

若以上维修方法仍发现不了问题,就要通过万用表对可疑元器件进行检测从而判断故障的部位。如怀疑起动电容器有问题,可用万用表测电容器两端的阻值来判断(一般吸油烟机的电容器是 4μF 或是 5μF),若阻值偏小或趋近于零说明电容可能被击穿,阻值偏大或趋于无穷大说明电容器的电解质干涸或失去电容量。

(五)洗脚器的检修方法

检修洗脚器时可通过看、听、闻、问、测等常用的诊断方法,从而判断故障的部位。

1. 看

出现不加热时,可用肉眼观察加热管上是否有一圈被烧坏的断裂痕迹;出现按键失灵时,可观察面贴排线与控制板连接是否存在松动或脱落。

2. 听

就是听洗脚器有没有异响。冲浪加热时发出"咕咕"的声音,则检查水泵是否吸入杂质、水泵转子是否有问题。

3. 闻

用鼻子闻闻有无烧焦气味，找到气味来源，故障可能出现在放出异味的地方。

4. 问

就是问一下用户，了解机器的使用时间、工作情况及故障发生前兆。

5. 测

若以上维修方法仍发现不了问题，就要通过万用表对可疑元器件进行检测从而判断故障的部位。若怀疑加热管有问题，但外观不能判断，可用万用表电阻档接加热管两端测阻值是否正常，无阻值显示说明加热管坏。

（六）电烤箱的检修方法

检修电烤箱时可通过看、听、闻、问、测等常用的诊断方法，从而判断故障的部位。

1. 看

当烤箱照明灯不亮时，观察烤箱灯泡是否损坏、烤箱电源连接是否良好、熔丝是否熔断；当怀疑风机有问题时，观察风机的轴承是否缺油、风机转动是否正常等；当怀疑定时器有问题时，可观察定时器触点是否黏连、定时器触点弹簧片是否太弱等。

2. 听

若烤箱关门时有"咔哒"声，则检查烤箱门体铰链上的压舌是否压紧；若电风扇变形、扇叶太软等也会出现异响。

3. 闻

用鼻子闻闻有无烧焦气味，找到气味来源，故障可能出现在放出异味的地方。

4. 问

就是问一下用户，了解机器的使用时间、工作情况及故障发生前兆。

5. 测

若以上维修方法仍发现不了问题，就要通过万用表对可疑元器件进行检测从而判断故障的部位。若怀疑红外线加热器有问题，可万用表测管子的两端电阻值来判断；若怀疑烤箱电动机或其连接线路有问题，也可分别检测电动机各相绕组的阻值来进行判断。

（七）电饭煲的检修方法

电饭煲维修时常用的诊断方法主要有询问法、感官检查法、操作检查法、万用表检查法等，具体如下：

1. 询问法

就是对送修的用户进行各种内容的询问，以便了解故障信息（如机器的操作方法、损坏情况、故障现象、部位和特征等）。经过询问，维修时可准确快捷地找出故障原因，正确地对机器进行维修，从而提高维修工作效率。

2. 感官检查法

感官检查法一般包括视觉检查、听觉检查、触觉检查、嗅觉检查。

1）视觉检查是通过观察机器外观和内部结构，检查有无损伤、变形、零部件结构是否松动或脱落等。

2）听觉检查是通过耳朵听机器工作时出现的响声，用声音的大小或不同性质的响声判断机器是否损坏的一种检查方法。

3）触觉检查是通过手动触摸感觉对机器故障进行判断。

4）嗅觉检查是通过鼻子闻异味，来辨别机器故障源。

3. 操作检查法

通过对机器实际性能操作，与合格机器进行对比，从中寻找故障原因。例如，进行实际煮饭试验，观察煮饭效果是否符合要求。

4. 万用表检查法

万用表检查法是使用万用表的电压、电阻、电流档对疑问的机器零部件进行测量,以判断其是否损坏的一种检查方法。

(八)豆浆机的检修方法

检修豆浆机时可通过看、听、闻、问、测等常用的诊断方法和不开盖与开盖检查,从而判断故障的部位。

1. 看

主要是观察网罩侧网或底网网孔是否干结堵死;观察电动机各绕组是否有烧焦、短路和断路,电动机上及其周围是否有黑色粉末,用手转动电动机看是否灵活;观察变压器的外貌来检查其是否有明显异常现象(如线圈引线是否断裂、脱焊,绝缘材料是否有烧焦痕迹,铁心紧固螺杆是否有松动,硅钢片有无锈蚀,绕组线圈是否有外露等)。

2. 听

如接通或断开外加电源,应该听到继电器吸合与释放动作发出的声响;当开机电动机不转时,听在开机时是否有异声,有异声一般是电动机坏,无异声一般是线路问题。

3. 闻

用鼻子闻闻有无烧焦气味,找到气味来源,故障可能出现在放出异味的地方。

4. 问

就是问一下用户,了解机器的使用时间、工作情况及故障发生前兆。

5. 测

若以上维修方法仍发现不了问题,就要通过仪表对可疑元器件(豆浆机的易损件有熔丝管、按键、双向晶闸管、光耦合器、贴片晶体管、变压器、稳压集成电路等)进行检测,从而判断故障的部位。如通电后熔丝管被烧断,可用万用表电阻档测电源线、电刷架、定子绕组、转向器、电枢绕组是否与电动机的外壳导通;通电后电动机不运转,可用万用表检查电源电压是否过低或无电压、电刷与转向器是否接触不良、电枢绕组或定子绕组的阻值是否异常、开关是否损坏或接触不良等。

值得提醒注意的是,焊接面涂覆有一层绝缘漆,必须用电烙铁烫开焊点,才便于测量,否则测量的结果不准确。几个元器件同时坏的情形并不多,往往检查出一个故障元器件就离修好不远了,并不需要从微电脑的工作原理上搞懂弄通。

6. 不开盖检查

通电在不加水和豆子时,观察机头上的指示灯是否发亮,若指示灯亮,按选择键和起动键看是否有效,听电动机是否能转动一下,停 10s 左右摸内胆底部是否发热,若是发热,则机子无故障。此过程不可过长,以防时间长了干烧。若既听不到电动机转动声,又感觉不到底部发热,且相应的指示灯闪烁不停,说明按起动键无效,需要开盖检查。

7. 开盖检查

用螺钉拧下机头上的几颗固定螺钉,观看机头内部有无水珠、螺钉是否严重生锈。若有,则机子严重受潮,需擦净后晾干(亦可用吹风机快速吹干),合盖后重试,往往奏效,不用修理。以后要注意防潮,清洗时别让机头进水,清洗后用干抹布拭干,不要急于放入内胆,待干燥后放入。如果去潮后仍不工作,说明机子有故障,需要进一步检查修理。

(九)加湿器的检修方法

检修加湿器时可通过看、听、闻、问、测等常用的诊断方法,从而判断故障的部位。

1. 看

当机器出现故障时,看是否有异常现象,如雾化器电源指示灯亮但不喷雾时,观察水位感应开关和雾化换能片是否破裂、水面是否超过水位感应开关;雾化器电源指示灯不亮且不喷雾时,观察雾化器与变压器的电源插头是否没有正确对接等。

2. 听

当机器出现故障时，听机内是否有异声，如机器在工作过程中，有电风扇和雾化板，雾化板通过高频振动出雾，电风扇转动把雾吹出来，运输过程中可能电风扇移位了，所以产生有轻微噪声；直流风机电风扇脏了或者电风扇轴承缺油也会引起机器发出异常噪声。

> **提　示**
>
> 使用加湿器时水箱的水有给底部雾化区补水的过程，雾化片将水雾化成水雾送出体外，雾化中细小的雾气吹出，较大的雾气凝结成水珠回落到水槽里，产生水声，在这个过程中有水声是正常现象。

3. 闻

用鼻子闻闻有无烧焦气味，找到气味来源，故障可能出现在放出异味的地方。

4. 问

就是问一下用户，了解机器的使用时间、工作情况及故障发生前兆。

5. 测

若以上维修方法仍发现不了问题，就要通过万用表对可疑元器件进行检测从而判断故障的部位。如加湿器出现不出雾或雾小时，怀疑是换能片（压电陶瓷片）有问题，可用绝缘电阻表或万用表"×10k"档测有无漏电或击穿；加湿器不工作时，看电风扇有没有工作，用万用表检查振荡片、风机的工作电压，若风机没有电压，那电路板肯定有问题。

（十）净水器的检修方法

检修净水器时可通过看、听、闻、问、测等常用的诊断方法，从而判断故障的部位。

1. 看

主要看水压是否过低，各接线端子的连接线是否脱落，低压开关接线插头是否脱落或失灵，熔丝是否烧坏，滤芯、废水比例器、逆止阀是否堵塞，超滤膜是否破裂、超滤膜密封圈是否变形等。

2. 听

就是听净水器是否有异声，如管路中有气体可能会发出与机器管道摩擦撞击声；高压开关接触不良，导致机器频繁起动，会发出连续声响；原水管路断水，造成增压泵空转，致使净水器噪声大等。

3. 闻

用鼻子闻闻有无烧焦气味，找到气味来源，故障可能出现在放出异味的地方。

4. 问

就是问一下用户，了解机器的使用时间、工作情况及故障发生前兆。

5. 测

若以上维修方法仍发现不了问题，就要通过万用表对可疑元器件进行检测从而判断故障的部位。如测进水电磁阀两端的直流电阻是否正常，失常则更换进水电磁阀；测高压开关是否损坏，用万用表测试高压开关两输出端是否导通（将两端短接，看增压泵是否起动）；测低压开关是否损坏，用万用表测试低压开关两输出端是否导通（将两端短接，看增压泵是否起动）；测变压器绕组的阻值，若阻值为无穷大，则说明线圈存在断路或绝缘性能不良等。

（十一）空气净化器的检修方法

检修空气净化器时可通过看、听、闻、问、测等常用的诊断方法，从而判断故障的部位。

1. 看

主要是看电源插座是否有电、熔丝管是否熔断、电风扇是否被异物卡住、轴承是否磨损严重、滤网及电极上是否灰尘、污垢太多等。

2. 听

就是听负离子发生器是否有异响，如电风扇叶片里发出的撞击声、扇叶旋盖过紧产生的共振声等。

3. 闻

用鼻子闻闻有无烧焦气味，找到气味来源，故障可能出现在放出异味的地方。

4. 问

就是问一下用户，了解机器的使用时间、工作情况及故障发生前兆。

5. 测

若以上维修方法仍发现不了问题，就要通过万用表对可疑元器件进行检测从而判断故障的部位。如测电动机绕组是否开路或短路、升压变压器阻值是否正常、整流电路的整流管是否良好等。

（十二）电风扇的检修方法

电风扇出现故障后的检测方法常见的有观察法、替换法、测量电阻法等，具体如下：

1. 观察法

观察法就是用眼睛观察电源插座、开关、调速部件、机械传动部件有无明显的松动、断裂、烧焦等特征，若有，则说明该处有故障。

2. 替换法

对起动电容器、调速器、电动机用好的备用件进行替换，若能正常工作，则说明原部件损坏。

3. 测量电阻法

（1）测量起动电容器

用万用表的电阻档进行充电检查，若电阻由小变大，则说明电容器漏电、击穿。

（2）测量电动机

测量电动机绕组电阻，与正常值比较，相差较大时，则说明该电动机出现故障，需要更换。

三、学后回顾

通过今天的面对面学习，对各种小家电专用维修方法、检修流程、易损元器件和常见故障有了直观的了解和熟知，在今后的实际使用和维修中应回顾以下两点：

1）小家电的检测方法和常见故障维修方法有哪些？_____

2）小家电各电路板的主要故障检修流程分别是_____。特别要学会小家电各电路的关键测试点检测、各电路板易损元器件的判断和故障处理方法_____

第14天　小家电元器件拆焊和代换技巧

（一）加湿器换能片的拆焊与代换技巧

1）换能片上面的焊点一定不要自己去焊，换换能片要连同换能片的引线一起换掉。

2）要用电烙铁把板上连换能片的引线焊下，更换带引线的换能片焊上，还有注意引线对应的板上的焊空，顺序不要焊错了。

（二）消毒柜石英紫外线灯管的更换

更换灯管时，先将灯管电源插座拔掉，抽出灯管，再将擦净的新灯管小心地插入杀菌器内，装好密封圈，检查有无漏水现象，再插上电源。

提　示

勿以手指触及新灯管的石英玻璃，否则会因污点影响杀菌效果。

（三）吸油烟机电动机的代换

吸油烟机电动机代用时应注意采用同型号、同规格、同极数、同功率的电动机，否则容易出现发热或烧坏等故障现象。

（四）集成电路的焊接

1. 焊接集成电路的准备工作

集成电路引脚多且密，一块小小的集成电路有几十个甚至上百个引脚，焊接难度很大。因此，在焊接前必须做好以下准备工作：

1）焊接工具：选用功率为 25W 左右的电烙铁，烙铁头应为尖嘴形，并用锉刀修整尖头，防止在施焊时尖头上的毛刺拖动引脚。

2）焊接材料：焊接材料主要是松香、焊锡丝、焊锡膏和天那水、纯酒精等，焊锡丝一定要选用低熔点的。

3）清理印制电路板：焊接前用电烙铁对印制电路板进行平整，用小毛刷醮上天那水将印制电路板上准备焊接的部位刷净，仔细检查印制电路板印制电路有无起皮、断落。若有起皮，只需平整一下就可以了，若有断落，则需要细铜丝连接好。

4）引脚上锡：新集成电路在出厂时其引脚已上锡，不必作任何处理。如果是用过的集成电路，需清除引脚上的污物，并对引脚上锡和调整处理后才能使用。

2. 焊接集成电路的具体操作步骤

先将集成电路摆放在印制电路板上，将引脚对正，并将每列引脚的首、尾脚焊好，以防止集成电路移位，然后采用"拉焊"法进行施焊。所谓拉焊，就是在烙铁头上带一小滴焊锡，将烙铁头沿着集成电路的整排引脚自左向右轻轻地拉过去，使每一个引脚都被焊接在印制电路板上。焊接完毕后，应对每一个焊点进行检查，若某一焊点存在虚焊，可用电烙铁对其补焊，最后用纯酒精棉球擦净各引脚，除去引脚上的松香及焊渣。

3. 焊接时应注意的事项

1）焊接时使用的电烙铁应不带电或接地。在电烙铁烧热后应拔下电源插头或者应使用电烙铁外壳有良好的接地，以避免感应电击穿集成电路，特别是焊接 MOS 集成电路更应如此。

2）焊接时间不能过长。焊接集成电路时要注意其最高温度和最长时间。一般集成电路焊接时所受的最高温度是 260℃、时间为 10s 或 350℃、3s，这是指一块集成电路全部引脚同时浸入离封装基座平面距离为 1~1.5mm 所允许的最高温度和最长时间，所以点焊和浸焊的最高温度一般应控制在 250℃左右，焊接时间在 7s 左右。

3）注意散热。一些大功率集成电路都有良好的散热条件，在更换集成电路时，应将散热片重新固定好，使之与集成电路紧密接触，以防止集成电路受热而损坏。安装散热片时应注意以下 5 点：

① 在未确定功率集成电路的散热片是否应该接地前，不要随便将地线焊到散热片上；

② 散热片的安装要平，紧固转矩适中，一般为 0.4~0.6N·m；

③ 安装前应将散热片与集成电路之间的灰尘、锈蚀清除干净，并在两者之间垫上硅脂，用以降低热阻；

④ 散热片安装好后，通常用引线焊接到印制电路板的接地端上；

⑤ 在未装散热板前，不能随意通电。

4）安装集成电路时要注意方向。在印制电路板上安装集成电路时，要注意方向不要搞错，否则通电时集成电路很可能被烧毁。一般规律是，集成电路引脚朝上，以缺口或打有一个点"。"或竖线条为准，则按逆时针方向排列。如果单列直插式集成电路则以正面（印有型号商标的一面）朝自己，引脚朝下，引脚编号顺序一般从左到右排列。除了以上常规的引脚方向排列外，也有一些引脚方向排列较为特殊，应引起注意，这些大多属于单列直插式封装结构，它的引脚方向排列刚好与上面说的相反。

5）引脚能承受的应力与引脚间的绝缘。集成电路的引脚不要加上太大的应力，在拆卸集成电路时要小心，以防折断。对于耐高压集成电路，电源 Vcc 与地线以及其他输入线之间要留有足够的空隙。

4. 集成电路的拆焊

下面以使用热风枪拆焊贴片集成电路为例进行介绍：

1）拆卸前首先将电烙铁、维修平台良好接地，并记住集成电路的定位情况，再根据不同的集成电路选好热风枪的喷头，然后往集成电路的引脚周围加注松香水。

2）调好热风温度和风速。一般情况下，拆卸集成电路时温度开关调至 3~6 档，风速开关调至 2~3 档。

3）用热风枪喷头沿集成电路周围引脚慢速旋转，均匀加热，且喷头不可触及集成电路及周围的元器件。待集成电路的引脚焊锡全部熔化后，再用小起子轻轻掀起集成电路。

4）将焊接点用平头电烙铁修理平整，并把更换的集成电路和电路板上的焊接位置对好。先焊四角，以固定集成电路，再用热风焊枪吹焊四周。

5）焊好后应注意冷却，不可立即去动集成电路，以免其发生位移。待充分冷却后，再用放大镜检查集成电路的引脚有无虚焊，若有，应用尖头电烙铁进行补焊，直至全部正常为止。

（五）集成电路的代换

集成电路代换分为直接代换和非直接代换两种：其中，直接代换是指使用同型号或不同型号的集成电路不经任何改动而代换原集成电路，代换后不影响机器的主要性能与指标；非直接代换是指对代换的集成电路增减个别组件或修改引脚的排列，使之成为可代换的集成电路后再进行代换的一种方法。两种代换方法如下：

1. 直接代换

直接代换的原则是用于代换集成电路的功能、主要技术参数、封装形式、引脚用途、引脚排列形式及序号等均与原集成电路相同。同时，还要求它的逻辑极性，即输出/输入电平极性，电压、电流幅度也必须相同。对于虽然功能相同，而逻辑性不同的集成电路则不能直接代换。

2. 非直接代换

非直接代换的原则是代换所用的集成电路与原集成电路的功能必须相同，特性相近，且体积的大小相差不大，不影响安装。非直接代换是一项很细致的工作，具体操作时应注意以下 5 个方面：

1）集成电路引脚的编号顺序切勿接错。

2）在改动时应充分利用原印制电路板上的脚孔和引线，以保持电路的整洁。

3）外接引线要整齐规范，避免前后交叉，以便于检查和防止电路自激。

4）代换后应对其静态工作电流进行检测，若电流远大于正常值，则说明电路可能产生自激，可进行退耦、调整处理。若增益出现异常，可调整反馈电阻阻值，使之在原来的范围之内。

5）对于代换时改动量较大的集成电路，应在通电前在电源 Vcc 回路上串联一直接电流表，并观察集成电路总电源的变化是否正常，防止出现异常情况而造成电路损坏。

（六）晶体管的拆装

1. 晶体管的拆卸及注意事项

1）从电路板上拆下晶体管时要一个一个引脚拆下，并小心电路板上的铜箔电路。

2）拆下坏晶体管时要记住各引脚孔在印制电路板上的位置，上新晶体管时，分辨好各引脚，核对无误后焊接。

2. 晶体管的安装及注意事项

1）为了防止虚焊，晶体管在装入印制电路板之前，要在引脚上涂锡。涂锡时要用镊子或钳子夹住引脚以利散热。一般焊接晶体管用 25W 电烙铁，每次涂锡时间不要超过 10s。

2）将晶体管装入印制电路板时，小功率晶体管最好是直插，中功率晶体管可用管座进行加固。

3）因特殊需要将引脚折弯时，要用钳子夹住引脚的根部后再适当用力弯折，而不应将引脚从根部弯折。

4）焊接时，应使用低熔点焊锡。引脚引线不应短于 10mm，焊接动作要快，每根引脚焊接时间不应超过 2s。

5）晶体管在焊入电路时，应先接通基极，再接入发射极，最后接入集电极。拆下时，应按相反的次序，以免烧坏管子。在电路通电的情况下，不得断开基极引线，以免损坏管子。

6）使用晶体管时，要固定好，以免因振动而发生短路或接触不良，并且不应靠近发热组件。对于大功率晶体管，应加装足够大的散热器。

（七）晶体管的代换

晶体管损坏后，应尽可能地选用同型号的管子进行代换。在某些场合下，对管子的要求较严格，必须选用同型号的管子。对于要求不严格的场合，可利用其他型号的管子代换使用。在选配晶体管的过程中，应注意以下问题：代换晶体管前，首先必须清楚晶体管的类型及材料，由于 NPN 型与 PNP 型晶体管工作时对电压的极性要求不同，所以它们是不能相互代换的。晶体管的材料有锗材料和硅材料，它们之间最大的差异就是起始电压不一样（锗管 PN 结的导通电压为 0.2V 左右，而硅管 PN 结的导通电压为 0.6~0.7V）。对于放大电路，一般可以用同类型的锗管代换同类型的硅管，或用同类型的硅管代换同类型的锗管，但都要在基极偏置电压上进行必要的调整，因为它们的起始电压不一样。对于脉冲电路和开关电路，不同材料的晶体管是否能互换必须具体分析，不能盲目代换。

（八）电感器的代换

1）电感线圈必须原值代换（匝数相等，大小相同）。

2）贴片电感只需大小相同即可，还可用 0Ω 电阻或导线代换。

3）小型固定电感器与色码电感器、色环电感器之间，只要电感量、额定电流相同，外形尺寸相近，可以直接代换。

4）在装配线圈时，应先用万用表检查线圈是否断路，还应注意电感之间的相互位置，以及与其他元器件的位置应该符合要求，否则产生的分布电容会导致整机不能正常工作。

5）电感在安装时应注意接线正确，如果误接入高压电路，会烧坏线圈及其他元器件。

6）带屏蔽罩的线圈检修完后还应焊好屏蔽罩，另外还应特别注意，屏蔽罩与线圈不能短路，否则整机不能工作。

（九）变压器的代换

1）不同型号的升压变压器的引脚排列有时是一样的，但参数会有一些差别，应急修理时，也可临时代用，但代用后的灯管亮度会有一定的差别。

2）选用电源变压器时，要与负载电路相匹配，电源变压器应留有功率余量（其输出功率应略大于负载电路的最大功率），输出电压应与负载电路供电部分的交流输入电压相同。对于铁心材料、输出功率、输出电压相同的电源变压器，通常可以直接互换。

3）电源变压器的代换原则是同型号之间可以代换。也可选用比原型号功率大的但输出电压与原型号相同的进行代换。也可选用不同型号、不同规格、不同铁心的变压器进行代换，但功率必须比原型号略大，输出电压相同。

第15天　小家电故障自诊与处理方法

（一）艾美特 CY503E 型高压电饭煲故障代码

代　码	代码含义	备　注
E1	传感器断路（探头座上连接导线）	更换传感器
E2	传感器短路	更换传感器
E3	超温	更换温度传感器
E4	压力开关失灵	调节压力开关

（二）奔腾 PFFG5005 型电饭煲故障代码

代　码	原　因	排除方法
E1	底部传感器短路（213℃以上）	正确连接热敏电阻器（或恢复到常温），重新上电
E2	底部传感器断路（-27℃以下）	
E3	上盖传感器短路（213℃以上）	
E4	上盖传感器断路（-27℃以下）	

（三）格兰仕 CFXB30-1101H8、CFXB50-1301H8 型电磁加热电饭锅故障代码

代　码	原　因	排除方法
C0	电池用完	更换电池后，重新调整时钟
C1	主温控器断路/短路	检查主温控器回路，修理损坏部件或更换主温控器
C2	上盖温控器断路/短路	检查上盖温控器回路，修理损坏部件或更换上盖温控器组件
C3	室温传感器断路/短路	检查室温传感器回路，修理损坏部件或更换室温传感器（热敏电阻器）
C4	IGBT 传感器断路/短路	检查 IGBT 传感器回路，修理损坏部件或更换 IGBT 传感器（热敏电阻器）
C6	主温控器异常	检查主温器安装状态或更换主温器
C7	IGBT 处温度过高	检查冷却电风扇运转状态或更换冷却电风扇
E1	①连续高压（260V以上）使用；②电压检测回路异常	①调整正常电压使用；②更换电压检测回路损坏部件
E2	①连续低压（170V以下）使用；②电压检测回路异常	
E3	煮饭过程中，停电 2h 以上	正常状态重新使用
E4	煮饭过程中停电，在预约煮饭结束时间后，重新来电	

（四）海尔 CYD601、CYD602、CYD603、CYS501、CYS502、CYS602 型电压力锅故障代码

代　码	原　因	排除方法
E1	热敏电阻开路保护，导致按键无效，蜂鸣器连续间隔响	更换热敏电阻
E2	热敏电阻短路保护，导到按键无效，蜂鸣器连续间隔响	
E3	限温安全保护装置起作用，蜂鸣器连续间隔响	检查是否放内锅或内锅中食物是否过少；拔掉电源冷却后可继续使用
E4	压力开关处于断开状态，蜂鸣器连续间隔响	调节压力开关

（五）苏泊尔 FC3 美食家系列（CYSB40FC3-90、CYSB50FC3-100、CYSB60FC3-100 型）电压力锅故障代码

代　码	原　因	排除方法
E0	①上盖热敏电阻器开路或短路（正常时 100K/25℃）；②合盖不到位或微动开关及其连线故障	①更换上盖热敏电阻器；②正常合盖，检查微动开关及其连线是否正常，正常合盖后微动开关触片是否能有效闭合
E1	①无锅报警；②感温杯故障（热敏电阻器开路或短路）	①检查是否掉锅；②更换感温杯组件
E2	①空锅干烧保护；②高温报警	①锅内加水重新启动；②查看内锅底是否有油污和异物、热敏电阻器故障
E3	①开始就检测到上压（此时不应该上压）；②应该上压而没有上压（通过检测温度）；③止开杆该掉下而没有掉下（通过计算温度）	①更换内锅盖（孔铣歪）或止开阀（磁钢问题）；②更换干簧管或接通其连线；③修复此止开杆开关

（六）九阳 JYY-G42、JYY-G52、JYY-G62、JYY-G51、JYY-G61、JYY-G54、JYY-G64 型电压力锅故障代码

代　码	原　因	排除方法
E1	传感器开路	检查传感器插座有无松动
E2	传感器短路	检查传感器
E3	①超温保护；②感温器头和内胆底部之间有异物	①关机冷却后再试；②清洁感温器头和内胆底部
E4	信号开关失灵	显示板故障或压力开关断开

（七）九阳 JYZS-D221 型紫砂蒸炖煲故障代码

代　码	原　因	排除方法
E1	干烧	如需继续烹饪，需加入适量水后，重新通电进行操作
E3	电网电压高于 265V ± 5V	待电压正常后，报警自动解除
E4	电网电压低于 165V ± 5V	待电动机正常后，报警自动解除
E5	温度传感器开路	检查传感器插座有无松动
E6	温度传感器短路	检查传感器

（八）九阳 JYZS-K322、JYZS-K322A、JYZS-K422、JYZS-K422A、JYZS-K522、JYZS-K522A、JYZS-K421、JYZS-K521 型紫砂煲故障代码

代　码	原　　因	排除方法
E1	干烧	机体冷却后正常
E3	电网电压高于 260V	待电压正常后，报警自动解除
E4	电网电压低于 165V	待电动机正常后，报警自动解除
E5	温度传感器开路	检查传感器插座有无松动
E6	温度传感器短路	检查传感器

（九）九阳 DJ11B-D19D 型豆浆机故障代码

故障代码	代码含义	备　　注
E1	无水报警	停机加水
E2	初始水温过高报警	初始水温不要高于 70℃
E3	防溢异常报警	更换防溢传感器
E4	加热超时报警	检查加热超温传感器
E5	输入电压异常	检测市电电压
E6	过零信号丢失报警	检测过零检测电路
E7	通信异常报警	检测通信电路
E8	温度检测异常报警	检查温度传感器

（十）美的 CXW-200-DJ09 型吸油烟机故障代码

故障代码	代码含义	备　　注
E1	温度传感器开路	更换温度传感器
E2	温度传感器短路	
E4	面板打开超时	盖上面板
E5	面板关闭超时	打开面板
E6	到位开关状态错误	更换到位开关

（十一）夏普 KCC150SW 型空气净化器故障代码

故障代码	代码含义	备　　注
"自动"指示灯或"除菌喷淋"指示灯闪烁	基板异常	更换基板
当前湿度指示灯显示"30"并闪烁	温湿度传感器异常	更换温度湿度传感器
当前湿度指示灯显示"70"并闪烁		
"弱"指示灯闪烁	风扇电动机异常	更换风扇电动机
"加湿空气净化"运行指示灯闪烁	加湿滤网异常	清洁加湿滤网

（十二）浦桑尼克 proscenic 型扫地机器人故障代码

故障代码	代码含义	解决方法
E1	前踩空超时	首先关闭 proscenic 扫地机器人，用洁净的干布擦拭 6 个悬崖感应窗口，故障一般就可以解决
E2	扫地机器人被提起	把 proscenic 扫地机器人放到地面上，重新开机就可以解决
E3	碰撞超时	查看 proscenic 扫地机器人的防撞条是否被异物挡住，重新拆卸清理一下就可以解决
E4	垃圾盒未装配	检查一下 proscenic 扫地机器人的集尘盒是否安装好，或者是重新拔出再安装
E5、E6	左右轮组发生过载	检查一下 proscenic 扫地机器人的左右轮是否被杂物缠绕
E7	扫地机器人侧刷发生过载	检查一下 proscenic 扫地机器人的侧刷是否被杂物所缠绕
E8	扫地机器人滚刷发生过载	检查一下 proscenic 扫地机器人的滚刷是否被杂物所缠绕
E9	扫地机器人电风扇发生过载	检查一下 proscenic 扫地机器人的风机内部是否吸入杂物
E10	扫地机充电错误	首先检查一下 proscenic 扫地机器人的电池安装是否妥当，如果没有问题，用洁净的干布把扫地机器人和充电座垫的充电座片重新擦拭一片

第16天　图说高手级小家电综合维修技巧

（一）消毒柜

1. 消毒柜插上电源，按启动键，灯不亮，不加热的检修

出现此类故障时，先检查电源插座是否无电或接触不良；若否，则检查熔断器是否烧坏；若熔断器良好，则检查电源线与机体是否接触不良或断路；若否，则检查变压器是否烧坏、断路或引线焊接松脱，用交流 25V 档检测是否有电压输出，同颜色为一组，若正常应该有 12V 交流电压输出；若变压器正常，则检查电路板是否烧坏；若电路板未烧坏，则检查继电器是否失灵或接触不良；若继电器正常，则检查电路板内铜线是否锈蚀断裂。

> **提　示**
>
> 有些型号的变压器是集成在主板上（见图 3-2），检测起来需要一定的专业知识，可以直接判断为主板故障，维修时只需更换主板即可，变压器故障在这类故障中最为常见。

2. 消毒柜有通电提示音、有显示，但按所有操作键均失效的检修

出现此类故障时，首先检查显示屏是否有错误信息提示，若提示"温度传感器有问题"，则应重新连接好线路或更换温度传感器；若显示屏无故障提示，则检查门控开关工作是否正常（可拔出其中一个门控开关的插头，用导体直接短接两个端脚，然后试机，如果故障依旧，再短接另一个，如果故障排除，则说明问题出在相对应门控开关上）。

3. 消毒柜按键操作正常，紫外灯管不亮的检修

出现此类故障时，首先打开上室拉门，用手按住门控开关，启动上室消毒功能，细听主板上继电器是否有"叭"的一声；若无继电器吸合声，则可能是主板或显示板损坏，此时可采用替换法确定损坏部件；若有继电器吸合声，则检查紫外灯管是否存在接触不良或灯管是否损坏；若紫外灯管正常，则目测整流器有没有变形、烧糊，镇流器连接处是否松脱或接触不良。

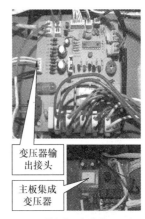

变压器输出接头

主板集成变压器

图3-2　变压器

提　示

对镇流器检测必须先断开电源，拆开其中至少一个线头，然后用万用表检测其是否开路、启辉器是否会闪光，电子镇流器无法检测其好坏，可采用替换法处理。

4. 消毒柜按键操作正常，下室光波管（红外管）不亮的检修

出现此类故障时，首先打开室柜门，用手按住门控开关，细听是否有继电器吸合声；若没有吸合声，则可能是主板或显示板损坏；若有继电器的吸合声，则检查光波管引脚接头是否烧坏、连接线是否断开、光波管是否断裂（用万用表测量是否开路，如果不通则表示光波管或红外管已损坏）；若以上均正常，则检查熔断器是否损坏。

5. 消毒柜臭氧管和紫外灯不工作的检修

出现此类故障时，先检查柜门是否未关好；若柜门关好，则检查门开关是否接触不良；若门开关接触不良，则调整门开关的接触状况或更换门开关；若门开关接触良好，则检查电路是否有故障。

6. 消毒柜低温消毒时无"嗞嗞"放电声，闻不到臭氧腥味的检修

出现此类故障时，首先检查臭氧发生器输入导线是否脱落或接触不良；若臭氧发生器导线不良，则接牢输入导线，使其接触良好；若臭氧发生器导线正常，则检查臭氧管两电极距离是否变大；若臭氧管两电极距离变大，则更换同型号臭氧管；若臭氧管两电极正常，则检查臭氧管是否漏气、老化，可用试电笔靠近臭氧发生器能发亮，但臭氧管不工作，说明臭氧管已老化或漏气，需按原规格更换臭氧管；若以上检查均正常，则检查臭氧发生器中晶闸管是否损坏。

7. 消毒柜高温消毒时间短的检修

出现此类故障时，先检查食具堆积放置是否在靠门边位置；若是，则将食具均匀放置在层架各处，互相留有空隙；若否，则检查上层温控器与下层温控器是否装错；若是，则调换温控器位置；若否，则检查上、下发热管是否装错。

8. 消毒柜消毒时间过长的检修

出现此类故障时，先检查柜内堆放餐具是否太多、太密；若否，则检查柜门是否关闭不严，或门封变形；若否，则检查石英发热管是否烧坏一支；若否，则检查温控器是否失灵；若否，则检查发热管电阻丝是否变细（观察发热管的亮度正常情况下背部发热管微红，底部发热管明红），电阻增大功率降低；若否，则检查电压是否过低；若电压正常，则检查发热管是否装错。

9. 消毒柜烘干功能失效的检修

出现此类故障时，首先检查是否是用户操作问题（烘干功能是在消毒过程完成以后的最后 30min 或 15min 才会自动启动；有些用户会在消毒开始时检查烘干是否工作，这样容易误认为烘干功能有故障）；若操作正常，则在继电器发出吸合声后用手感觉出风口是否有热风吹出；若没有热风吹出，则说明风机损坏；若有风吹出，则检查风机连接的 PTC 发热元件或与之关联的温控器是否损坏。若采用红外管烘干模式，应首先检测红外管两端接脚是否断裂、锈死及管子是否损坏；若红外管正常，则检查热熔断器是否烧坏。

提　示

区分 PTC 发热元件与温控器有故障的方法：判断 PTC 发热元件是否损坏可以用导体直接连通温控器的两个引脚看是否会发热；若会发热则表示温控器损坏；若不发热则表示 PTC 发热元件已损坏。

（二）饮水机

1. 饮水机不通电，不加热也不制冷的检修

出现此类故障时，首先检查电源插座是否有电，若没有则接通；再检查电源插头与插座接触是否可靠，若松脱则插牢；其次是检查机内外电源连线是否断开、是否与插件脱落，若有则连接好。

2. 饮水机不加热的检修

出现此类故障时，首先应根据加热指示灯是否点亮来进行判断，其判断方法如下：

1）若加热指示灯不亮，则检查保温指示灯是否点亮；若保温指示灯不亮，则检查温控器；若保温指示灯亮，则检查电源开关是否正常；若电源开关正常，则检查过热保护器是否开路。

2）若加热指示灯点亮，则检查加热器两端供电电压是否正常；若供电电压失常，则检查电源接插件插头部位是否存在接触不良、电源线是否内部断线等；若供电电压正常，则检查熔丝是否正常；若熔丝正常，则检查加热管是否正常（可用万用表测量加热管的阻值，如果很低或为0，那加热管应该坏了）。

> **提　示**
>
> 　　熔丝（即熔丝管）一般安装在饮水机后部，它是有绝缘塑料头的，可拧的凸出部件（轻轻往逆时针方向是拧松的）不难找到，可仔细查看一下（有的饮水机是要打开后盖才能找到，如果左右两边有对称的两个，那不是熔丝管座，是清洗时的排水管。熔丝管是单独的一个，而且颜色应该是有区别的）。

3. 饮水机加热不正常的检修

出现此类故障时，首先检查电源线、电源插座是否接触不良；若电源线与插座正常，则检查温控器是否接触良好；若温控器正常，则检查过热保护器是否接触不良；若过热保护器正常，则检查加热器及其供电电路是否有问题。

4. 饮水机不下水的检修

出现此类故障时，先检查单向阀是否损坏；若单向阀损坏，则更换之；若单向阀良好，则检查装水的聪明座是否损坏，导致饮水机不换气；若是，则更换之；若饮水机装水的聪明座良好，则检查饮水机是否水垢过多，将排气管堵塞；若是，则清洗饮水机。

5. 饮水机水龙头不出水的检修

出现此类故障时，先检查水龙头是否堵塞；若是，则更换水龙头；若不是，则检查饮水机是否存在气堵；若是，则拍打桶或从排水口排水；若不是，则检查内部水管是否打结，致使水路不通。

6. 饮水机漏水的检修

（1）机体内部构件漏水

机体内部构件漏水具体表现为硅胶管破裂、热罐/冷罐焊缝漏水、电子冰胆渗漏、电磁阀漏水（管线机）、水瓶破裂导致的内溢水。若损坏，则更换破损的零部件、使用完好合格的水瓶等。

（2）顶部漏水

顶部漏水（聪明座漏水）通常包括水瓶破裂引起的外溢水、浮球失效。若水瓶破裂，则更换完好的水瓶；若使用净水桶时浮球失效、不能有效密封，则更换浮球。

（3）水龙头漏水

水龙头漏水通常包括水龙头端盖松、内部硅胶套破裂、内腔卡有杂质、内腔结垢。若水龙头端盖松，则拧紧端盖；若内部硅胶套破裂，则更换之；若内腔卡有杂质，则清除杂质；若内腔结垢，则更换水龙头。

（三）吸尘器

1. 吸尘器吸尘力下降的检修

出现此类故障时，首先检查集尘室中和滤尘器上积累尘埃是否过多、附件管道是否堵塞；若是灰尘过多或堵塞，则清除集尘室或滤尘器上积灰或疏通管道；若无灰尘或堵塞，则检查附件漏气及软接管是否破损；若附件漏气或管子破损，则修补或调换新件；若附件及管子正常，则检查压紧风机叶轮的螺母是否松动；若螺母松动，则紧固螺母并压紧叶轮。

若以上检查均正常，则检查电动机转速是否过低；若电动机转速正常，则检查电动机电枢是否反转；

若电枢反转，则调换定子和电枢的连接方式。

提 示

引起电动转速低的原因及处理方法如下：①电源电压过高，此时调整电源电压；②电刷弹簧压力不够，此时调整弹簧压力；③轴承润滑不良使转速下降，此时更换电动机；④刷握松动变位，此时调整刷握位置并紧固刷握；⑤定子、电枢绕组（或换向片间）短路、接地等，此时测量其直流电阻或绝缘电阻，查清原因并排除故障。

2. 吸尘器在使用中有异常噪声的检修

出现此类故障时，首先检查滤尘器是否破损使杂物进入风机、电动机或使叶轮、电动机主轴变形；若有杂物进入电动机，则更换电动机；若无杂物进入电动机，则检查风机叶轮是否未拧紧、螺母松动及紧固件松动；若风机叶轮螺母松动，则紧固所有螺钉螺母；若风机正常，则检查电刷弹簧是否压力不足；若弹簧压力不足，则调整弹簧压力或更换弹簧。

若以上检查均正常，则查电动机是否有问题，若电动机润滑不良或润滑剂渗有杂质，此时清洗轴承或更换润滑脂；轴承滑动和滚动表面粗糙及磨损、损坏，此时更换电动机；电动机换向器表面凹凸不平或云母片绝缘片突出，此时更换电动机。

3. 开机后吸尘器不起动工作的检修

出现此类故障时，首先检查电源线插头接线是否松脱或电源线断路，必要时更换电源线或接好接头；若电源线正常，则检查电源熔丝是否熔断，必要时更换熔丝；若熔丝正常，则检查通断开关是否断路或接触不良，必要时检修或更换开关；若通断开关正常，则检查电源线自动卷线机构内是否接触不良，必要时检修自动卷线机械或整形弹簧片触点使与铜环通电片保持良好接触；若电源线自动卷线机构正常，则检查电刷与换向器是否未接触（电刷与电刷座配合太紧、电刷磨损），必要时调整电刷（修正电刷配合尺寸、更换新电刷）；若电刷正常，则检查电枢绕组或定子绕组是否断路，必要时检修及重绕电枢定子绕组或更换电动机。

4. 电路通，但吸尘器不能起动运行的检修

出现此类故障时，首先检查滤尘器是否破损使杂物卡住风机或电动机，必要时修补滤尘器并取出风机及电动机中卡住的杂物；若滤尘器正常，则检查电动机轴承是否损坏，必要时更换同规格电动机；若电动机轴承正常，则检查电刷位置是否不在中性线上，必要时调整刷握位置；若电刷正常，则检查定子绕组是否短路、受潮或绝缘损坏，必要时更换同规格电动机。

5. 通电后，电动机不转的检修

引起电动机不转的原因一般是电路断路、接触不良和电动机本身损坏。由于一般吸尘电路比较简单，要查找哪里发生了断路或接触不良大多不难，并且进行检查，通常以电源开关、熔丝管、电源卷线盘或焊接不良的连接处的故障为多见。如果查出故障在电源开关上，则大多是开关接触不良所致。若检查电路没有问题，熔丝管也正常，则一般是电动机有断线或接触不良的故障。

提 示

检查中要特别注意卷线盘的接触是否良好或断线，因为卷线盘的安装位置通常较隐蔽，而且拆装较麻烦，容易被人忽视；电动机断线通常发生在电动机的引出线上，大都凭肉眼便可看出，若难以判断可用万用表测试。

6. 电动机工作时过热的检修

出现此类故障时，首先检查集尘腔内积尘是否过多、风道是否不通畅、进风口是否太小（如吸嘴紧贴着地面使用等）、是否吸入了湿尘以致堵塞了滤尘罩上的网孔等；若以上检查均正常，则检查电动机是否存在局部短路现象（如电动机转子、定子绕组部分短路或换向器短路）。

7. 吸尘器出风口排出气体温度升高而过热的检修

出现此类故障时，首先检查电源电压是否过高，使电动机转速增高；若电源电压过高，则调正电源电压，或在电枢回路中串联电阻；若电源电压正常，则检查吸尘器附件管道是否堵塞；若是附件管道堵塞，则清理疏通附件管道；若附件管道正常，则检查集尘室尘满及滤尘器孔是否堵塞；若是，则清除集尘室中的尘埃和滤尘器上的集灰或更换滤尘器。

若以上检查均正常，则检查电动机励磁回路是否有短路接地故障，此时可测量直流电阻或绝缘电阻，查出故障并消除；若励磁回路正常，则检查电刷与换向器是否有问题；若电刷与整流有问题，则按相应发生的故障进行处理（若电刷架螺钉松动后电刷发生位移使电动机转速升高，则调整电刷位置并紧固电刷架螺钉；电刷下发生强烈火花及换向器上出现环火，则更换同规格电动机）。

> **提　示**
>
> 引起电刷下发生强烈火花及换向器上出现环火的原因有，电刷与换向器接触不良，产生火花而发热；换向器中支母绝缘片突出；电刷移动，不在中性线；电刷弹簧压力不足；电刷过短；换向器及电刷上有油污或沙粒；换向器表面凹凸不平；电枢绕组短路及断路；定子绕组短路或断路。

（四）扫地机器人

1. 扫地机器人电风扇不转的检修

出现此类故障，首先检查电风扇是否变形、是否有刮风叶的异响现象，必要时更换电风扇；拔掉电风扇排线按起动键是否有报警，若没有报警声则更换电风扇；拔掉电风扇排线按起动键，若仍出现报警声，但未检查出异常时则更换主板。

> **提　示**
>
> 具体故障现象：按起动键后电风扇和毛刷转 1s 即停、轮子一直转，电风扇和毛刷会重启 3 次，3 次重启后机器就暂停，蜂鸣器报警。

2. 扫地机器人主牙箱异响的检修

扫地机器人出现主牙箱异响的具体表现现象有两个方面，其检修方法如下：

1）按起动键起动，机器的电风扇和毛刷会转几秒钟就停，轮子会一直转，电风扇和毛刷要重启 3 次，3 次重启后机器就暂停，蜂鸣器报警。检修时可检查主毛刷和侧毛刷上是否存在缠绕杂物，然后检查主牙箱是否有问题（可拔掉毛刷牙箱的排线，再按起动键，如果没有报警就需要更换主牙箱）；再检查主板是否有问题（拔掉毛刷牙箱的排线，再按起动键，如果机器还在报警，需要更换主板）。

2）按起动键起动，机器后退转弯，然后暂停，报警灯闪，蜂鸣器报警。检修时可检查清洁地检感应器是否太脏（由于地检感应器太脏，造成灵敏下降；更换颜色比较浅的地面看看效果）；然后查感应器的排线是否松动、脱落；再检查地检感应器是否损坏，必要时更换。

3. 扫地机器人按起动键后，机器跑几秒钟后暂停

出现此故障首先检查是否阻力太大（是否为粗糙的毛毯地面，机器前进的阻力太大，可把机器放地板环境上去试一试）；然后检查轮子是否有问题（可拔掉左右轮子，机器正常，说明是轮子的问题，需要更换轮子）；再检查主板是否有问题（拔掉左右轮子，起动机器故障依旧，说明是主板出了问题，需要更换主板）。

> **提　示**
>
> 按起动键起动，机器跑几秒钟就暂停，电风扇、毛刷和轮子都不转，要重启 3 次，3 次重启后机器就暂停，蜂鸣器报警。

4. 扫地机器人按开关机键后不能开机

出现此故障首先检查电池是否是否有电（机器放置时间过长，电池没电，需要用充电座或适配器进行充电）；然后检查电池排线跟面壳连接排线是否松动、脱落；再检查按键开关是否损坏；最后检查主板是否有问题。

5. 扫地机器人按开关机键后不能关机

出现此类故障时，首先检查按键开关是否损坏；然后检查面壳连接排线是否松动、脱落；再检查主板是否有问题。

6. 扫地机器人主、侧毛刷都不转

出现此类故障时，首先检查主毛刷是否在转，如果主刷在转，则检查侧毛刷是否有异物缠绕；若主毛刷和侧毛刷都不能转动，则把主牙箱螺钉松动一点，看是否转动，若还不能转动，则更换主牙箱即可。

7. 扫地机器人开机后左 / 右轮不转，但主毛刷、电风扇工作正常

出现此类故障时，首先检查左右轮子是否被异物卡死、插座是松动；若仅一个轮子不转，则交换左右轮子起动机器，若还是之前那个轮子不转，说明那个轮子坏了，需要更换轮子，若不是则检查主板是否有问题；若机器起动往一边斜走，走走停停或者撞到墙后就暂停，则说明问题出在主板上，更换主板即可。

8. 扫地机器人按遥控器后有时无反应

出现此类故障时，首先检查遥控器电池的电压是否太低；然后检查机器是否放置在已开启的充电座和虚拟墙的前方（在距离充电座和虚拟墙前 3m 内不能遥控，请拔掉充电座的电源，关掉虚拟墙后再执行遥控）；再检查遥控器本身是否有问题或是接收头有问题（可打开充电座，让机器转换到找充电座模式跑动，看机器找充电座时能不能自动转圈，能转圈说明是遥控器的问题，若不能转圈，说明是机器接收头出了问题，更换按键板）。

9. 扫地机器人开机后按遥控器无反应，机器找充电座时不打圈

出现此类故障时，首先检查遥控器本身是否有问题（当遥控无作用时，如果找充电座正常找到，则说明是遥控器本身出了问题）；然后检查电池是否有电、电池电压是否正常（没电的电池需要更换相同规格的电池）；再检查按键板或接收头是否有问题（如果找充电座时机器不转圈说明是机器按键板 / 显示屏板的接收头不良，需要换按键板或接收头）。

> **提　示**
>
> 机器只有在手动开机后才受遥控，当手动关机后则不能受遥控。

10. 扫地机器人用适配器或充电座不能给机器充电，绿灯也不闪烁

出现此类故障时，首先检查适配器是否有问题（有指示灯的适配器指示灯应点亮）；若适配器不能充电，但在自动充电座上能充电，说明适配器坏了，需要更换；若适配器和充电座都不能充电，则观察机子轮子是否转动，不转则检查轮子驱动 IC 是否击穿造成电池短路，所以充不进去。若机子不能开机，则检查电池是否损坏或者电池已经短路，需要更换主板，电池可以充电激活；若绿灯闪烁，但充不进电，则检查主板是否良好，必要时更换主板；若绿灯不闪，但充电一段时间后机子能工作，则检查绿灯是否损坏，必要时更换绿灯或者按键板。

11. 扫地机器人连续后退左转弯

首先检查有无线材卡进感应器里，若有则把线掰开重新装好；然后检查导风口是否存在断线或者脱落的现象；再检查主板是否有问题（可换一个右轮再跑机检查是否还有连续后退左转弯的现象，如果还继续后退左转弯则更换主板）。

> **提　示**
>
> 详细故障描述：机器起动后向后退，然后左转，然后又是后退左转，一直循环。

12. 扫地机器人连续后退右转弯

首先检查有无线材卡进主板左感应器里，若有则掰开重新装好；然后检查左轮是否有问题（可换一个左轮再跑机，检查是否还有连续后退右转弯的现象）；最后检查主板是否有问题（若换左轮后，还继续后退右转弯则更换主板）。

> **提　示**
>
> 详细故障描述：机器起动后向后退，然后右转，然后又是后退右转，一直循环。

13. 扫地机器人开机后出现左右后退红灯报警

扫地机器人出现左右后退报警的具体表现现象有两个方面，其检修方法如下：

1）机器起动1s左右暂停并红灯报警。检修时，首先检查所有地检感应器有无插座松动脱落的现象；然后用手轻轻掰动地检感应器线材检查是否有脱落的现象，若没有脱落现象，则检查主板是否有问题，必要时更换主板。

2）机器起动左右后退几秒后暂停并红灯报警。检修时，首先检查地检感应器镜片是否有东西遮住、粘住；然后试更换一个颜色比较白的地面跑机，观察是否还有左右后退红灯报警的现象；再检查所有地检感应器是否存在插座松动脱落、用手轻轻掰动地检感应器线材检查是否有脱落的现象；若以上检查均正常，则检查主板是否有问题。

14. 扫地机器人跑机噪声增大

出现此类故障，首先细听声音，然后根据声音的类别部位进行检修，其方法如下：检查机器是否进入了顺时针定点清扫的模式（如果是进入定点模式，属于正常现象，一段时间后会自动恢复）；若在自动清扫模式下机器有声音尖锐的声音，请检查灰尘盒是否装好，检查毛刷和灰尘盒是否太脏。若出现严重异响时，把机器调到自动充电的模式下跑机观察有无异响；若有异响，则检查毛刷轮子是否有异物卡住，无异物则说明问题出在毛刷主牙箱，必要时更换主牙箱；若无异响，则检查电风扇是否有异物卡住，清除异物，必要时更换电风扇。

15. 扫地机器人防跌落失效或不灵（即跑机偶尔会从台阶上掉下来或者在台阶边缘暂停并红灯报警）

出现此类故障时，首先检查台阶高度是否大于8cm（必须大于8cm）；然后检查机器底部的感应器是否太脏或有遮挡物（机器对部分圆滑或反光较强的地方可能导致防跌功能变差）；再检查机器是否在强太阳光下工作。

> **提　示**
>
> 详细故障描述：机器清扫的台面或者台阶下面请不要堆放易碎物品，以防机器在环境的影响下出现极小概率的跌落。

（五）吸油烟机

1. 按下开关，照明灯不亮，电动机不转动的检修方法

出现此类故障时，先检查电源插头与插座是否接触不良；若电源插头与插座接触良好，则检查开关是否损坏或触点接触不良；若开关正常，则检查熔断器是否熔断；若熔断器良好，则检查电源线是否断路；若电源线良好，则检查电动机定子绕组引线是否开路或绕组烧毁。

2. 电动机时转时不转的检修方法

出现此类故障时，先检查电源线是否折断；若电源线良好，则检查电源插头与插座是否接触不良；若电源插头与插座接触良好，则检查开关是否接触不良；若开关接触良好，则检查机内连接导线是否焊接不良；若机内连接导线焊接正常，则检查电容器引线是否焊接不牢。

3. 吸油烟机工作时机体振动剧烈、噪声增大的检修方法

出现此类故障时，先检查吸油烟机是否安装悬挂不牢固；若否，则检查电动机或蜗壳固定螺钉是否松脱；若电动机或蜗壳固定螺钉未松脱，则检查轴套紧固螺钉是否松动、叶轮脱出与机壳相碰；若否，则检查叶轮是否受损变形。

4. 吸油烟机能工作，但吸力不强、排烟效果不佳的检修方法

出现此类故障时，先检查吸油烟机与灶具距离是否过高；若否，则检查排烟管是否太长，拐弯过多；若排烟管正常，则检查出烟口方向是否选择不当或有障碍物阻挡；若出烟口无异常，则检查厨房空气对流是否太大或密封过严；若否，则检查排气管道接口是否严重漏气。

5. 吸油烟机工作时出现漏油故障的检修方法

出现此类故障时，先检查蜗壳焊缝处是否漏油；若是，则用液态密封胶修补；若否，则检查止回阀与壳体密封垫是否破损；若是，则更换密封垫；若否，则检查导油管是否破损或脱离；若是，则更换或将脱离端重新插牢；若否，则检查油杯是否安装正确。

（六）洗脚器

1. 市电正常，但整机不工作

出现此类故障时，首先检查熔断器是否熔断；若熔断器正常，则检查整流桥中部分二极管是否损坏；若二极管正常，则检查稳压集成电路 IC 及外围元器件是否有问题；若稳压 IC 及外围元器件正常，则检查控制电路中 IC、晶体管、光耦合器等元器件是否损坏。

> **提 示**
>
> 熔断器熔断，应查明熔断原因，若有短路故障，先消除后，再用同规格型号熔断器更换。

2. 冲浪加热时发出"咕咕"声音的检修

出现此类故障时，首先检查水泵是否吸入杂质，导致水泵转子由于反复的热胀冷缩转子叶片变形；若拆开水泵取出水泵转子把吸入的杂质清洗干净重新装好后故障依旧，则说明是水泵转子有问题，此时更换水泵转子即可。

3. 不加热，振动按摩气泡均正常的检修

出现此类故障时，首先用肉眼观察加热管上是否有一圈被烧坏的断裂痕迹；若没有被烧坏的痕迹，可用万用表电阻挡接加热管两端的阻值是否正常；若无阻值显示，则说明加热管损坏，更换加热管；若加热管正常，则检查驱动板上加热继电器、晶体管及晶闸管是否有问题。

> **提 示**
>
> 当怀疑加热器有问题时，应先排除接线柱处氧化松动现象，若无效则换电加热器。

4. 不冲浪的检修

出现此类故障时，首先检查过滤网是否堵住；若过滤网正常，则打开后盖检查水泵及进出水管内是否有异物堵住；若水泵及进水管正常，则检查水泵是否工作；若水泵不工作，则检查水泵是否损坏；若水泵正常，则检查电路是否存在虚焊、掉线现象；若以上检查均正常，则检查水泵控制电路是否有问题。

> **提 示**
>
> 插电检查水泵是否工作时，请不要打开调温开关，只打开功能开关就可。另外电脑板的机子不能按加热或直接用 220V 电源接通水泵，查看是否工作，若不工作，则更换水泵。

5. 振动按摩无法进行，其他正常的检修

出现此类故障时，首先检查振动电动机是否有问题，可用万用表检测直流电阻，若为无穷大，可直接更换同规格电动机；若振动电动机正常，则检查电动机控制晶体管是否正常；若晶体管正常，则检查整流二极管是否损坏、晶闸管是否损坏开路、变压器是否损坏等。

6. 按键失灵的检修

出现此类故障时，首先检查柔性排线与控制板连接是否松动或脱落；若重新插好并补焊后故障依旧，则可能是柔性排线断或受潮引起，此时更换柔性排线即可。

7. 不调温

出现此类故障时，首先检查调温开关上的线头是否脱落；若线头正常，则检查调温开关是否损坏；若调温开关正常，则检查电路板上控制芯片是否损坏。

> **提　示**
>
> 出现超温故障的原因是：温控损坏、温控和加热管间距过大、传感器线断或脱焊。

（七）电烤箱

1. 在烤制食品时，不能按预定时间自动切断电源的检修

出现此类故障时，先检查定时器是否装配不当（定时器在装配时，其主轴与面板缺口不同心，使主轴卡住，不能复位）；若否，则检查定时器触点是否黏连；若否，则检查定时器触点金属弹簧片弹力是否太弱。

2. 通电后整机不工作的检修

出现此类故障，首先检查门是否关严；若门关严，则检查电源插头与插座是否接触良好；若电源插头与插座接触良好，则检查是否停电。实际检修中，因电源插头与插座接触不良较为常见。

3. 通电后能加热，但不能控温的检修

出现此类故障，首先检查温控器是否损坏；若温控器良好，则检查温控器控制IC工作是否不正常；若温控器控制IC工作正常，则检查温控器控制电路控制元器件是否损坏。实际检修中，因温控器损坏较为常见。

4. 在烧烤食物过程中，箱内未达到预定的温度，加热指示灯熄灭，加热器停止加热的检修

出现此类故障，首先检查温控选择开关是否不良；若温控选择开关良好，则检查温控选择开关所控制的金属片主轴点是否烧坏。实际检修中，多因温控选择开关不良较为常见。

5. 电烤箱使用时壳体带电的检修

出现此类故障，首先检查电源线绝缘层是否开裂；若电源线良好，则检查加热管封口材料是否损坏或有脏物；若加热管良好，则检查内部电气部件是否受潮；若内部电气部件良好，则检查外壳是否与带电部位相碰。实际检修中，多因外壳与带电部位相碰较为常见。

6. 自动计时不工作的检修

出现此类故障时，首先检查计时器是否有问题；若计时器损坏则更换计时器，计时器底座接触不良，则压紧计时器底座使之接触良好；若计时器正常，则检查8位220V继电器是否损坏；若继电器损坏，则更换继电器；若继电器正常，则检查计时开关常闭触点接触是否良好；若计时开关不良，则修复或更换开关。

7. 加热开关没有开，但温度仍然上升的检修

出现此类故障时，首先检查加热交流接触器的触头是否黏合在一起，无法断开；若接触器有问题，则更换接触器；若接触器正常，则检查晶闸管或固态继电器是否被击穿；若晶闸管或固态继电器击穿，则更换晶闸管或固态继电器。

8. 启动ON，电源跳闸的检修

出现此类故障时，首先检查主电源开关盒安装了漏电保护开关，但接线不正确；若线路不正确，则重新连接线路；若线路正常，则检查电源总开关是否容量过小；若总开关损坏，则更换开关；若电源总闸开关正常，则检查电动机是否烧坏；若电动机烧坏，则更换电动机；若电正常，则检查发热器和电烤箱是否短路。

（八）电压力锅

1. 电压力煲锅体周边漏气的检修

出现此类故障时，首先检查是否内胆翻边变形，导致密封不良（若是，轻微变形则可用工具校正，严重变形则需更换内胆）；若否，则检查内胆与内罩相对高度是否偏低，导致密封不良（用游标卡尺测量内胆边至内罩边的高度，若小于12mm，则说明高度不够，可在发热盘3个放碟簧的脚上加放一片垫片，使其达到12~13.5mm的相对高度）；若否，则检查密封圈是否破损或有异物黏附（若是，则检查无不干净或破损，发现后需更换密封圈）；若否，则检查密封圈是否变形，密封圈装配位置偏移或密封圈未装配到强行合盖。

2. 电压力煲煮饭烧焦的检修

出现此类故障时，首先检查限压阀、浮子阀、钢圈、内胆是否变形；若否，则检查压力开关断开时计时器是否开始计时；若是，则用温度计检查保温时煲内温度是否在规定范围内；若是，则检查发热盘是否变形造成上冲压力大；若否，则检查起控压力是否过高。

3. 电压力煲饭煮不熟的检修

出现此类故障时，首先检查起控压力是否过低；若否，则检查保压时间太短；若否，则检查内胆是否变形；若否，则检查发热盘是否变形；若否，则检查限温值是否过低。

4. 电压力煲通电后转保温，不能加热的检修

出现此类故障时，首先检查发热盘是否损坏；若否，则检查熔断器是否损坏；若否，则检查内部线是否脱落；若否，则检查限温器是否损坏；若否，则检查保温器是否损坏；若否，则检查压力开关是否损坏。

5. 电压力煲开合盖困难的检修

出现此类故障时，首先检查锅盖是否变形或内罩是否变形；若否，则检查密封圈是否安装良好；若是，则检查内胆与内罩相对高低是否偏高；若否，则检查推杆螺钉是否过长；若否，则检查连板推杆是否变形；若否，则检查底座螺钉是否紧固。

6. 电压力煲按控制面板按键不能正常工作或工作指示灯不亮的检修

引起此类故障的原因主要有显示板是否损坏、显示板按键或指示灯是否损坏及内部连线接触是否不良。首先用万用表检测显示板内部连接线路的通路，然后检测显示板按键和指示灯，若坏则更换显示板按键和指示灯，若显示板损坏则更换显示板。

7. 电压力煲通电后控制面板无显示的检修

引起此类故障的原因主要有机内电源通路、电源插头插座是否接触不良，热熔断器FU及限温器是否断路。此类故障多是机内电源不通所致，用万用表检测电源插头插座及限温器是否接触不良。若正常，则是熔断器FU熔断，确认电路无短路后更换熔断器FU。

（九）豆浆机

1. 通电后，指示灯不亮，整机无反应的检修

出现此类故障时，先检查电路是否发生短路，造成熔丝管损坏；若否，则检查电压是否过高或机内进水，变压器一次绕组是否损坏；若否，则检查电脑板是否受潮，稳压管支脚生锈断裂或损坏；若否，则检查电源开关或插头是否接触不良；若否，则检查电脑板插接端子是否松动；若否，则检查机头的位置是否放正。

2. 通电后，指示灯亮，但整机不工作的检修

出现此类故障时，先检查电脑板是否受潮，造成继电器失灵；若否，则检查是否使用不当导致机内进水，使电脑板局部短路；若否，则检查杯体内是否未加水或加水过少。

3. 通电后，不报警的检修

出现此类故障时，先检查蜂鸣器是否损坏；若蜂鸣器良好，则检查电脑板是否受潮，芯片程序混乱；若否，则检查是否使用不当导致机内进水，使电脑板局部短路；若否，则检查蜂鸣器插座是否松脱或接触不良；若否，则检查变压器二次侧与电脑板连接是否可靠；若是，则检查变压器是否烧坏。

4. 通电后，不能加热的检修

出现此类故障时，先检查继电器是否不能吸合或支脚断裂；若否，则检查电脑板是否受潮，芯片程序混乱；若否，则检查是否使用不当导致机内进水，使电脑板局部短路。

5. 通电加热，但电动机不工作的检修

出现此类故障时，先检查串励电动机是否受潮，绕组短路；若否，则检查继电器是否不能吸合或支脚断裂；若否，则检查电脑板是否受潮，芯片程序混乱；若否，则检查串励电动机温度是否过高，电动机过热保护，温控器动作；若否，则检查是否使用不当导致机内进水，使电脑板局部短路。

6. 通电即报警的检修

出现此类故障时，先检查豆浆桶内是否未加水；若否，则检查信号导线装置是否开路；若否，则检查电脑板是否受潮，芯片程序混乱；若否，则检查是否使用不当导致机内进水，使电脑板局部短路。

7. 工作完成后，无报警发出的检修

出现此类故障时，先检查电脑板是否受潮，芯片程序混乱；若否，则检查是否使用不当导致机内进水，使电脑板局部短路。

8. 发热管不停工作的检修

出现此类故障时，先检查是否继电器吸合后不能复位；若否，则检查电脑板是否受潮，芯片程序混乱；若否，则检查是否使用不当导致机内进水，使电脑板局部短路。

9. 工作时振动大、噪声大的检修

出现此类故障时，先检查是否放水太少或放豆太多；若否，则检查豆浆网孔是否堵塞；若豆浆网孔未堵塞，则检查电动机轴承是否磨损；若电动机轴承未磨损，则检查电动机电刷是否磨损；若电动机电刷未磨损，则检查电动机或其他零件固定螺钉是否松动。

10. 打豆浆时，豆浆溢出的检修

出现此类故障时，先检查防溢针表面是否未清洗干净，无法获取信号；若否，则检查继电器吸合后是否不能复位，发热管一直加热；若否，则检查二极管是否击穿，熬煮时全功率加热；若否，则检查电脑板是否受潮，芯片程序混乱；若否，则检查是否使用不当导致机内进水，使电脑板局部短路；若否，则检查防溢针插接信号端子是否松脱；若否，则检查双插电源线是否有故障；若否，则检查加水量是否适当；若适当，则检查豆子是否太少，豆浆太稀。

11. 豆子不易打碎的检修

出现此类故障时，先检查刀片是否磨损或放豆太多；若否，则检查电脑板是否受潮，芯片程序混乱；若否，则检查电源电压是否过低；若否，则检查豆子浸泡时间是否过短；若否，则检查网罩侧网或底部网孔是否糊死。

12. 豆浆太淡的检修

出现此类故障时，先检查加豆量是否过多或过少；若否，则检查豆子是否完全打烂；若是，则检查是否使用时间长、电动机力度减弱、刀片角度不对、造成碎豆不完全；若否，则检查是否使用不当导致机内进水，使电脑板局部短路。

13. 机器工作时，指示灯不亮的检修

出现此类故障时，先检查指示灯驳接口是否松脱或接触不良；若否，则检查指示灯本身是否损坏；若指示灯本身良好，则检查灯板是否受潮，造成灯脚氧化生锈。

14. 按键失灵的检修

出现此类故障时，先检查灯板是否受潮，按键内部生锈或氧化，导致不能正常工作；若否，则检查电脑板是否受潮，芯片程序混乱；若否，则检查是否使用不当导致机内进水，使电脑板局部短路；若否，则检查灯板数据线与电脑板接插口是否接触不良。

（十）空气净化器

1. 空气净化器接通电源后，高压指示灯不亮，整机不工作的检修

出现此类故障时，先检查熔丝是否熔断；若熔丝正常，则检查升压变压器绕组是否烧坏；若否，则检查倍压整流电路是否有故障。

2. 空气净化器接通电源后，高压指示灯亮，但电风扇不转的检修

出现此类故障时，先检查电风扇叶片是否变形被卡住；若电风扇叶片未变形，则检查轴承是否磨损或严重缺油；若轴承正常，则检查电风扇电动机绕组是否开路或短路。

3. 空气净化器使用过程中，负离子发生器极间打火的检修

出现此类故障时，先检查环境空气的湿度是否太大；若环境空气的湿度正常，则检查负离子发生器正、负极片是否弯曲变形；若负离子发生器正、负极片弯曲变形，则更换负离子发生器。

4. 空气净化器工作时输出的负离子浓度低，其他均正常的检修

出现此类故障时，先检查滤网及电极上是否积有大量的灰尘和污垢；若否，则检查负离子发生器正、负极片是否弯曲变形；若否，则检查高压产生电路是否有故障导致高压电压太低。

（十一）电热水壶

1. 电热水壶漏电的检修

出现此类故障时，先检查发热管是否存在故障；若发热管故障，则更换发热管；若发热管良好，则检查内部连接线是否松脱造成漏电；若内部连接线松脱，则检修内部连接线，使之连接正常；若内部连接线接触良好，则检查电热水壶内部是否进水，造成漏电。

2. 电热水壶能烧水，但不能自动断的检修

出现此类故障时，先检查安装在电热水壶的底部或靠近底部的侧面的温控开关是否与壶壁接触不良；若温控开关与壶壁接触良好，则检查温控开关是否损坏（判断是否损坏的方法：拆开电热水壶并拆下温控开关，用加热的电烙铁在温控开关的接触面上加热约30s，若未听到嗒的一声，说明此温控开关已损坏）；若温控开关损坏，则更换同规格的温控开关（注意，所更换的温控开关温度值需与原温控开关相同，切勿过高或过低）。

3. 电热水壶通电后不加热，指示灯不亮的检修

出现此类故障时，首先检查底座电源线上3芯插头L、N两端的电阻值是否正常（正常时，未按下复位开关时的电阻为无穷大，按下按键时电热水壶1500W对应的阻值约为32Ω）。若按下按键后底座电源线上3芯插头L、N两端的电阻值为穷大，则检查电源开关动作和触点通电是否良好；若电源开关动作不良，则检查感温片小舌弯曲角度和开关连杆位置是否正常；若电源开关动作正常，但其触点不能接通，则检查弹片或触点是否损坏；若电源开关正常，则检查保温开关双金属片与开关触杆的间距是否正常。

4. 电热水壶加热速度慢的检修

出现此类故障时，首先检查电源电压是否过低。若电源电压正常，则检查室内电源插头或线路是否接触不良；若室内电源插头或线路接触良好，则检查电热管是否积垢过多；若电热管未积垢，则检查底座和壶体的电源插头间是否接触良好。

第4章

小家电维修实训面对面

第17天　电压力锅、电饭煲等锅具维修实训面对面

一、学习目标

1）今天重点介绍维修电压力锅、电饭煲等锅具的典型故障现象、故障检修方法、关键测试数据、故障部位及故障部件。

2）通过今天的学习，应掌握电压力锅、电饭煲等锅具出现故障现象的特点，并根据故障现象作出故障判断。

3）通过今天的学习，要达到通过观察电压力锅、电饭煲等锅具故障现象并进行关键数据的测试，就能准确判断故障部位与故障部件的目的。

二、面对面学

（一）机型现象：TCL TB-YD30A 电脑型电饭煲通电后操作各功能键均失效，所有指示灯均点亮，整机不能工作

检测修理：对于此类故障首先用万用表检测直流的 +12V 电压（提供给继电器电路）与 +5V 电压（微电脑控制系统的工作电压）是否正常，然后检测 IC1（S3F9454XZZ-DKB4）组成的微电脑控制系统的 +5 V 工作电压及时钟振荡电路的工作是否有问题，再检查锅底温度检测传感器是否有问题（可拔下插头 CN3 测量锅底温度检测传感器 RT1 两端的电阻值是否为 85kΩ 左右），最后检查锅盖温度检测传感器是否有问题（可拔下插头 CN4，测量锅盖温度检测传感器 RT2 两端电阻值是否为 98kΩ 左右）。微电脑控制系统或温度检测电路相关部分截图如图 4-1 所示。

故障换修处理：实际维修中因锅盖温度检测传感器 RT2 至插头的连接线在锅上盖与锅体处断裂（测传感器 RT2 两端的电阻值呈∞，已经开路），从而导致此故障。

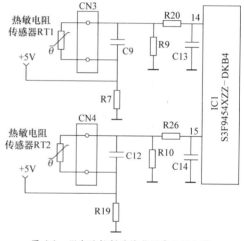

图 4-1　微电脑控制系统或温度检测电路
相关部分截图

（二）机型现象：TCL TB-YD30A 电脑型电饭煲通电后能操作各按键，相应的指示灯也亮，但不能进入煮饭状态

检测修理：对于此类故障首先通电在煮饭状态时测量微处理器 IC1（S3F9454XZZ-DKB4）⑯脚输出的高电平（+5V 左右）电压是否正常且 VT2 基极引脚上是否有 5V 电压，然后检查煮饭加热电热盘 EH 上的 220V 交流电压是否正常，再断电检查 KA1 继电器及其控制电路是否有问题。继电器及其控制电路如图 4-2 所示。

故障换修处理：实际维修中因 KA1 继电器及其控制电路 CN6 连接插件与 VT2 基极连接的引脚发生氧化锈蚀，呈接触不良状态从而导致此故障。更换一只同规

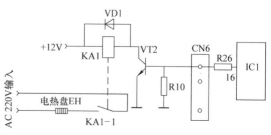

图 4-2　继电器及其控制电路

格的连接插件后故障即可排除。正常情况下，在进入煮饭状态时，微处理器 IC1（S3F9454XZZ-DKB4）⑯脚输出的高电平经 R26 与 R10 电阻器分压后加到 VT2 的基极，使 VT2 导通，接通了 KA1 继电器线圈的电流通路，其常开触点 KA1-1 闭合后，煮饭加热器 EH 就会得到 220 V 的交流电而工作。

（三）机型现象：TCL TB-YD30A 电脑型电饭煲通电后指示灯不亮，整机无任何反应

检测修理：对于此类故障首先用万用表交流 250 V 档测量进入电饭煲的 220 V 交流电压，然后检测电源变压器 T1 的一次绕组上是否有 220V 交流电压进入、T1 二次侧输出电压是否正常（约 10.5 V 的交流低电压），再测滤波电容器 C4 两端是否有约 11V 直流电压，最后检查整流与滤波电路是否有问题。该机电源板由变压器 T1、5V 稳压器 U1、继电器 RELAY 为核心构成，如图 4-3 所示。

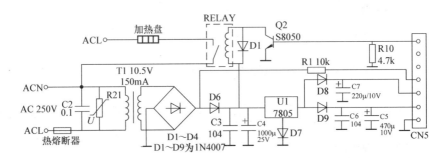

图 4-3 电源电路

故障换修处理：实际维修中因整流与滤波电路之间连接的 D6 整流二极管开路（测其正、反向电阻值均呈∞）造成 C4 两端无电压从而导致此故障。更换同规格的 1N4007 型整流二极管后故障即可排除。当滤波电容器 C4 严重漏电或击穿短路或电源变压器 T1 一次绕组局部短路时，虽然也会导致上述故障，但此时交流电源的进线熔断器将会熔断。

（四）机型现象：艾美特 CY503E 型高压电饭煲，通电后显示"E4"，且有蜂鸣警报声

检测修理：对于此类故障首先检查压力开关是否失灵或压力开关的控制回路是否有问题，然后检查电源电路模块上各接线端的接线是否接触不良，最后检查电源电路板上元器件是否有问题。电源电路板相关电路截图如图 4-4 所示。

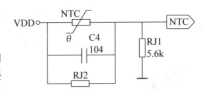

图 4-4 电源电路板相关电路截图

故障换修处理：实际维修中因电源电路板上电阻 RJ2 开路损坏从而导致此故障。

（五）机型现象：奔腾 PF30C-E 型智能电饭煲开机后能操作，但发热盘不加热

检测修理：对于此类故障首先观察指示灯是否点亮来判断故障。指示灯不亮电热盘不热，则检查电路板电源是否接通、电源电路板是否有问题、电路板连接是否断开、主电路板是否有故障；指示灯亮电热盘不热，则检查底部热敏电阻器是否有问题、电热盘元件是否烧坏、电路板连接部分是否断开、发热盘与继电器直流电阻值是否正常、继电器的工作电压是否正常、继电器控制晶体管 Q4 是否有问题、控制芯片及外围元器件是否有问题。控制电路相关部分实物截图如图 4-5 所示。

图 4-5 控制电路相关部分实物截图

故障换修处理：实际维修中因与控制芯片相连接的贴片电阻器 R31（2kΩ）开路无法控制后级电路引起继电器不工作从而导致此故障，更换 R31 即可。

（六）机型现象：**飞利浦 HD4750 型智能电饭锅通电后指示灯不亮，按键功能键均无反应**

检测修理：对于此类故障首先检测底盘发热盘电阻值是否为正常值 78Ω，然后检查温度传感器是否有问题，再检查控温开关（10A/184℃）是否有问题，最后检查电源与控制二合一板元器件是否存在问题（如电容器鼓包、元器件烧黑等）。

故障换修处理：实际维修中因温度传感器开路、⑤脚 SRD-12VDC-SL-C 型继电器烧坏、主芯片内部局部电路损坏从而导致此故障。更换温度传感器、继电器、主芯片后故障即可排除。

（七）机型现象：**海尔 HRC-FD301 型智能电饭煲通电后整机无反应**

检测修理：对于此类故障首先检查超高温熔丝 F 及敷铜线是否正常；然后检查整流滤波电路是否有问题（可拔下发热盘白色 HEAT 及蓝色 COM 接插件后通电，测接插件 CON1 的 +12V 引脚对 GND 电压是否为 DC 14V），再测 VD01、VD02 的 DC 5V 是否正常，最后检查电源电路中 Q102、Z101（BZX55C5V6）等元器件是否有问题。电源电路部分截图如图 4-6 所示。

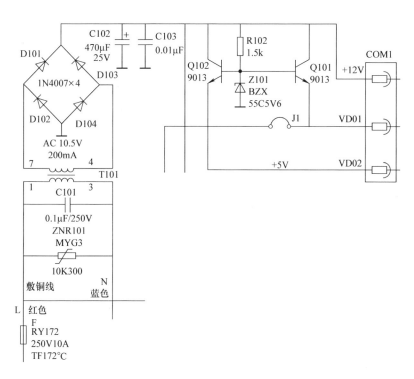

图 4-6　电源电路部分截图

故障换修处理：实际维修中因 Q102（9013）开路使 VD02 电压为 0V 从而导致此故障，更换 Q102 后故障即可排除。该机电源电路工作过程是：AC 220V 市电经超高温熔丝 F 后分为两路：一路通过继电器 K111（JQC-3FF）常开触点为发热盘 EH 供电；另一路经敷铜线组成的熔丝后，由变压器 T101 降压产生交流 10.5V 电压，再经整流桥 D101~D104（1 N4007）整流、C102（470μF/25V）滤波后输出直流 12V 电压，供 K111 使用。同时，DC 12V 经 Q102（9013）、Z101 组成 DC 5V 串联稳压电路，为单片机 IC1（S3F9454BZZ-DK94）、温度检测探头 RT 1、RT2 等供电。

（八）机型现象：**九阳 JYL-40YL1 型电压力锅通电后不能加热，无继电器吸合声**

检测修理：对于此类故障首先检查电源电路是否有问题，然后检测加热继电器驱动管 Q2（8050）c 极的 +12V 供电电压是否正常，再检查驱动管 Q2 与二极管 D5 是否有问题，最后检查继电器是否有问题。加热相关电路截图如图 4-7 所示。

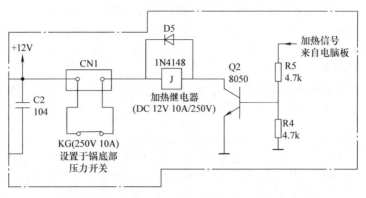

图 4-7　加热相关电路截图

故障换修处理：实际维修中因 D5（1N4148）击穿从而导致此故障。该二极管的目的是吸收 Q2 截止时继电器线圈中产生的感应电动势，从而避免 Q2 过电压损坏；分析该机继电器驱动负载功率大，而 1N4148 参数偏小，于是换上 1N4007 型二极管后试机，故障排除。

（九）机型现象：九阳 JYY-50YS10 型电压力锅显示"E3"

检测修理：对于此类故障首先检查上盖电路是否有问题（可拔掉底部电路板插件 CN3 测其两端电阻值是否为 90kΩ 左右，若电阻值呈开路状态，说明问题出在上盖电路），然后检查安全开关是否有问题，最后检查温度传感器是否有问题。

故障换修处理：实际维修中因温度传感器引线已经折断从而导致此故障，把折断的线焊接好并用热缩管套上，安装好后即可。显示"E3"故障一般是上盖没有合到位，或者是安全开关和温度传感器开路引起。

（十）机型现象：九阳 JYY-50YS6 型电压力煲按功能操作后屏显"E1"并报警

检测修理：对于此类故障首先加热 RT（100kΩ 负温度系数热敏电阻器）检测是否正常，然后检查 RT 接头是否松动，再检查 RT 相关电路是否有问题，最后检查 W-D（锅盖合开开关）是否接触良好。功能检测部分电路截图如图 4-8 所示。

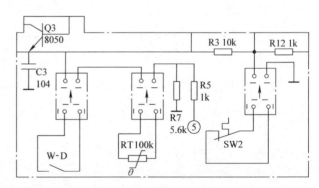

图 4-8　功能检测部分电路截图

故障换修处理：实际维修中因 W-D（锅盖合开开关）不良从而导致此故障。拧下锅盖内中间标有"松→""←紧"指示的铝质螺母，拿下锅盖；剩下的塑料架上有几颗螺钉拧下后，便可撬开；其内便是常用的小行程开关，将其换新后试验，故障排除。

（十一）机型现象：凯特 CFXB40-700 型微电脑电饭煲通电后能设定功能程序，但加热器不能加热

检测修理：对于此类故障首先检查微处理器 IC1（HM316-N4-IV）工作是否正常（可测 IC ⑲脚是否有 5V 高电平输出，若有高电平输出，说明微处理器 IC1 工作正常），然后检查加热器 EH 是否有问题，再检查驱动电路 R3、Q1、K1、K1-1、D5 等元器件是否有问题。

故障换修处理：实际维修中因继电器 K1 的动／静触点烧蚀从而导致此故障，更换 K1（型号 SRD-10FC）后故障排除。该机加热控制电路由 IC ⑲脚与其外接电阻器 R3、晶体管 Q1、二极管 D5、继电器 K1、常开触点 K1-1 和加热器 EH 等组成，当按下相应功能键时，IC ⑲脚输出高电平，经 R3 加至 Q1 的基极使其导通，K1 吸合，K1-1 闭合，EH 得电进行加热。微处理器 IC1（HM316-N4-IV）各引脚功能与电压见表 4-1。

表 4-1　微处理器 IC1（HM316-N4-IV）各引脚功能与电压

引脚号	引脚功能	电压 /V	引脚号	引脚功能	电压 /V
1	地	0	11	输入与输出端（未用）	5
2	时钟振荡信号输入	2.6	12	输入与输出端（未用）	5
3	时钟振荡信号输出	2.2	13	接 5V 电源端	5
4	地	0	14	接 5V 电源端	5
5	保温指示灯驱动信号输出	0	15	接 5V 电源端	5
6	饭煮好指示灯驱动信号输出	0	16	锅盖温度传感器检测信号输入	2.6
7	复位输入	5	17	锅盖温度传感器检测信号输入	4.6
8	蜂鸣器信号输出	0	18	键指令信号输入	0
9	精煮指示灯驱动信号输出	5	19	加热器控制信号输出	0 或 5
10	输入与输出端（未用）	5	20	电源端	5

（十二）机型现象：凯特 CFXB40-700 型微电脑电饭煲通电后指示灯不亮，整机不工作

检测修理：对于此类故障首先检查 FU 是否有问题（目测 FU 外观无异常，测其两端导通），然后通电测量 T 二次侧是否有 11V 交流电压，再测量 C1 两端 12V 直流电压、C3 两端 5V 电压是否正常，最后检查 5V 电源电路中 R1、C3、C4、ZD1 和 R2 是否有问题。电源部分相关电路截图如图 4-9 所示。

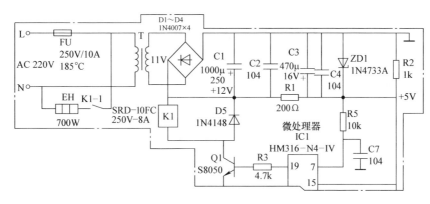

图 4-9　电源电路部分截图

故障换修处理：实际维修中因 ZD1 击穿短路、R1 开路造成 C3 两端无 5V 电压从而导致此故障。更换 ZD1（1N4733A）和 R1（200Ω/2W）后故障排除。

（十三）机型现象：凯特 CFXB40-700 型微电脑电饭煲通电开机后控制功能混乱

检测修理：对于此类故障首先通电用万用表测量 IC1 的②、③脚电压是否正常（正常值为 2.6V、2.2V），然后断电检测时钟振荡电路中 R4、C5、C6 是否正常，再检查晶体振荡器 BUZ 是否不良或损坏。时钟振荡电路截图如图 4-10 所示。

故障换修处理：实际维修中因晶体振荡器 BUZ 不良使②、③脚电压失常导致微处理器内部电路工作不协调，从而导致此故障。该机时钟振荡电路由 IC1 的②、③脚与其外接晶体振荡器 BUZ、电阻 R4、电容 C5 与 C6 等组成，时钟振荡电路的振荡频率为 4MHz，时钟振荡电路产生的振荡信号用于统一步调、协调微处理器各部分电路的工作。

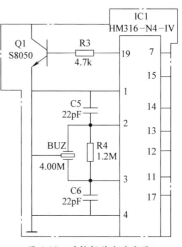

图 4-10　时钟振荡电路截图

（十四）机型现象：美的 FB10-31 型电脑式电饭煲通电后整机不能工作

检测修理：对于此类故障首先检查电源和温度熔丝是否正常，然后检查温控传感器 RT1 是否有问题（可把 CN1 端子拔下并短接，这时若能操作，则表明温控传感器 RT1 及其电路有故障），再检查控制电路中继电器、晶闸管 VS 等元器件是否有问题，最后检查 CPU 是否有问题。

故障换修处理：实际维修中因温控传感器不良从而导致此故障，更换温控传感器即可。CPU（单片机 MT-30）是整个电路的核心。温度控制电路由两个传感器（锅底温度传感器 RT1 和锅顶温度传感器 RT2）组成，用来检测锅底和锅盖的温度。加热电路由主加热器 L1、锅盖加热丝 L2 和侧加热丝 L3 组成（形成三面环绕立体加热）。加热控制电路中继电器控制 L1 通 / 断电，而晶闸管 VS 控制 L2 和 L3 通 / 断电。

（十五）机型现象：美的 MB-FC50G 型微电脑型电饭锅通电加热几分钟后停止加热，煮不熟饭

检测修理：对于此类故障首先目测电源板和单片微电脑控制板各元器件外观是否存在异常现象，然后检查电路板上排线插头和插座接触是否良好，再用万用表测微电脑芯片及外围元器件、轻触开关、驱动电路中的晶体管和继电器是否有问题，最后检测温度传感器是否有问题（底盘温度传感器正常阻值为 42kΩ、锅盖温度传感器正常阻值为 40kΩ）。美的 MB-FC50G 型微电脑型电饭锅内部结构如图 4-11 所示。

故障换修处理：实际维修中因锅盖温度传感器阻值变小，使电饭煲加热时电流检测取样电压始终低于正常值从而导致此故障。用同规格温度传感器更换后故障即可排除。

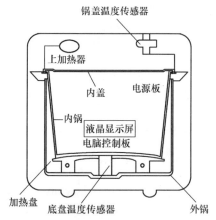

图 4-11 美的 MB-FC50G 型微电脑型电饭锅内部结构

（十六）机型现象：美的 MB-FD40H 智能型电饭煲通电后指示灯不亮

检测修理：对于此类故障首先检测开关电源 5V、12V 电压输出是否正常，然后检查电源芯片 IC101（PN8112）供电引脚电压是否正常，再检查 IC101 及外围元器件 R105、D101、ZD101、L101（滤波电感）、L102（开关电源储能电感）等是否有问题。开关电源相关部分截图如图 4-12 所示。

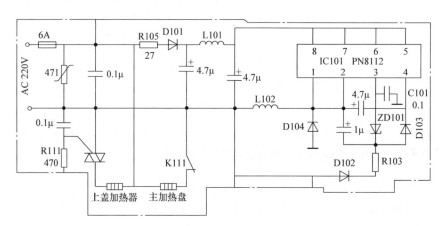

图 4-12 开关电源相关部分截图

故障换修处理：实际维修中因 R105 烧坏，D101、ZD101（稳压取样管）短路，L101 开路，电源芯片中间爆裂从而导致此故障，将上述损坏件全部更换后故障即可排除。该机电源芯片型号为 PN8112，VIPer12A 引脚功能和 PN8112 一样，PN8112 也可用功率更大一点的 VIPer22A 直接代换。

（十七）机型现象：美的 MC-FC16B 型微电脑电饭煲饭煮熟后不能保温

检测修理：对于此类故障首先断电测量 RT2 在常温状态下直流阻值是否约为 50kΩ，然后检测 EH2 直流阻值是否约为 1.6kΩ，再通电用加热的电烙铁靠近 RT2（模拟保温状态）测量 Q111 的 G 极对地电压是否约为 4V，最后断电分别测量 CN111、Q111、C111 等元器件是否有问题。

故障换修处理：实际维修中因 Q111 开路（Q111 的 D、S 极之间的正向电阻为无穷大，正常时阻值约为 5kΩ）从而导致此故障。更换 Q111（3N80）后通电试机，故障排除。该机保温加热电路由排插 CN111、保温加热器 EH2（安装在锅盖保温层中）、N MOS FETQ111、电容器 C111、电阻器 R111 和保温传感器 RT2（安装在锅身侧旁）等元器件组成，当米饭煮熟时，电饭煲进入保温状态，微处理器 IC201 保温驱动信号输出端输出高电平，通过 CN101 的⑤脚，再经 R111 加至 Q111 的 G 极，Q111 导通，220V 交流电源加至 EH2 两端对米饭进行加热保温。

（十八）机型现象：美的 MC-FC16B 型微电脑电饭煲煮饭过程中停止加热，且有异声和异味发出

检测修理：对于此类故障首先检查温度熔断器 FU 是否正常，然后检查电源熔丝管 FU101 是否熔断、加热器是否有问题，再检测 +5V、+12V 电压是否正常，最后检查电源加热板中 D105、R102、T101、D101~D104、C102、C103、IC101 和微处理器 IC201 及外围元器件是否有问题。电源加热板相关部分截图如图 4-13 所示。

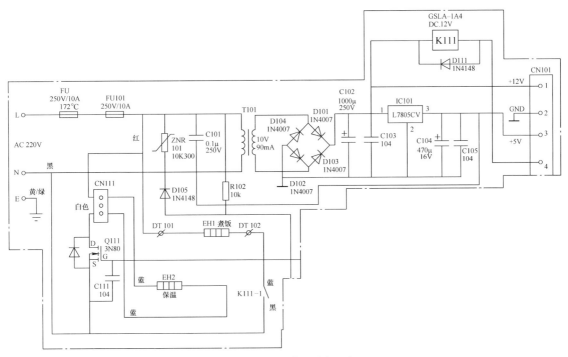

图 4-13 电源加热板相关部分截图

故障换修处理：实际维修中因 FU101 炸裂、R102 烧焦炭化、FU101 与 R102 断路、D105 击穿（短路）从而导致此故障。更换 FU101（250V/10A）、R102（15kΩ/0.5W）、D105（1N4148）故障即可排除。

（十九）机型现象：松下 SR-CY10 电脑型电饭煲通电按功能键后，相应功能的指示灯不亮，不能进入煮饭状态

检测修理：对于此类故障首先通电测量 VT4 晶体管等组成的简易串联稳压电路输出的 +5V 电压是否正常，然后测微处理器 IC1（MN15G1601RK）的④脚是否有 +5V 电压，再用示波器测量微处理器 IC1（MN15G1601RK）⑧、⑨脚上的时钟振荡波形及晶体振荡器 X1 是否有问题，最后检查微处理器 IC1（MN15G1601RK）⑫脚复位电压及复位电路中 C6、R29、IC2（S80823ANNPT2）是否正常。微电脑控制系统相关电路截图如图 4-14 所示。

故障换修处理：实际维修中因复位电路中 R29 引脚虚焊造成 IC1⑫脚上的复位电压始终为低电平（正常时在复位时为低电平，工作时应为高电平）从而导致此故障。将电阻器 R29 引脚重焊牢固后故障即可排除。

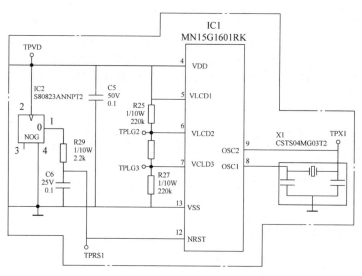

图 4-14 微电脑控制系统相关电路截图

（二十）机型现象：松下 SR-CY10 电脑型电饭煲通电按功能键后，相应功能的指示灯点亮，但不能进入煮饭状态

检测修理：对于此类故障首先在通电煮饭状态时测量微处理器 IC1（MN 15G1601RK）⑱脚输出的低电平控制信号是否正常，然后检测 VT5 基极引脚上电压是否正常，再检查煮饭加热电热盘 EH 上的 220V 交流电压是否正常，最后检查 KA 继电器及其外围的有关元器件是否正常。电饭煲加热器的 220V 交流供电控制驱动电路部分截图如图 4-15 所示。

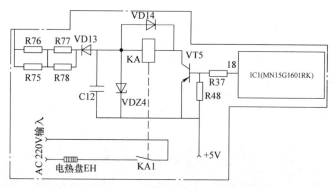

图 4-15 电饭煲加热器的 220V 交流供电控制驱动电路部分截图

故障换修处理：实际维修中因继电供电通路中的半波整流二极管 VD13 开路（测两端的正、反向电阻值为∞）从而导致此故障。更换一只同规格的 1A6E 型二极管后故障即可排除。

（二十一）机型现象：松下 SR-CY10 电脑型电饭煲通电后操作各功能按键均不起作用，指示灯也不亮，整机无任何反应

检测修理：对于此类故障首先用万用表交流 250V 档测量 220V 交流电压是否正常，然后检查 FU 熔断器是否熔断，再检查自耦电源变压器前面的交流进线电路是否正常，最后检查整流、滤波和稳压电路中的 VD7/VD8 整流二极管、C10 滤波电容器、稳压调整管 VT4、稳压二极管 VDZ3 等元器件是否有问题。电源部分相关电路截图如图 4-16 所示。

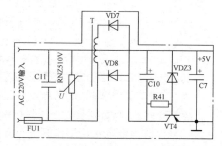

图 4-16 电源部分相关电路截图

故障换修处理：实际维修中因 VD7/VD8 击穿短路（测其正、反向电阻值均近于 0Ω）、稳压二极管 VDZ3 开路、稳压调整管 VT4 损坏从而导致此故障。用同规格的配件更换上述损坏的元器件后故障即可排除。本例的这种大面积元器件损坏的现象较少见，估计是用户处的交流市电压过高或电饭煲散热不好引起的。

（二十二）机型现象：**苏泊尔 CFXB30FD11-60 型智能电饭煲保温灯闪烁不加热**

检测修理：对于此类故障首先检查温度传感器是否有问题，然后检查电热管是否有问题，再检查电路板部分连接线是否断开，最后检查单片机（SH69P43K）及外围元器件是否有问题。苏泊尔 CFXB30FD11-60 型智能电饭煲电气接线原理如图 4-17 所示。

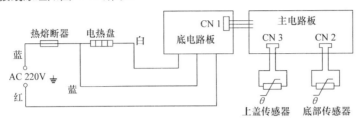

图 4-17　苏泊尔CFXB30FD11-60型智能电饭煲电气接线原理

故障换修处理：实际维修中因锅盖转轴处连接锅盖温度传感器导线折断从而导致此故障，用柔软性好的导线代换即可。

（二十三）机型现象：**苏泊尔 CFXB30FD11-60 型智能电饭煲电热盘不热**

检测修理：对于此类故障首先观察指示灯是否点亮来判断故障，若指示灯不亮，则检查开关、插座、熔丝、电源线是否完好，电路板连接线是否断开，主电路板是否损坏；若指示灯亮，则检查主传感器是否有问题、电热盘是否烧坏、电路板部分连接线是否断开、电源板是否损坏。电源板部分截图与实物如图 4-18 所示。

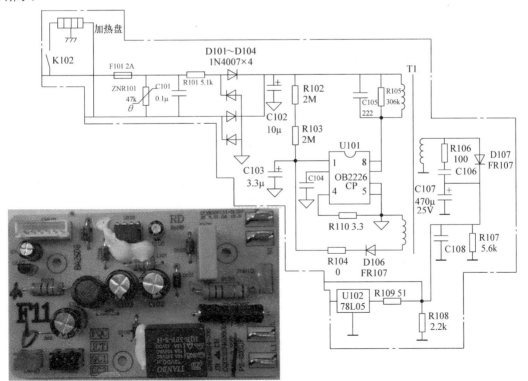

图 4-18　电源板部分截图与实物图

故障换修处理：实际维修中因电热盘烧坏从而导致此故障，更换电热盘即可。该机开关电源以电源管理芯片 OB2226CP（U101）为核心组成，经 D101~D104 整流、C102 滤波的直流电压通过 R102、R103 降压和 C103 滤波后送至 OB2226CP 芯片 Vdd 端口使其启动工作，内部集成的高压 MOSFET 导通使电流流过开关变压器 T1 一次侧，二次侧的感应电流经 D107 整流、C107 滤波后得到约 12V 电压为后续电路提供工作电源。

（二十四）机型现象：苏泊尔 CFXB40FC118-75 型智能电饭煲通电后按选择键煮饭指示灯亮一下随即显示保压结束符号"b"，有"嘀嘀"报警声，但不能加热

检测修理：对于此类故障首先检查热盘底部的温控器触点是否存在氧化严重或脏污，然后测热盘中心和上盖中的两只热敏电阻器是否存在变质、插头与插座接触不良或断线等（可测其阻值是否约为 100kΩ），再检测直流电源 12V 和 5V 是否正常、CPU ⑪脚电压是否正常，最后检查热盘中心热敏电阻器的供电及相关电路中 R220、R221、C201 等元件是否有问题。热盘中心热敏电阻器的供电及相关电路截图如图 4-19 所示。

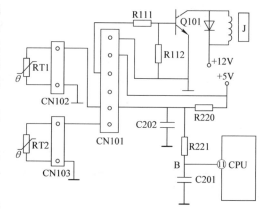

故障换修处理：实际维修中因 C201 漏电从而导致此故障，更换 C201 故障即可排除。

（二十五）机型现象：苏泊尔 CFXB40FC22-75 型智能电饭锅通电面板与操作正常，但启动煮饭程序后加热几秒钟就停止，过几分钟再加热几秒钟又停止，如此反复

图 4-19　热盘中心热敏电阻器的供电及相关电路截图

检测修理：对于此类故障首先检查锅底温度检测传感器 RT1 与锅盖温度检测传感器 RT2 两个传感器是否正常 [可拔下传感器插头，若测两个传感器的阻值均是 50kΩ（25℃室温），这说明传感器正常]，然后检测 RT1、RT2 两端电压是否正常，最后检查传感器外接电路中 C201~C204、R220、R222 等元件是否有问题。温度传感器相关电路如图 4-20 所示。

故障换修处理：实际维修中因电容 C203 漏电造成 RT1 两端电压偏低，使 CPU 收到此错误信息后认为锅内温度达到了 90℃，于是发出了间断加热指令从而导致此故障，更换 C203 故障即可排除。

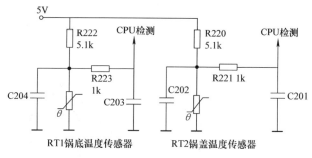

图 4-20　温度传感器相关电路

（二十六）机型现象：苏泊尔 CFXB40FD19-75 型智能电饭煲通电后有"咳"声，但指示灯不亮

检测修理：对于此类故障首先检查电源线及电饭煲的电源插座是否良好，然后检测熔丝管是否熔断、负载有无短路现象，再通电测整流滤波所得的 +300V 电压、开关电源二次侧输出电压是否正常，最后检查开关电源中 U101（OB2226CP）相关引脚电压及外围元器件是否有问题。开关电源部分截图如图 4-21 所示。

故障换修处理：实际维修中因 U101 外①脚（VDD）内部电路断路（测①脚电压在通电时约为 26V，随后慢慢下降；断电后测得①脚的正、反向在路电阻分别为 80kΩ 和 ∞）从而导致此故障。

（二十七）机型现象：苏泊尔 CYSB40YC1-90 型电压力锅通电后显示屏有字符显示，但操作各功能键均失效

检测修理：对于此类故障首先检测滤波电容器 C2 两端电压是否正常，然后检测 U2（7805）输出与输出端电压是否正常、U2（7805）电源块本身是否良好，再检查 5V 负载是否有问题，最后检查电源的降压电容器 C1 和 4 只整流管以及滤波电容器等元器件是否有问题。电源电路相关部分截图如图 4-22 所示。

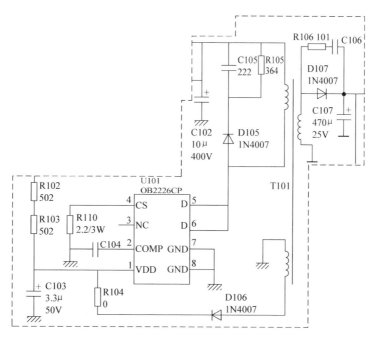

图 4-21 开关电源部分截图

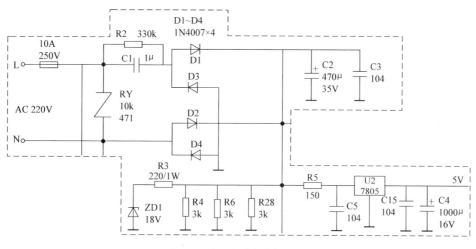

图 4-22 电源电路相关部分截图

故障换修处理：实际维修中因 C1 失效而造成 U2 输出电压过低从而导致此故障，更换 C1 即可。

（二十八）机型现象：苏泊尔 CYSB40YD2.90 电脑型电压力锅通电后能进入待机状态，但按"菜单"键却无任何反应，机子不能工作

检测修理：对于此类故障首先检查"菜单"键是否有问题，然后检测干簧管两引出线的电阻值是否正常，再检查干簧管是否损坏，最后检查锅盖手柄内装的磁铁是否失磁或损坏。电气原理如图 4-23 所示。

故障换修处理：实际维修中因手柄内装圆柱形小磁铁全身吸附了许多黑色铁锈屑使磁铁不能正常下落，从而影响到对干簧管的吸附磁力，造成此故障。将该磁铁吸附的黑色铁锈屑全部清除干净后故障即可排除。

（二十九）机型现象：苏泊尔 CYSB50YC6A 型电高压锅蒸汽压力过大

检测修理：对于此类故障首先检查继电器是否损坏，然后检查继电器控制电路是否问题，最后检查控制灯板是否损坏。电气原理如图 4-24 所示。

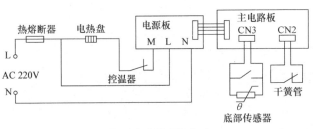

图 4-23　电气原理图（一）

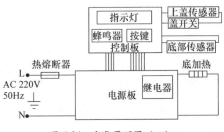

图 4-24　电气原理图（二）

故障换修处理：实际维修中因动合型继电器的触点黏合造成电高压锅一直处于加热状态从而导致此故障。更换继电器后故障即可排除。

（三十）机型现象：苏泊尔 CYSB50YD6A 型电高压锅通电能进行功能操作，显示也正常，但不加热

检测修理：对于此类故障首先检查发热盘是否坏，然后检查发热盘熔丝是否熔断，再检查电源板上控制发热盘加热的继电器电路是否有问题，最后检查控制灯板是否损坏。苏泊尔 CYSB50YD6A 型电高压锅电源板实物如图 4-25 所示。

故障换修处理：实际维修中因电源板上的继电器电路中控制晶体管 Q1 开路从而导致此故障。更换 Q1 后故障即可排除。

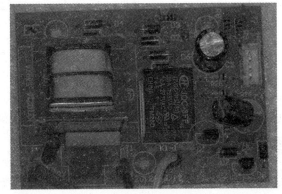

图 4-25　苏泊尔CYSB50YD6A型电高压锅电源板实物图

（三十一）机型现象：苏泊尔 CYSB60YD6 型电高压锅通电后整机不工作，指示灯也不亮

检测修理：对于此类故障首先检查熔丝是否熔断，然后检查电源板上是否有 5V 电源输出、5V 稳压电路（由 78L05 三端稳压集成电路构成）是否有问题，再检测变压器 T1、D1~D4、C2、C3 等元器件是否有问题，最后检查控制灯板是否有问题（多是灯板上的 CPU 晶体振荡器损坏）。该机电源板相关部分电路如图 4-26 所示，220V 市电经变压器 T1 降压、D1~D4、C2、C3 进行整流滤波后得到 12V 直流电，向继电器电路和 5V 稳压电路供电。

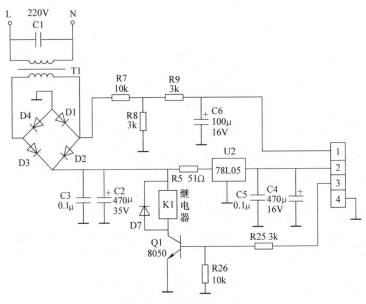

图 4-26　电源板相关部分电路图

故障换修处理：实际维修中因三端稳压集成电路 78L05 损坏造成无 5V 电源输出从而导致此故障，更换 78L05 后故障即可排除。

三、学后回顾

通过以上电压力锅、电饭煲等锅具维修面对面的学习，除掌握具体机型典型故障维修技能外，还应掌握该品牌电压力锅、电饭煲等锅具常见通病及解决方法，以备日后实际维修中借鉴：

1）苏泊尔电饭锅出现通电后不能加热、指示灯也不亮故障，其通病原因是温控器触点及动触点烧蚀，更换温控开关器件即可。

2）半球 DYS-50A 型压力锅出现饭未熟就跳到保温状态，重新启动后不加热故障，其通病原因是温控器问题（该机是用普通 KSD301 系列突跳式温控器），更换温控器即可。该机型除了易出现上述煮不熟饭故障外，还易出现不通电故障，其原因多是 RC 降压供电电路中的 12V 稳压管损坏。

3）九阳 JYY-50YS10 型电压力锅出现通电几秒后显示代码"E3"故障，其通病原因是温度传感器引线折断，把拆断的线焊接好用热缩管套上并安装好即可。

4）凯特 CFXB40-700 型微电脑电饭煲出现加热不止，煮焦饭故障，其通病原因是继电器常开触点 K1-1 烧蚀黏死，不能断开。如果触点 K1-1 轻度损坏，只要修磨触点使之正常通 / 断，尚可继续使用；若触点 K1-1 严重损坏，用工具不能分开其触点，需更换该继电器。本例更换同型号继电器后，故障排除。

5）洛贝 Y50-90W 型微电脑电压力锅出现有时加热正常，有时在加热过程中显示 "E4"，中途停止加热故障，其通病原因是锅底部的压力控制温控器触点接触不良所致。修复或更换温控器即可。

6）美的 FD5018 型智能电饭煲通电后出现仅有预约时间的 8、10 和 12 指示灯一起一闪一闪的，按任何键不起作用的故障，其原因为上盖用于温度检测的线在其盖体的转动部位处断开了，经过焊接和防水处理后即可。此处断线说明安装的时候没有留够伸缩余地，在日常正常的多次开盖以后就会引起此故障。

7）苏泊尔 CYSB40YD2.90 型电脑电压力锅出现通电后面板所有功能指示灯同时间歇闪亮，蜂鸣器也间歇鸣叫，电压力锅无法正常工作，其通病原因是电源板（此板安装在外壳底座内一个小型塑料盒中）上的一只黄色长方形 1 μF/250V 无极性电容器（HD1051EC384.14II .275V、ACX2、250V；1.0μF）失容后造成的（该电容器串联于市电，降压限流后再经桥式整流滤波为电压力锅电路提供所需工作电源）。选用 1 只 1 μF/400V 优质无极性电容器进行代换，故障即可排除。

8）苏泊尔 CYSB40YD6 型电高压锅出现煮不熟食物，其故障原因是上盖传感器变质或下传感器变质造成 CPU 不能进行正常加热控制。更换上盖传感器故障即可排除。

第18天　空气净化器维修实训面对面

一、学习目标

1）今天重点介绍维修空气净化器的典型故障现象、故障检修方法、关键测试数据、故障部位及故障元器件。

2）通过今天的学习，应掌握空气净化器出现故障现象的特点，并根据故障现象作出故障判断。

3）通过今天的学习，要达到通过观察空气净化器故障现象并进行关键数据的测试，就能准确判断故障部位与故障元器件的目的。

二、面对面学

（一）机型现象：飞利浦 AC4072 型空气净化器空气质量光环和空气质量指示灯的颜色始终相同

检测修理：对于此类故障首先检查空气质量传感器是否过脏，再检查室内通风是否不足。

故障换修处理：实际维修中因空气质量传感器过脏从而导致此故障，清洗空气质量传感器即可（见图4-27）。

（二）机型现象：飞利浦 AC4074 型空气净化器无法开机

检测修理：对于此类故障首先检查电源插座是否有电或电源插头是否插好，然后检测电源220V电压是否正常，再观察电路板上的元器件外观是否异常，最后检查电源部分是否有元器件损坏。

然后检查是否有烧坏的元器件。测量所有二极管，发现有二极管短路，换掉故障解除。手头没有现成的二极管，还可从废板子上拆。

故障换修处理：实际维修中因电源电路中二极管（见图4-28）损坏引起此故障，更换二极管后故障即可排除。

（三）机型现象：格兰仕 QDL4-20-2 型空气清新器排风电动机排风正常，工作指示灯可以点亮，但排出的风无负离子成分

1 使用软刷清洁空气质量传感器进风口/出风口

2 卸下空气质量传感器的保护盖

3 使用稍微浸湿的棉签,清洁空气质量传感器,进风口和出风口
4 使用干棉签将其擦干
5 重新装上空气质量传感器的保护盖

图 4-27 清洗空气质量传感器

检测修理：对于此类故障首先用万用表交流250 V档测进入空气清新器的220 V交流电压是否正常，然后检测SA2负离子发生器控制开关的公共端是否有220V电压加入，再检查熔断器FU2是否熔断，最后检查负离子发生器电路元器件是否存在短路。负离子发生器电路如图4-29所示。

图 4-28 电源部分实物截图

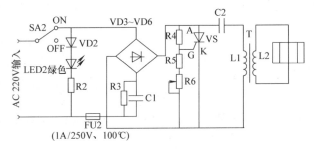

图 4-29 负离子发生器电路

故障换修处理：实际维修中因负离子发生器电路VD3~VD6桥式整流电路中有2只二极管击穿短路，致使熔断器FU2熔断后，负离子发生器电路没有工作电压从而导致此故障。更换2只新的、同规格的1N4004二极管后故障即可排除。

（四）机型现象：格兰仕 QDL4-20-2 空气清新器排风电动机时转时停，工作指示灯同时闪烁

检测修理：对于此类故障首先用万用表交流250 V档测进入空气清新器的220 V交流电压是否正常，然后检测SA1控制开关的公共端是否有220V电压加入，再检查熔断器FU1是否良好，最后检查排风电动机本身或其控制电路是否有问题。排风电动机控制电路如图4-30所示。

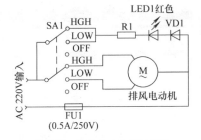

图 4-30 排风电动机控制电路

故障换修处理：实际维修中因排风电动机控制开关SA1不良，致使加到排风电动机与指示灯上的供电不稳定从而导致此故障，对其触点进行清理后故障即可排除。

（五）机型现象：格力 KJF320T 型空气净化器不能达到清洁效果

检测修理：对于此类故障首先检查是否安装在不通风的地方，然后检查初级过滤网、静电除尘器和过滤棉上是否积有过多灰尘，再检查是否产生太多臭味和烟味。

故障换修处理：实际维修中因初级过滤网、静电除尘器和过滤棉上积有过多灰尘从而导致此故障，清除灰尘即可。该机若吹出口有臭味，则检查活性炭过滤网或静电除尘器是否太脏。

（六）机型现象：联创 DF-3 型空气净化器插上电源后指示灯不亮，电风扇不转

检测修理：对于此类故障首先检查电源插头与插座是否接触不良，然后检查电源变压器绕组是否开路，之后检查桥式整流电路是否存在故障，最后检查电源滤波电容器是否击穿或漏电。电源部分截图如图 4-31 所示。

故障换修处理：实际维修中因电源滤波电容器击穿或漏电从而导致此故障，更换滤波电容器即可。

（七）机型现象：松下 F-DSB50C 型空气净化器自动运行，不能停止运转，空气净化度指示灯为红色

检测修理：对于此类故障首先检查异味感应器或微尘感应器是否受到水蒸气、喷雾剂或炉具释放燃气等的影响，然后检查是否感应器灵敏度调至"高"档，再检查微尘感应器是否被烟灰等物质污染。

故障换修处理：实际维修中因微尘感应器被烟灰等物质污染从而导致此故障，清洁微尘感应器（见图 4-32）。

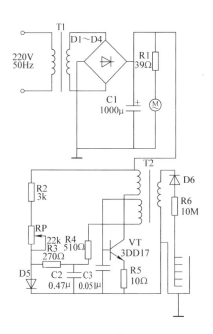

图 4-31　电源部分截图

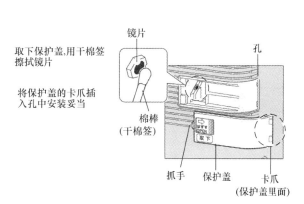

图 4-32　微尘感应器的清洁

（八）机型现象：松下 F-VXH50C 型空气净化器加湿气味重

检测修理：对于此类故障首先检查机器本身、前面板及过滤网是否过脏，然后检查水箱及水盘、加湿过滤网是否脏污，再检查水箱里的水是否放置太久。

故障换修处理：实际维修中因加湿过滤网过脏从而导致此故障，清洗加湿过滤网即可（见图 4-33）。

（九）机型现象：夏普 KCC150SW 型空气净化器出风口吹出的风有异味

检测修理：对于此类故障首先检查是否在气味强烈的房间内使用，然后检查可清洗脱臭滤网是否脏污，再检查加湿滤网是否附着水垢，最后检查托盘、集尘滤网是否脏污。

故障换修处理：实际维修中因集尘滤网脏污从而导致此故障，清洁集尘滤网即可。由于除菌离子会产生微量的臭氧离子，出风口有时会有微量异味，属于正常现象。

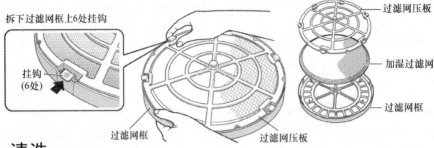

加湿过滤网组件 〈每月1次〉

1 拆卸

拆下过滤网框上6处挂钩

挂钩
(6处)

过滤网框

过滤网压板

过滤网压板

加湿过滤网

过滤网框

2 清洗

● 加湿过滤网

用清水、温水进行按压清洁

- ● 请勿用刷子刷洗或用洗衣机清洗
- ● 请勿使用干燥机干燥(可能导致缩小)
- ● 水洗过滤网框和过滤网压板
- ● 顽固污垢
  - → 当水垢难以除去时,请把它放在加有中性洗涤剂的温水内浸泡30min左右,然后再用清水冲洗2～3次

  请务必使用中性洗涤剂

  碱性洗涤剂等可能会造成变形,并使性能下降

3 装回

① 将加湿过滤网插入过滤网框上
  (加湿过滤网无内外之分)
  ● 请注意加湿过滤网不要从过滤网框上露出,也不要弄皱
    (否则有可能导致加湿量变少)
② 将过滤网压板对准过滤网框,全部嵌入6个挂钩处
  (三角的突起对准三角的深入部)

挂钩(6处)

过滤网框

过滤网压板

三角

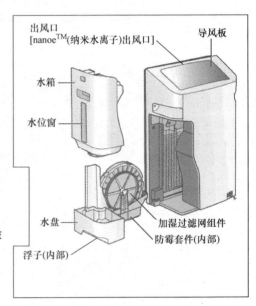

出风口
[nanoe™(纳米水离子)出风口]

导风板

水箱

水位窗

水盘

浮子(内部)

加湿过滤网组件

防霉套件(内部)

图 4-33　清洗加湿过滤网

三、学后回顾

通过以上空气净化器维修面对面的学习,除掌握具体机型典型故障维修技能外,还应掌握空气净化器的常见通病及解决方法,以备日后实际维修中借鉴:

1)空气净化器初级过滤网、静电除尘器和过滤棉上积有过多灰尘容易造成出风过小、出风口有异味等故障。

2)空气过滤器电源滤波电容器击穿或漏电容易造成烧熔丝和整机无电故障。

3)负离子发生器中的升压二极管击穿,容易造成烧熔丝故障,也无负离子产生。

第19天　豆浆机维修实训面对面

一、学习目标

1）今天重点介绍维修豆浆机的典型故障现象、故障检修方法、关键测试数据、故障部位及故障元器件。

2）通过今天的学习，应掌握豆浆机出现故障现象的特点，并根据故障现象作出故障判断。

3）通过今天的学习，要达到通过观察豆浆机故障现象并进行关键数据的测试，就能准确判断故障部位与故障元器件的目的。

二、面对面学

（一）机型现象：奔腾 PV07 型豆浆机通电后加热，但进行打浆时电动机不转

检测修理：对于此类故障首先检测光耦合器（MOC3021）相关引脚电压是否正常，然后检查D1~D4 是否有问题，再检查双向晶闸管 BT136-600 及光耦合器是否良好、控制芯片是否有问题，最后检查打浆电动机是否有问题。该机的打浆电动机是直流电动机，交流电源由 D1~D4 整流后给电动机供电，双向晶闸管 BT136-600 控制电动机开 / 停和调速，控制信号由 1 只 6 引脚光耦合器传递；C1、R2 是感性负载的尖峰脉冲吸收元件，如图 4-34 所示。

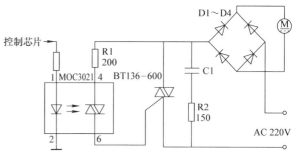

图 4-34　打浆电动机供电路截图

故障换修处理：实际维修中因双向晶闸管 BT136-600 烧坏、光耦合器（MOC3021）的④~⑥脚击穿从而导致此故障。MOC3021 主要参数如下：V_F（正、反向耐压）=400V、I_F（最大导通电流）为 100mA/25℃或 50 n A/ 70℃、I_{FT}（初级触发电流，即通过发光二极管的电流）为 8mA、I_H（导通维持电流，即双向晶闸管导通后维持导通的最小电流）为 1mA、V_H（导通电压降）=1.2V。

（二）机型现象：格来德 TP-800B 型豆浆机粉碎指示灯亮，不粉碎打浆

检测修理：对于此类故障首先检查电动机是否烧坏，然后通电测量 IC1 的⑥脚电压是否为 5V 正常，再检查微电脑芯片是否有问题，最后检查粉碎打浆控制电路 R14、BG2、D6、J2、J2-1 等元器件是否有问题。

故障换修处理：实际维修中因 R14 断路导致 BG2 不导通，J2 不吸合 M 无交流电源从而导致此故障。更换 R14（5.6kΩ）后故障即可排除。粉碎打浆控制电路由微电脑芯片 IC1（MC0137）的⑥脚及外围的晶体管 BG2、继电器 J2 和电动机 M 等元器件组成，但按下粉碎键 AN3，粉碎指示灯 LED3 点亮，IC1 的⑥脚输出高电平，晶体管 BG2 导通，继电器 J2 得电吸合，常开触点 J2-1 闭合，接通 M 电路，交流电源加至M 两端，电动机转动，粉碎打浆。

（三）机型现象：格来德 TP-800B 型豆浆机加热、粉碎时间比正常使用时间长

检测修理：对于此类故障首先检测微电脑芯片 IC1 ⑯脚时钟振荡信号是否正常，再检查时钟振荡电路中 IC1 ⑯脚、电阻器 R9 等是否有问题。

故障换修处理：实际维修中因电阻器 R9 变值从而导致此故障，更换 R9 后故障即可排除。电路的振荡频率取决于电阻器 R9 的值，R9 的电阻值小，其振荡频率高，豆浆机的加热、粉碎加工时间短，蜂鸣器发出的声音尖，各指示灯亮灭速率快。反之，R9 电阻值大，电路的振荡频率低，豆浆机的加热、粉碎加工时间长，蜂鸣器发声沉闷，各指示灯亮灭速率慢。

（四）机型现象：格来德 TP-800B 型豆浆机加热指示灯亮，不能加热

检测修理：对于此类故障首先通电测量 IC1 ⑦脚电压是否为 5V，然后检查微电脑芯片是否正常，再检查 R13、BG1、D5、J1、J1-1 等元器件是否正常，最后检查发热器 EH 是否有问题。加热控制电路部分截图如图 4-35 所示。

故障换修处理：实际维修中因发热器 EH 内部发热丝烧断（测量 EH 两端的电阻值为无穷大，正常时电阻值约为 60Ω）从而导致此故障。更换 EH（800W）后故障即可排除。

（五）机型现象：格来德 TP-800B 型豆浆机通电后按各功能键相应的指示灯不亮，蜂鸣器不响，机子不工作

检测修理：对于此类故障首先通电测量 IC2 输出端③脚与输入端①脚电压是否正常，然后检查 D1~D4 正端电压是否为 12V，再检查稳压电路中 R1、C1、C2、C3、C13 等元件是否有问题，最后检查三端稳压器 IC2 是否损坏。稳压电路部分截图如图 4-36 所示。

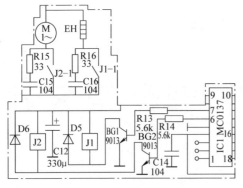

图 4-35　加热控制电路部分截图

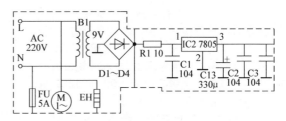

图 4-36　稳压电路部分截图

故障换修处理：实际维修中因 IC2（7805 或 78M5）损坏造成 IC2 输出端③脚电压为 0V（正常电压为 5V）从而导致此故障。更换 IC2 后故障即可排除。

（六）机型现象：格来德 TP-800B 型豆浆机在按启动键后不磨浆、不加热，约十几分钟后蜂鸣器出现"嘀嘀"报警提示，同时 3 个指示灯闪烁；但单独粉碎功能正常，不能单独加热

检测修理：对于此类故障首先用万用表测加热管 EH 两端的电阻值是否为 6Ω 左右，然后通电单独按加热功能键测集成电路 IC1 的⑦脚是否有 5V 的电压，再检查加热管 EH 是否有问题，最后检查加热控制电路中 BG1、R13 等元器件是否有问题。

故障换修处理：实际维修中因 BG1 损坏（测晶体管 BG1 的 b-e 极电压为 0V，e 极为 12V）从而导致此故障。用一个 9013 焊上后故障即可排除。加热控制电路由微电脑芯片 IC1 的⑦脚及其外围的晶体管 BG1、继电器 J1 和发热器 EH 等元器件组成。按下加热键 AN1，加热指示灯 LED1 点亮，IC1 的⑦脚输出高电平，晶体管 BG1 导通，继电器得电吸合，常开触点 J1-1 闭合，接通发热器 EH 电路，交流电源加至 EH 两端，发热器开始加热。

（七）机型现象：海菱 HL-2010 型全自动豆浆机不能工作，指示灯也不亮

检测修理：对于此类故障首先检查 220V 电压是否正常，然后检查 E1 滤波电容器两端的 +12V 电压是否正常，再检测 +5V 电压是否正常，最后检查电源电路中 VD1~VD4、E1、VDZ1、VT3、R2 等元器件是否有问题。电源电路部分如图 4-37 所示。

故障换修处理：实际维修中因调整管 VT3 损坏从而

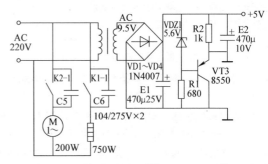

图 4-37　电源电路部分

导致此故障。现更换一只新的、同规格的 S8550 型晶体管后故障即可排除。

（八）机型现象：海菱 HL-2010 型全自动豆浆机打浆电动机不工作

检测修理：对于此类故障首先检测微处理器 IC1（MC0137）⑪脚输出的低电平控制信号是否正常，然后检查微电脑控制芯片 IC1 是否有问题，再检查打浆电动机控制电路中 VT6、R14、K1 等元器件是否有问题。打浆电动机控制电路截图如图 4-38 所示。

故障换修处理：实际维修中因 VT6 晶体管开路从而导致此故障。更换同规格的 S9012 型晶体管后故障即可排除。

（九）机型现象：海菱 HL-2010 型全自动豆浆机通电后机子不能工作，但相应指示灯点亮

检测修理：对于此类故障首先检查微处理器 IC1 的㉑脚上的 +5V 电压是否正常，然后检测 IC1 ⑦脚的复位信号是否正常，再检查复位电路中 R4、C1、VDZ2、R5 等元器件是否有问题。微电脑电路相关部分截图如图 4-39 所示。

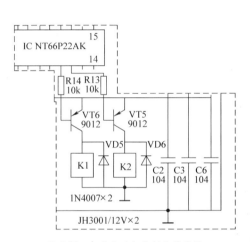

图 4-38　打浆电动机控制电路截图

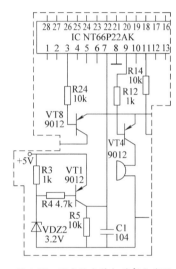

图 4-39　微电脑电路相关部分截图

故障换修处理：实际维修中因 IC1 的⑦脚外接的复位电阻器 R4 开路从而导致此故障。更换同规格的 4.7kΩ 电阻器后故障即可排除。

（十）机型现象：九阳 DJ12B-A11D 型豆浆机通电后无任何反应

检测修理：对于此类故障首先检查电源线、电源耦合器是否正常，然后检测 12V 电源变压器是否有问题，再测三端集成稳压 U2（78L05）的输入及 5V 输出是否正常，最后检查 MCU（U1 SH69P42M）正常工作所必需的电源、时钟信号和复位信号 3 个条件是否满足、检查时钟信号和复位电路是否有问题。九阳 DJ12B-A11D 型豆浆机主板实物如图 4-40 所示。

故障换修处理：实际维修中因复位电路电容器 C14 漏电造成 U1 ⑦脚（为 MCU 控制芯片的清零复位引脚）无电压从而导致此故障，更换 C14 后故障即可排除。

图 4-40　九阳DJ12B-A11D型豆浆机主板实物

（十一）机型现象：**九阳 DJ13B-C85SG 型豆浆机通电后指示灯不亮，整机不工作**

检测修理：对于此类故障首先测 +5V、+9V 电压是否正常，然后检测开关电源电路中 THX208 的⑧脚（接开关变压器一次侧）电压是否正常，再检测 THX208 ①脚（OB 为启动电流输入端）电压是否正常，最后检查 THX208 及其外围元器件是否有问题。THX208 相关电路如图 4-41 所示。

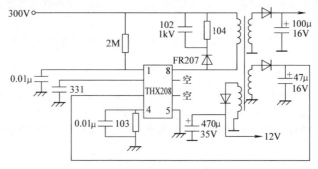

图 4-41　THX208相关电路

故障换修处理：实际维修中因 THX208 ①脚外围启动电阻（阻值约为 **2MΩ**）不良造成①脚无电压从而导致此故障。更换启动电阻后故障即可排除。启动电阻损坏应该是此类开关电源的通病。

（十二）机型现象：**九阳 DJ13B-D08EC 型豆浆机通电后整机无反应**

检测修理：对于此类故障首先检查电源线及电源插座是否有问题，然后检查电源变压器一次侧是否存在断路，再检测 78L05 输入与输出端电压及外围元器件是否正常，最后检查整流桥式电路 D1~D4 是否有问题。78L05 相关电路板实物如图 4-42 所示。

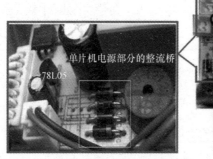
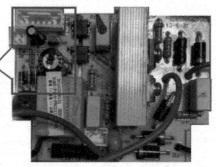

图 4-42　78L05相关电路板实物

故障换修处理：实际维修中因三端稳压器 78L05 损坏造成 5V 电压输出失常从而导致此故障，更换 78L05 后故障即可排除。

（十三）机型现象：**九阳 JYDZ-17A 型豆浆机通电后有报警，但不能加热**

检测修理：对于此类故障首先检测 MCU（SH69P42M）⑲脚至加热管之间的元器件是否正常，然后检测⑲脚电压（正常值约为 4.6V）与⑪脚（防干烧检测输入端）电压（正常值应为 1.4V）是否正常，再检查防干烧电极或防溢电极至 MCU 的输入引脚之间元器件是否有问题，最后检查 MCU 本身是否有问题。水位检测部分截图如图 4-43 所示。

故障换修处理：实际维修中因⑪脚外接贴片电阻器 R13

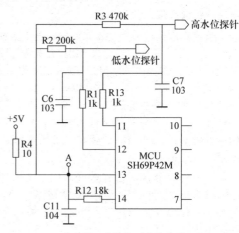

图 4-43　水位检测部分截图

变值（标称值为 1kΩ）使⑲、⑪脚无电压从而导致此故障。更换电阻器 R13 后故障即可排除。

（十四）机型现象：九阳 JYDZ-17A 型豆浆机通电后指示灯不亮，整机无反应

检测修理：对于此类故障首先检测 +5V、+12V 电压是否正常，然后检查变压器 B1 是否有问题（可测变压器的一次侧、二次侧电阻值是否正常），最后检查整流管 D1~D4、C1~C4、78L05 等元器件是否有问题。供电路部分截图如图 4-44 所示。

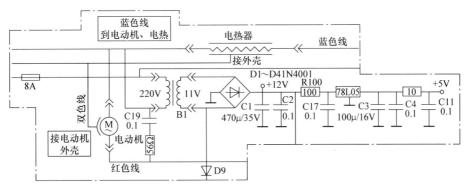

图 4-44　供电路部分截图

故障换修处理：实际维修中因变压器 B1 损坏（测变压器一次侧输入电阻为 ∞，而二次侧正常）从而导致此故障，更换变压器 B1 后故障排除。

（十五）机型现象：九阳 JYDZ-17A 型豆浆机通电后指示灯亮，但不报警也不加热

检测修理：对于此类故障首先检查加热管是否损坏，然后检测 MCU（SH69P42）⑲脚（输出控制继电器 K1）电压是否正常，再检测继电器的 12V 供电压是否正常，最后检查加热管驱动电路中 K1、电阻 R16（4kΩ）、续流二极管 D9、晶体管 T3（9013）等元器件是否有问题。加热管驱动电路部分截图如图 4-45 所示。

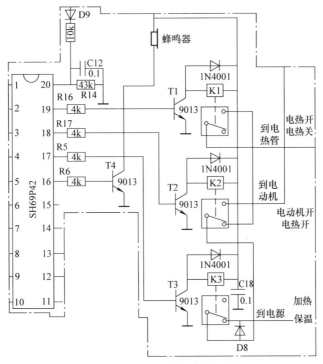

图 4-45　加热管驱动电路部分截图

故障换修处理：实际维修中因 T3 损坏从而导致此故障，更换 T3 后故障即可排除。SH69P42 引脚功能见表 4-2。

表 4-2　SH69P42 引脚功能

引脚号	功　能	引脚号	功　能
1	接绿色指示灯（低电平时该指示灯亮）	13	电源电压输入引脚
2~4	分别接"全豆豆浆"、"五谷豆浆"、"绿豆豆浆"输入与保持电路	14	时钟端
6	地	16	输出控制蜂鸣器
7	复位端（低电平复位）	17	输出控制继电器 K2
10	接温度监测电路	18	输出控制继电器 K3
11	接高水位探针	19	输出控制继电器 K1
12	接低水位探针	20	输入电源脉冲信号（是保护电路的检测端）

（十六）机型现象：狂牛 MD-2108 型豆浆机通电后不能加热

检测修理：对于此类故障首先通电测加热驱动电路中驱动管 Q6 各引脚电压是否正常，然后检测继电器是否正常（细听继电器常开触点 J3-1 是否有吸合声），再测量发热器 EH 两端是否有 220V 电压，最后检查发热器 EH 是否烧断。

故障换修处理：实际维修中因发热器 EH 内部发热丝断路（断电，测量发热器两端电阻值为无穷大，正常电阻值约为 70Ω）从而导致此故障。更换发热器后故障即可排除。

（十七）机型现象：狂牛 MD-2108 型豆浆机通电后有显示和蜂鸣声，但打浆电动机不工作

检测修理：对于此类故障首先检查打浆电动机 M 是否有问题，再检查打浆驱动电路中 D7、Q9、Q6、J3、J2 等元器件是否有问题，最后检查微处理器（NT66P22A）是否有问题。打浆驱动电路截图如图 4-46 所示。

故障换修处理：实际维修中因二极管 D7 击穿短路，造成始终不能得电从而导致此故障。更换二极管 D7（1N4007）后故障即可排除。

（十八）机型现象：狂牛 MD-2108 型豆浆机通电后整机无反应，机子不工作

检测修理：对于此类故障首先通电测量电容器 C2 两端电压是否为 5V，再测量电容器 C1 两端电压是否为 7.5V，最后检查串联稳压电路中 VD1、Q1、R1、R2、C2 等元器件是否有问题。电源电路部分截图如图 4-47 所示。

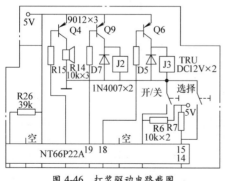

图 4-46　打浆驱动电路截图

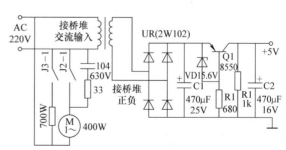

图 4-47　电源电路部分截图

故障换修处理：实际维修中因调整管 Q1 损坏造成 C2 两端无 5V 电压从而导致此故障。更换 Q1（8550）后故障即可排除。

（十九）机型现象：美的 **DJ12B-DSG3 型豆浆机不能加热**

检测修理：对于此类故障首先检查加热器是否有问题，然后检查继电器触点 J1-1 到加热盘的电路是否有问题，再检查继电器触点 J1-1 至 CN1-1、CN2-2 之间的电路是否有问题，最后检测用万用表"×1k"档测 CN2-1 的③、④脚之间阻值是否正常。加热控制电路部分如图 4-48 所示。

故障换修处理：实际维修中因 CN2-1 不良从而导致此故障。更换 CN2-1 后故障即可排除。

（二十）机型现象：美的 **DJ12B-DSG3 型豆浆机电动机不转**

检测修理：对于此类故障首先测 CPU（MC80FO308DP）⑤、㉔脚之间电压是否正常，然后检测电动机两端电压是否有间歇变化（可在电路板引出两根软线用万用表 500V 档测量），再检查双向晶闸管 T101（BCR8PM）是否良好，最后检查电动机是否有问题。电动机及供电电路部分截图如图 4-49 所示，由 CN2-2 的①、③脚引入的 AC 220V 电源经 F101 保护元件后分成两路，其中一路交流电源经过双向晶闸管 T101（BCR8PM）后输送给 D110~D113 组成的整流桥，为直流电动机 M 提供工作电源。

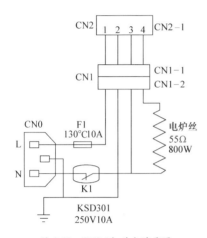

图 4-48 CN2-1相关电路截图

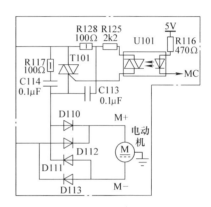

图 4-49 电动机及供电电路

故障换修处理：实际维修中因电动机电刷磨损严重从而导致此故障，更换电动机后故障即可排除。

（二十一）机型现象：美的 **DJ12B-XQ2 型豆浆机通电后能加热，但粉碎豆子时电动机不转**

检测修理：对于此类故障首先测电动机两端电压是否正常，然后检测单向晶闸管 Q2（BCR8PM）的 G 极和 K 极电压是否正常，再检查 U2 及其外围元器件是否有问题，最后检查 CPU 是否有问题。U2 相关电路截图如图 4-50 所示，Q2 的 G 极由 U2 二次侧控制，U2 一次侧发光二极管由 CPU 控制，实现电动机慢起动和调速。

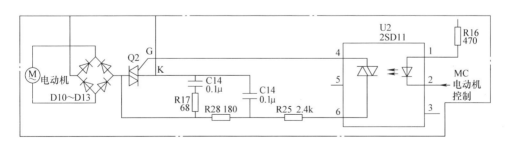

图 4-50 U2相关电路截图

故障换修处理：实际维修中因 U2 不良从而导致此故障，更换 U2 后故障即可排除。U2 是一只 6 引脚的光控晶闸管，二次侧耐压须大于 400V，可代换型号有 MOC3021/22/23、TLP525/541/160/161、S11MD5V 等。

（二十二）机型现象：**美的 DJ12B-XQ2 型豆浆机通电后指示灯不亮**

检测修理：对于此类故障首先测供应 CPU 的 Vcc 5V 电压及 C7 正端的 12V 电压是否正常，然后测电源芯片 OB2211 ⑤、⑥脚的 300V 电压及②脚电压是否正常，再检测三端稳压块 7805 的输入与输出电压是否正常，最后检查 OB2211、7805 及外围元器件是否有问题。电源电路部分截图如图 4-51 所示。

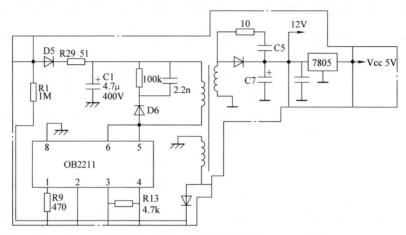

图 4-51　电源电路部分截图

故障换修处理：实际维修中因 OB2211 外围电阻器 R1 损坏造成②脚无电压（芯片无启动电压）从而导致此故障，更换 R1 后故障即可排除。

（二十三）机型现象：**苏泊尔 DJ16B-W41G 型豆浆机能打浆但不能加热**

检测修理：对于此类故障首先检查电热管是否开路，然后观察继电器（RELAY）触点能否可靠吸合接触，再检查 Q2（8050）是否损坏，最后检查 MCU（HEA08F20A）②脚是否输出高电平、MCU 是否有问题。加热器控制电路部分截图如图 4-52 所示。

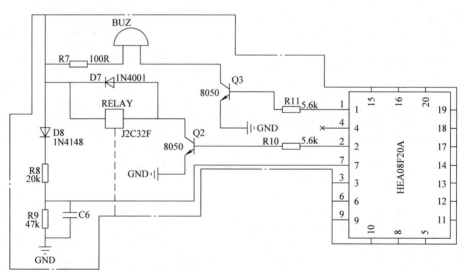

图 4-52　加热器控制电路部分截图

故障换修处理：实际维修中因 Q2 损坏从而导致此故障。更换 Q2 后故障即可排除。

（二十四）机型现象：**苏泊尔 DJ16B-W41G 型豆浆机能加热但不打浆**

检测修理：对于此类故障首先检查电动机绕组是否开路，然后检查电动机驱动电路中双向晶闸管

BTB08、R6、C3、R5、R4、C2 及光耦合器 EL3021 等元器件是否有问题，再检测 MCU（HEA08F20A）③脚是否输出高电平，最后检查 MCU 是否损坏。电动机驱动电路部分截图如图 4-53 所示。

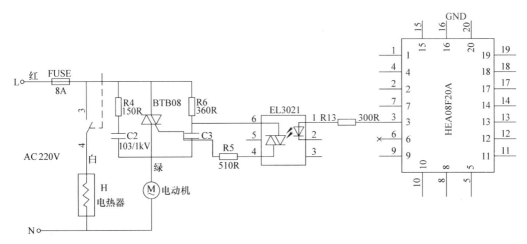

图 4-53　电动机驱动电路部分截图

故障换修处理：实际维修中因并联在晶闸管两端的 R4（150Ω）、C2（0.01μF/1kV）损坏从而导致此故障。更换 R4、C2 后故障即可排除。R4、C2 易烧毁爆裂，甚至将电路板烤焦，注意换掉这两个零件。

（二十五）机型现象：**苏泊尔 DJ16B-W41G 型豆浆机通电后所有指示灯不亮，机子不工作**

检测修理：对于此类故障首先检查变压器 T2 一次绕组是否开路（正常应有 2.5kΩ 的直流电阻），然后检查 5V 稳压电路是否正常，再检测 MCU（HEA08F20A）⑮脚是否有 5V 电压，最后检查 HEA08F20A 是否有问题。电源电路部分截图如图 4-54 所示。

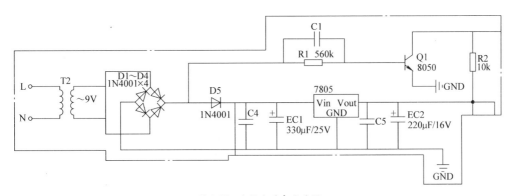

图 4-54　电源电路部分截图

故障换修处理：实际维修中因 5V 稳压电路中 7805 损坏从而导致此故障。更换 7805 后故障即可排除。

三、学后回顾

通过以上豆浆机维修面对面的学习，除掌握具体机型典型故障维修技能外，还应掌握该品牌豆浆机常见通病及解决方法，以备日后实际维修中借鉴：

1）九阳 DJ13B-C85SG 型豆浆机出现通电后指示灯全部不亮，机子不能工作故障，其通病原因是 THX208 的①脚（OB 启动电流输入端）外接阻值约 2MΩ 的启动电阻器损坏，更换启动器电阻即可。

2）九阳 DJ12BA603DG 型豆浆机出现无电源输出故障，其通病原因是变压器一次侧断（一次侧及反馈绕组根部有腐蚀现象，清理接上即可）。

3）苏泊尔 DJ16B-W41G 型豆浆机出现两个指示灯都不亮，电动机和加热器都不工作故障，其通病原因是熔丝管烧毁，更换熔丝管即可。

4）苏泊尔 DJ16B-W41G 型豆浆机出现按启动键无效，指示灯一直闪烁不停，蜂鸣器无报警声故障，其通病原因是机头受潮，而最易受潮的当属按键开关、内部触点受潮气侵蚀接触不良，接触电阻很大。有的是按多次才有一次有效，遇到这种情况，用万用表测量一下通断，若发现接触电阻很大，要果断地换掉，不留隐患。

5）美的 DJ12B-DEG1 型豆浆机出现不能通电故障，其通病原因是小型开关电源故障，用一只 12V 小型变压器代替即可。

第20天　吸尘器（扫地机器人）维修实训面对面

一、学习目标

1）今天重点介绍吸尘器、扫地机器人（智能吸尘器）的典型故障现象、故障检修方法、关键测试数据、故障部位及故障元器件。

2）通过今天的学习，应掌握吸尘器、扫地机器人出现故障现象的特点，并根据故障现象作出故障判断。

3）通过今天的学习，要达到通过观察吸尘器、扫地机器人的故障现象并进行关键数据的测试，就能准确判断故障部位与故障元器件的目的。

二、面对面学

（一）机型现象：LG V-286CAR 型吸尘器机体内有噪声

检测修理：对于此类故障首先检查集尘筒是否已满，然后检查集尘筒滤芯是否堵塞，再检查吸入口是否阻塞，最后检查伸缩管、软管是否阻塞。

故障换修处理：实际维修中因集尘筒滤芯堵塞从而导致此故障。清除堵塞物（见图 4-55）故障即可排除。

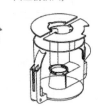

1.打开集尘筒盖　　2.拿出集尘筒内挡板　　3.用水冲洗
（清洁后请按示意图重新插入）

图 4-55　集尘筒清洗示意图

（二）机型现象：LG VH9001DS 型吸尘器吸力下降，并发出振动的声响

检测修理：对于此类故障首先检查进气口或集尘盒是否被异物堵塞，再检查集尘盒过滤器是否被灰尘堵塞。

故障换修处理：实际维修中因集尘盒过滤器被灰尘堵塞从而导致此故障，清洗海绵过滤器后故障即可排除。清洗过滤器方法如图 4-56 所示。

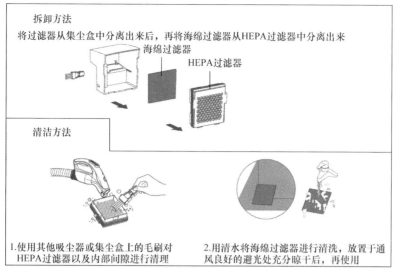

拆卸方法
将过滤器从集尘盒中分离出来后，再将海绵过滤器从HEPA过滤器中分离出来
海绵过滤器
HEPA过滤器
清洁方法
1.使用其他吸尘器或集尘盒上的毛刷对HEPA过滤器以及内部间隙进行清理
2.用清水将海绵过滤器进行清洗，放置于通风良好的避光处充分晾干后，再使用

图 4-56 清洗过滤器示意图

（三）机型现象：海尔 ZW1200-201 型吸尘器电动机不转

检测修理：对于此类故障首先检查电源插头是否接触良好、电源插座是否有电、吸尘器开关是否打开，然后检查卷线机构内通电片与集电环是否接触不良，再检测电动机两端有无 220V 电压，最后检查电动机控制电路调速部件是否损坏、电动机本身是否有问题。海尔 ZW1200-201 型吸尘器电动机组件如图 4-57 所示。

图 4-57 海尔ZW1200-201型吸尘器电动机组件

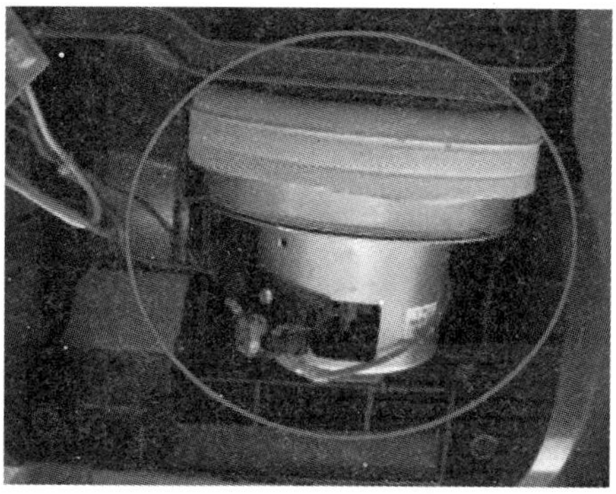

故障换修处理：实际维修中因电动机有问题从而导致此故障，修复或更换电动机即可。

（四）机型现象：海尔 ZW1200-201 型吸尘器吸力减弱

检测修理：对于此类故障首先检查地面刷、软管、长接管是否堵塞，然后检查滤尘袋是否积满灰尘、前盖是否安装到位，再检查过滤片是否堵塞、集尘桶是否堵塞，最后检查电动机转速是否过低（转速低的原因：电源电压低、电刷弹簧压力不够、轴承润滑不良、刷握松动变位、定子 / 电枢绕组短路等）。海尔 ZW1200-201 型吸尘器电气原理图如图 4-58 所示。

故障换修处理：实际维修中因集尘室中的灰尘和滤尘器上积累尘埃过多从而导致此故障，清除集尘室和滤尘器上的积灰故障即可排除。

（五）机型现象：海尔 ZW1600-268 型吸尘器电动机不转

检测修理：对于此类故障首先检查电源插头与电源插座是否接触良好，然后检查电源开关是否打开，再检查电路板是否有问题、卷线器线路是否良好，最后检查电动机是否有问题。海尔 ZW1600-268 型吸尘器相关电气原理图如图 4-59 所示。

开关
AC 220V
50Hz
控制板
调速
电位器
电动机
插头
卷线器

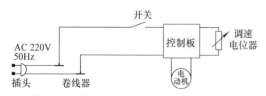

图 4-58 海尔ZW1200-201型吸尘器电气原理图

开关
AC 220V
50Hz
电路板
电子调速遥控板
电动机
插头
卷线器

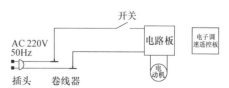

图 4-59 海尔ZW1600-268型吸尘器相关电气原理图

故障换修处理：实际维修中因电动机接线脱落从而导致此故障，重新连接电动机线路即可。

（六）机型现象：科盟扫地机器人工作时噪声较大

检测修理：对于此类故障首先关闭机器的电源关开后将集尘盒取出并清理干净垃圾后将机器底部朝上，观察主机吸口处是否被垃圾堵塞，然后检查中扫毛刷和中扫胶刷（包括地刷两端）是否脏物过多，再检查边刷是否脏物过多。

故障换修处理：实际维修中因主机吸口处被垃圾堵塞从而导致此故障，清除堵塞物即可。

（七）机型现象：科盟扫地机器人清扫吸尘能力下降

检测修理：对于此类故障首先检查尘盒内的过滤棉上是否积聚了过多的灰尘无法清除，然后检查并确保地刷吸口处无脏物堵塞，再检查驱动轮处是否有脏物或有物体缠绕使之无法工作，最后检查灰尘传感器上是否有较多的灰尘。

故障换修处理：实际维修中因地刷吸口处脏物堵塞从而导致此故障。将地刷取出并清理，保证地刷两端无毛发、纤维缠绕，清理后将地刷重新置入主机。

（八）机型现象：科沃斯扫地机器人吸尘能力降低

检测修理：对于此类故障首先检查集尘盒内的过滤棉是否积聚了过多的灰尘无法清除，然后检查主地刷吸口处是否有脏物堵塞，再检查驱动轮处是否有脏物或有物体缠绕使之无法工作，最后检查灰尘传感器上是否有较多的灰尘。

故障换修处理：实际维修中因集尘盒内的过滤棉积聚了过多的灰尘从而导致此故障。清除灰尘或更换过滤棉即可。

（九）机型现象：美的 QW12T-04C 型吸尘器完全不工作

检测修理：对于此类故障首先检查电源插头与插座是否插紧、开关是否打开或接触不良，然后检查电动机热保护器是否动作、电动机 M 是否有问题，再检查电源熔丝是否熔断，最后检查电路板上 IC1、TR1、C1、ZW、C2 等元器件是否有问题。美的 QW12T-04C 型吸尘器电路图如图 4-60 所示。

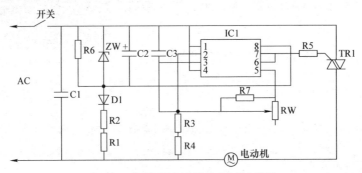

图 4-60　美的QW12T-04C型吸尘器电路图

故障换修处理：实际维修中因开关损坏从而导致此故障，修复或更换开关后故障即可排除。

（十）机型现象：美的 QW12T-608 型吸尘器吸力减弱

检测修理：对于此类故障首先检查伸缩管和软管是否堵塞，然后检查尘桶中的灰尘是否过满，再检查过滤层和海帕上是否灰尘过多，最后检查电动机 M1 转速是否过低（其原因有电源电压低，电刷弹簧压力不够，轴承润滑不良，定子绕组、电枢绕组短路等）。美的 QW12T-608 型吸尘器电路图如图 4-61 所示。

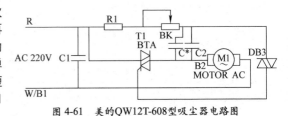

图 4-61　美的QW12T-608型吸尘器电路图

故障换修处理：实际维修中因过滤层和海帕上灰尘过多从而导致此故障，清除灰尘故障即可排除。

（十一）机型现象：美的 VC38J-09D 型吸尘器通电后不工作

检测修理：对于此类故障首先检查电源插头与插座是否接触不良、吸尘器通断开关是否存在断路或接触不良，然后检查电源熔丝是否熔断，再检查电动机两端是否不通电（可用万用表的电阻档测电动机阻值，阻值呈无穷大说明电动机两端开路，此时可检查电枢绕组或定子绕组是否断路、电刷与换向器是否未接触），最后检查控制电路板是否有问题（包括电路板上的元器件损坏、焊点脱落、导线柱接触不良等）。美的 VC38J-09D 型吸尘器电路图如图4-62 所示。

故障换修处理：实际维修中因开关接线松脱或接触不良从而导致此故障。修复或更换开关，焊接好引线及接头故障即可排除。

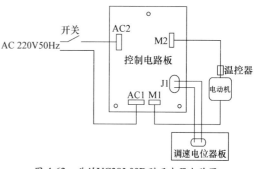

图 4-62　美的VC38J-09D型吸尘器电路图

（十二）机型现象：松下 MC-UL492 型吸尘器从地面吸嘴开始吸力减弱

检测修理：对于此类故障首先检查垃圾是否装满，然后检查集尘盒内、前过滤网是否堵塞，再检查吸嘴至集尘盒之间的吸气通路是否堵塞，最后检查三段式便利巧把手是否确实插入本体。

故障换修处理：实际维修中因集尘盒内、前过滤网堵塞从而导致此故障，清除堵塞物即可（见图4-63）。若从缝隙吸嘴部开始吸力减弱，则可检查缝隙吸嘴部内是否堵塞、地面吸嘴是否下垂、本体是否倾斜。

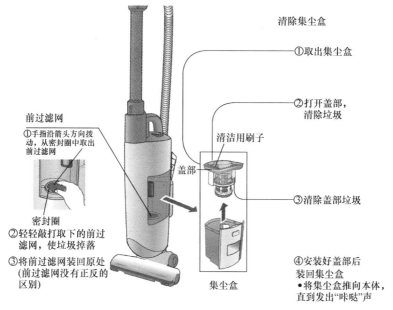

图 4-63　清除堵塞物示意图

（十三）机型现象：智歌 Zeco V770 型家用扫地机器人不能充电

检测修理：对于此类故障首先检查电源配适器与充电基座是否正常连接、充电基座电源指示灯是否点亮，然后检查电池电量是否过低（如果过低，选用电源配适器直接对主机进行充电），再检查主板是否有问题。

故障换修处理：实际维修中因适配器损坏从而导致此故障，更换适配器即可。

（十四）机型现象：智歌 Zeco V770 型家用扫地机器人不能工作或清洁工作微弱

检测修理：对于此类故障首先检查智能吸尘器的开关是否开启，然后再检查灰尘盒、过滤器、吸引入口等是否已清洁，再检查电池电压是否严重下降，最后检查电脑板是否有问题。

故障换修处理：实际维修中因电池电压不足从而导致此故障。请使用电源配适器人工进行充电后使用。

（十五）机型现象：智歌 Zeco V770 型家用扫地机器人清扫时噪声增大

检测修理：对于此类故障首先检查灰尘盒及过滤网是否堵塞，然后检查毛刷或边扫上是否太脏，再检查毛刷轮子是否卡住，最后检查电风扇是否有异物卡住。

故障换修处理：实际维修中因毛刷或边扫上太脏从而导致此故障，清除脏物即可。跑机如果突然声音变大，观察机器是不是进入了顺时针定点清扫的模式，如果是进入定点模式的话，属于正常现象，一段时间后会自动恢复。

（十六）机型现象：智歌 Zeco V770 型家用扫地机器人遥控器不能工作

检测修理：对于此类故障首先检查遥控器的电池是否有问题，然后检查智能吸尘器的电池是否有问题，再检查遥控器与智能吸尘器是否进行对码确认，最后检查智能吸尘器是否在信号发射的有效范围内。

故障换修处理：实际维修中因遥控器电池不足从而导致此故障。更换电池即可。

三、学后回顾

通过以上吸尘器、扫地机器人维修面对面的学习，除掌握具体机型典型故障维修技能外，还应掌握各品牌吸尘器、扫地机器人的常见通病及解决方法，以备日后实际维修中借鉴：

1）吸尘器出现使用一段时间后吸力越来越小，其通病的原因是吸尘堵塞，出现这种情况后，切忌盲目去维修，应该从吸尘器的工作原理出发，找出堵塞原因所在，才能顺利修复吸尘器的毛病。

2）飞利浦 airstar 吸尘器出现通电后无反应故障，直流电动机损坏是这个故障的通病。更换电动机即可。为了防止电动机烧毁，不能一次性使用太长时间。

第21天　加湿器维修实训面对面

一、学习目标

1）今天重点介绍加湿器的典型故障现象、故障检修方法、关键测试数据、故障部位及故障元器件。

2）通过今天的学习，应掌握加湿器出现故障现象的特点，并根据故障现象作出故障判断。

3）通过今天的学习，要达到通过观察加湿器的故障现象并进行关键数据的测试，就能准确判断故障部位与故障元器件的目的。

二、面对面学

（一）机型现象：春风牌 ZS2-45 型超声波空气加湿器喷雾量小，调节 W1 无效

检测修理：对于此类故障首先检查压电陶瓷片和水位传感器（干簧管）是否有问题，然后开机测量整机工作电流是否正常（正常值应为 500mA 左右），再检查振荡器是否正常（可调节 W1，若电流大小有变化，表明振荡器工作正常），最后检查振荡晶体管 V 及其偏置电路，反馈的电感、电容等元件是否有问题。

故障换修处理：实际维修中因振荡电流振幅不足或换能压电陶瓷片表面水垢太多从而导致此故障。压电陶瓷片和水位传感器（干簧管）表面水垢可用专用清洗液清洗。清洗后要用清水多漂洗，以免残留液体腐蚀换能陶瓷片和干簧管。

（二）机型现象：春风牌 ZS2-45 型超声波空气加湿器水槽中有水雾形成，但无水雾喷出

检测修理：对于此类故障首先检查控制箱通风口是否有风吹出，然后检查风机扇叶是否被杂物缠住、

风道是否被堵塞，再用手拨动风机扇叶转动是否灵活，最后检查电风扇电动机电路是否有问题。

故障换修处理：实际维修中因电动机的起动电容器（2μF/400V）失效从而导致此故障，更换起动电容器后故障即可排除。

（三）机型现象：春风牌 ZS2-45 型超声波空气加湿器通电后电源指示灯不亮

检测修理：对于此类故障首先检查电源变压器一次侧是否有 220V 市电输入，然后检查电源插座是否接触良好，再检查熔丝管是否熔断，最后检查定时器及电源开关 K1 是否良好。

故障换修处理：实际维修中因开关 K1 不导通从而导致此故障，更换开关后故障即可排除。

（四）机型现象：春风牌 ZS2-45 型超声波空气加湿器通电后电源指示灯亮，电风扇运转正常，但不喷雾

检测修理：对于此类故障首先检查 BX2 是否熔断，然后通电检测 C1 两端有无 48V 直流电压（无 48V 则查变压器或整流桥，有 48V 则应先检查换能片 HD），再测振荡管 V（SD35）基极电压是否正常（振荡管正常工作时基极应有 -0.2V 电压），最后检查振荡电路（由振荡管 V、电感线圈 L1~L3、电容器 C3 和 C4、电阻器 R1 与 R4、电位器 W1 与 W2 等构成超声波振荡电路）及干簧管开关等。春风牌 ZS2-45 型超声波空气加湿器电路原理如图 4-64 所示。

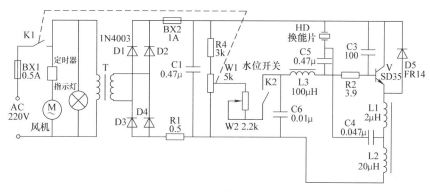

图 4-64　春风牌ZS2-45型超声波空气加湿器电路原理

故障换修处理：实际维修中因干簧管开关 K3 不通造成振荡管 V（SD35）基极无负电压从而导致此故障，更换 K3 后故障即可排除。C1、D5、V、K2 和反馈电容器损坏也会造成不喷雾。用万用表"×1"档测量 HD 环内、外表面间电阻值（正常值为 0），若阻值较大表明已经损坏，需更换。

（五）机型现象：格顿 HY-4218 型加湿器不出雾

检测修理：对于此类故障首先检查水位检测（由干簧管及塑料泡沫型磁浮子组成）是否有问题，然后检查直流电风扇电动机 M（DC12V）是否有问题，再检查工作开关 K 是否良好，最后检查由振荡管 Q1（BU406）、压电陶瓷换能器 CR1（AW1210）、电容器 C2（152/630V）、C4（473/H630）等组成的水雾产生电路是否有问题。水雾产生电路如图 4-65 所示。

故障换修处理：实际维修中因振荡管 Q1 不良，其基极无偏压，电路停止振荡，从而导致此故障，更换 Q1 后故障即可排除。

（六）机型现象：格顿 HY-4218 型加湿器通电后整机无反应

检测修理：对于此类故障首先检测 12V、36V 电压是否正常，然后检查起动电阻 R17（750kΩ）、输出端整流二极管 D1（HER305）、D2（FR104）是否正常，再检测电源驱动块 U3（CR2263T）各引脚电压及电阻值是否正常，最后检查电源驱动芯片 U3（CR2263T）、开关管 Q1（SVF4N65F）、光耦合器 U2（817）、稳压二极管 D3（B36ST）及变压器 TR1 等组成开关电源电路是否有问题。开关电源电路如图 4-66 所示，主要由 U3、开关管 Q1、光耦合器 U2、稳压二极管 D3 及变压器 TR1 等组成，产生 12V、36V 电源，分别为水雾扩散、水雾产生等电路供电。

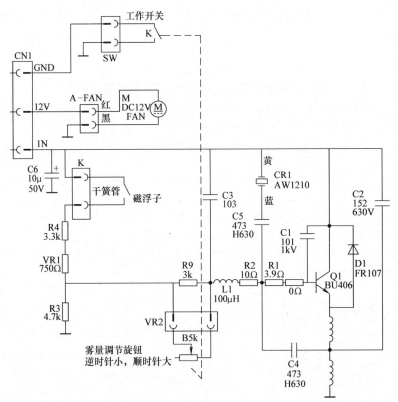

图 4-65 水雾产生电路

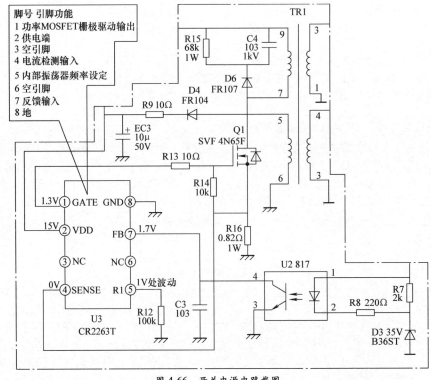

图 4-66 开关电源电路截图

故障换修处理：实际维修中因电源驱动块 U3（CR2263T）损坏造成无 12V、36V 电压从而导致此故障，更换 CR2263T 后故障即可排除（如用同型号的，也可用 OB2263 代换）。

（七）机型现象：捷瑞 HM-150 型负离子空气加湿器出雾量小

检测修理：对于此类故障首先检查压电陶瓷换能器极片上是否沉结水垢，然后检查振荡电路元器件是否老化形成振荡幅值不足（若用示波器检测振荡幅值小，则应着重检测振荡管的工作电压、电流和电流放大倍数 β，以及振荡槽路、偏置电路元器件参数有无变值漏电），再检查电风扇风力是否偏小。

故障换修处理：实际维修中因无刷直流轴流电风扇转轴受潮生锈、润滑不好影响转速和风量从而导致此故障。用同型电风扇更换或用无水酒精清洗并适当注油润滑即可。

（八）机型现象：捷瑞 HM-150 型负离子空气加湿器无雾气

检测修理：对于此类故障首先检测振荡板 48V 电源是否有正常，然后检查水位检测干簧开关触点是否接触良好，再检查压电陶瓷换能器 U 是否损坏，最后检查振荡电路中元器件是否有问题（如振荡晶体管 U1 损坏、电阻器电容器变值、电路板受潮漏电等）。超声波振荡电路如图 4-67 所示。

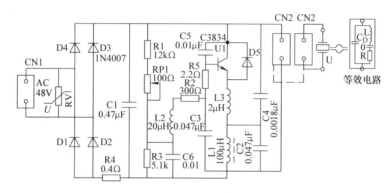

图 4-67　超声波振荡电路

故障换修处理：实际维修中因振荡晶体管 U1（C3834）损坏从而导致此故障，更换振荡晶体管故障即可排除。

（九）机型现象：捷瑞 HM-150 型负离子空气加湿器有水雾但送不出去

检测修理：对于此类故障首先观察风道是否有异物堵塞，然后检查无刷直流轴流电风扇连线接插件、电源电压是否正常，再检查电风扇是否损坏，最后检查电风扇电路是否有问题。

故障换修处理：实际维修中因电风扇电路中 Q3 损坏从而导致此故障，更换 Q3 后故障即可排除。

（十）机型现象：金鹏 GS380D 型超声波加湿器通电后电源指示灯亮，电风扇运转，但不起雾

检测修理：对于此类故障首先检查换能器及周围是否水垢较厚，然后检查干簧管是否导通，再检查振荡管 B5（BU406）是否有问题，最后检查振荡与偏置电路是否有问题。超声波加湿器相关电路原理截图如图 4-68 所示。

故障换修处理：实际维修中因换能器上水垢较多从而导致此故障，更换新的换能器后起雾正常。

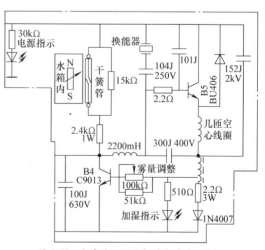

图 4-68　超声波加湿器相关电路原理截图

（十一）机型现象：美的 S35U-C 型加湿器不喷雾或雾量很小

检测修理：对于此类故障首先检查水罐和水位是否正常，然后检查保护开关电路中干簧管开关 KA1、KA2 是否良好，再检测振荡管 VT4 的电压是否正常，最后检查超声波振荡电路中陶瓷换能器 DT、VT4、C12~C14、R16~R18 等元器件是否有问题。超声波振荡电路如图 4-69 所示。

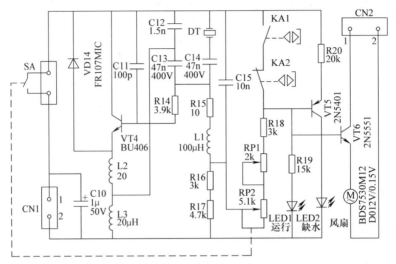

图 4-69　超声波振荡电路

故障换修处理：实际维修中因振荡管 VT4 或换能器 DT 有问题从而导致此故障，更换 VT4、DT 后故障即可排除。若测得振荡管 VT4 的 b 极电压偏离 0.28V 左右的正常值，多为偏置分压元件 R18、RP1、RP2、R16、R17 开焊或电位器接触不良，也可能是耦合元件 R15、R14 损坏；若 VT4 的 e 极电压失常（正常值为 0.19V），应检查 L2、L3、C12、C13、C14、DT 等是否开路、失效。

（十二）机型现象：美的 S35U-C 型加湿器通电后整机不工作

检测修理：对于此类故障首先检查 C1 两端是否有约 300V 电压、熔丝管 FU 是否熔断，然后检查市电整流电路中整流管 VD1~VD4 是否良好、滤波电容 C1 是否击穿或漏电、开关管 VT3 是否击穿，再检查负反馈控制电路中光耦合器 IC1（PC817C）、精密稳压器 IC2（TLA431）、VT1（A1015）、VT2（C1815）等元器件是否有问题，最后检查 36V、12V 整流输出电路是否有问题（一般是 N4、N5 绕组开路，整流管 VD12、VD6 开路或失效，C5 击穿漏电，滤波电容器 C6、C7 击穿或漏电，插件 CN1（36V）、CN2（12V）接触不良或引线断脱）。电源电路如图 4-70 所示。

故障换修处理：实际维修中因 VT3 击穿从而导致此故障，更换 VT3 后故障即可排除。

（十三）机型现象：旺宝超声波负离子加湿器按下电源开关 K1 后电源指示灯不亮，风机不转，也不出雾

检测修理：对于此类故障首先检查拆开机壳检查电源 AC 220V 电压是否正常，然后检查电源开关 K1 是否有问题，再检查熔丝管 F1 是否熔断，最后检查开关管 Q3（5N60C）、振荡管 BU406、整流管 D1~D4（1N4007）、开关变压器 T3、光耦 IC1 等元件是否有问题。电源部分截图如图 4-71 所示。

故障换修处理：实际维修中因开关管 5N60C 击穿引起保险管 F1 熔断从而导致此故障，更换 5N60C 故障即可排除。保险管熔断说明电路有短路性故障，开关管 5N60C 击穿，振荡管 BU406 击穿、整流管 1N4007 击穿、开关变压器绕组短路都可引起熔断器熔断。

（十四）机型现象：旺宝超声波负离子加湿器通电后风机转动，但不出雾

检测修理：对于此类故障首先检测干簧管是否正常导通、换能器 DT 是否有问题，然后检测 Q1（BU406）振荡管供电是否正常、振荡管 BU406 集电极对二次地（OUT-）是否有 50V 左右的直流电压，再检查偏置电路是否有问题（用导线将缺水检测干簧管闭合或将缺水探针与电源接通，此时调整雾量电位器，BU406

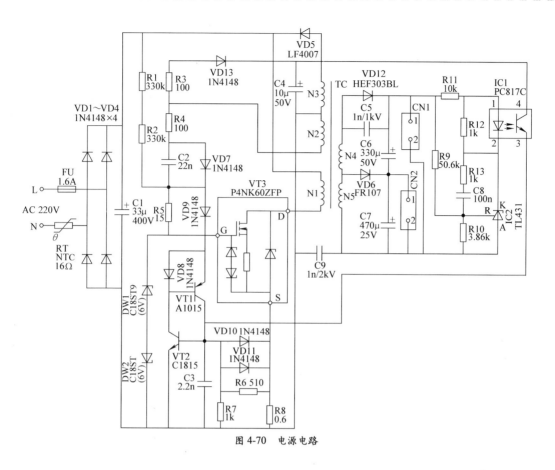

图4-70 电源电路

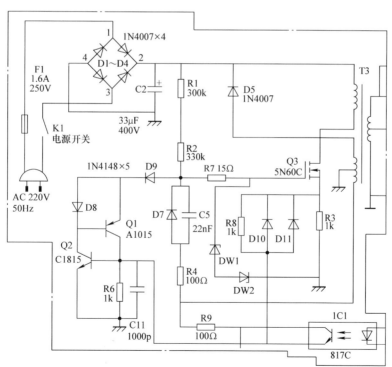

图4-71 电源部分截图

的发射结电压应在 0.6V 左右变化；若无此电压说明偏置电路开路，多是电路板上的可调电阻器损坏开路或接触不良，振荡管发射结击穿也会造成无偏置电压，所以确定振荡管是进行下一步检查的前提），最后用示波器观察振荡管发射极是否有 0.65MHz 约 20Vp-p 的振荡波形（若把换能器被脱开的引线接触一下原焊点，振荡波形立刻发生变化，频率将谐振在 1.7MHz；若振荡频率无变化，说明换能器失效，与换能器串联的 47nF 耦合电容器 C5 失效也会造成这种现象）。超声波振荡电路部分截图如图 4-72 所示。

故障换修处理：实际维修中因振荡管 BU406（耐压 400V，功率 18W）损坏或换能器 DT 失效从而导致此故障，更换 BU406 或换能器 DT 后故障即可排除。通常失效的换能器表面金属膜会开裂或剥落，还有的压电陶瓷片已经破碎；换能器背面有两根引线，外圈与表面一体常用黑线或黄线，要接与电源相连的一点，中心引线常用红线，接耦合电容器一端。

（十五）机型现象：亚都 YC-D22 型超声波加湿器不能自动恒湿

检测修理：对于此类故障首先检查湿度感应头是否有问题，然后检测四运算放大器 LM324N 的电压是否正常，再检查调整管 C9014 是否有问题，最后检查自动恒湿控制电路 LM324N 及外围元器件是否有问题。自动恒湿控制电路部分截图如图 4-73 所示。

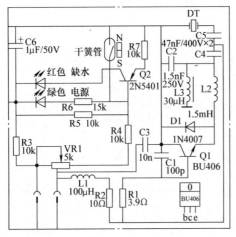

图 4-72 超声波振荡电路部分截图

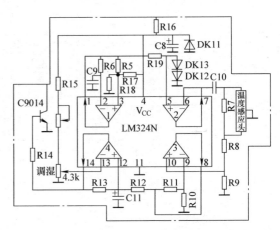

图 4-73 自动恒湿控制电路部分截图

故障换修处理：实际维修中因 LM324N 损坏从而导致此故障，更换 LM324N 后故障即可排除。

（十六）机型现象：亚都 YC-D22 型超声波加湿器通电后电源指示灯亮，电风扇运转正常，但不起雾

检测修理：对于此类故障首先检查水罐和水位是否正常，然后检查干簧管是否有问题，再检查熔丝管 1A 是否熔断，最后检查水雾产生电路中振荡管（BU406）、换能器及雾量调节电路中 VR1、VR2 等元器件是否有问题。水雾电路相关部分截图如图 4-74 所示。

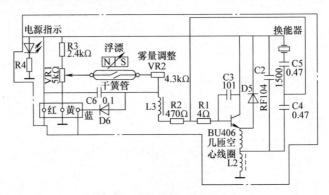

图 4-74 水雾电路相关部分截图

故障换修处理：实际维修中因 1A 熔丝熔断、振荡管 BU406 击穿损坏从而导致此故障。更换损坏件后故障即可排除。另外当磁浮漂的立柱上黏有垃圾物，浮漂下滑有时不畅，即保护电路失灵也会导致此故障，清除垃圾后起雾正常。

（十七）机型现象：亚都 YC-E350 型加湿器雾气小

检测修理：对于此类故障首先检查水槽内水位是否正常，然后检查控制旋钮是否转到小位置，再检查换能器是否有问题。

故障换修处理：实际维修中因换能器表面凝结一层水垢从而导致此故障，拆下换能器进行清理。若清理后出雾仍然很小为换能器性能不良，需换用新换能器。

（十八）机型现象：亚都加湿器有水柱，但不起雾

检测修理：对于此类故障首先检查电风扇是否良好，然后检查加湿器水槽是否脏污，再检查水位是否正常（调半可变使水柱保持在水面以上 50~60mm 高），最后检查振荡电路、换能器等是否有问题。

故障换修处理：实际维修中因水槽脏污从而导致此故障，将加湿器塑料水槽用酸（白醋也可）清洗后即可。若测 1 点几欧的电阻（当熔丝用）阻值大于 2Ω，表明还没烧断，说明振荡电路电流低。

（十九）机型现象：JSC-A 加湿器工作几分钟后雾量由大变小，随后变为无雾气

检测修理：对于此类故障首先检查交流 0.5A 和直流 1A 熔丝管是否熔断，然后检查功率管 BG3、BG1 是否有问题，再检查换能片输出端的连接电容器 C4 是否正常，最后检查换能片是否有问题。出雾相关部分电路如图 4-75 所示。

故障换修处理：实际维修中因换能片短路（其正、反电阻均不是无穷大）使功率 BU406 有一只击穿从而导致此故障。更换以上损坏件后故障即可排除。

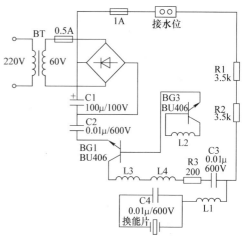

图 4-75　出雾相关部分电路

三、学后回顾

通过以上加湿器维修面对面的学习，除掌握具体机型典型故障维修技能外，还应掌握加湿器的常见通病及解决方法，以备日后实际维修中借鉴：

1）美的加湿器出现不喷雾故障，其通病原因是换能器密封圈密封不良。把机器下盖打开，拧下换能器的螺钉，在橡胶圈周围涂抹一些乳胶之类的东西密封即可。

2）美的 S30U-H 型加湿器灯绿也出风，电风扇能转动，但不出雾，其通病原因是换能器故障，把加湿器拆开，拔掉换能片的电源插头，更换新的换能器即可。

3）亚都加湿器出现不出雾故障，其通病原因是使用一段时间后水槽和水箱里会出现很多的水垢，使振荡片不能振荡。使用亚都加湿器专用的清洗液浸泡 30min 后使其慢慢溶解，切不可用刀片等硬物刮水垢，这样会把换能片刮坏，而不出雾。

4）旺宝超声波负离子加湿器出现有雾但雾小，其通病原因是换能器问题。首先检查换能器是否干净，换能器在使用一段时间后表面会凝结一层水垢，需拆下换能器进行清理。如清理后出雾仍然很小，则是换能器性能不良，需更换换能器。

5）超声波加湿器出现接触电源电路不工作故障，其故障部件是换能器。换能器是特有部件，是故障多发部位。换能器视损坏程度不同，既可能造成完全无雾，也可能造成雾量小。损坏原因一是使用过程中水垢太多，长时间没有清除而通电工作，处于类似"干烧"的状态，导致换能器烧坏；二是除垢时粗暴操作导致电镀层剥脱而报废。所以最好使用专用除垢剂及时除垢，如果没有专用除垢剂，也可用食醋浸泡一段

时间，用软物轻轻擦除，切忌用硬物刮戳。

第22天　电风扇维修实训面对面

一、学习目标

1）今天重点介绍电风扇的典型故障现象、故障检修方法、关键测试数据、故障部位及故障元器件。

2）通过今天的学习，应掌握电风扇出现故障现象的特点，并根据故障现象作出故障判断。

3）通过今天的学习，要达到通过观察电风扇的故障现象并进行关键数据的测试，就能准确判断故障部位与故障元器件的目的。

二、面对面学

（一）机型现象：澳柯玛 AKTS - L5（Y）型空调扇不能制冷

检测修理：对于此类故障首先检查空气过滤器是否积尘太多、内外机通风口是否被异物堵塞，然后通过水标观察水位是否过低，再检查水泵是否工作，最后检查相关线路是否有问题。澳柯玛 AKTS - L5（Y）型空调扇电气原理如图 4-76 所示。

故障换修处理：实际维修中因水泵连接线路脱落从而导致此故障，重新连接线路即可。

（二）机型现象：澳柯玛 AKTS - L5（Y）型空调扇机内有异响

检测修理：对于此类故障首先检查机内是否有杂物，然后检查风轮是否松动，再检查电动机是否有故障。

故障换修处理：实际维修中因风轮松动从而导致此故障，重新调整风轮即可。

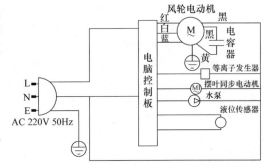

图 4-76　澳柯玛AKTS - L5（Y）型空调扇电气原理

（三）机型现象：澳柯玛 AKTS -L9（Y）型空调扇不能上水

检测修理：对于此类故障首先检查硅胶导水管是否折弯堵塞，然后检查水泵同步电动机是否遇到"死点"，再检查水泵水门芯是否漏气，最后检查控制板是否有问题。澳柯玛 AKTS - L9（Y）型空调扇电气原理如图 4-77 所示。

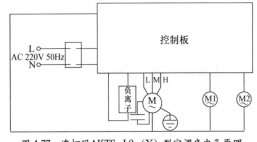

图 4-77　澳柯玛AKTS - L9（Y）型空调扇电气原理

故障换修处理：实际维修中因硅胶导水管折弯堵塞从而导致此故障，将水管弄直或更换水管即可。

（四）机型现象：富士宝 FB-1000 型遥控空调扇按制冷键后指示灯 LED10 点亮，但不制冷

检测修理：对于此类故障首先检测 IC2 ⑪脚是否有低电平输出，然后检测 M3 两端 AC 220V 电压是否正常，再检查 T1 是否有问题，最后检查 M3 是否烧坏（M3 两端正常电阻器为 8.2kΩ）。

故障换修处理：实际维修中因 M3 烧坏（测 M3 两端电阻器为 0Ω）从而导致此故障，更换 M3（TYC50-4/5 型，220V、4W、5r/min 不定向永磁同步电动机）后故障即可排除。空调扇只吹微弱冷风，一般是进风口有异物堵塞所致，将异物清除后即可。

（五）机型现象：**富士宝 FB-1000 型遥控空调扇通电后指示灯不亮，整机不能工作**

检测修理：对于此类故障首先用万用表检测接线器 CT 两触点 AC 220V 是否正常，然后检测译码控制集成电路 IC2（BA8207BA4KS）⑯脚对地直流电压是否为正常值 5V，再检查 FU 是否熔断，最后检查直流电源电路中 C4~C8、R12、R11、R21、D1、ZD1 等元器件是否有问题。直流电源电路部分截图如图 4-78 所示。

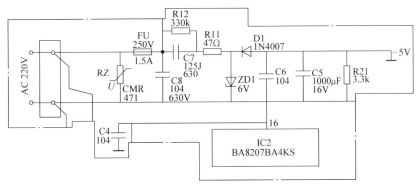

图 4-78　直流电源电路部分截图

故障换修处理：实际维修中因 C5 击穿短路造成 FU 烧断、IC2 ⑯脚无电压从而导致此故障。更换 FU（250V/1.5A）、C5（1000μF/16V）后故障即可排除。

（六）机型现象：**格力 FB-40B1 型多功能遥控台扇通电后电风扇不运转，所有按键失效**

检测修理：对于此类故障首先用万用表检测单片机 BA8207K ⑰、㉑脚是否有 5V 电压，然后检查电源电路中 D3、C1~C4、R4、R5、R2、D1、D2 等元器件是否有问题，再检查单片机 BA8207K ⑲、⑳脚外接晶体振荡器是否良好（可代换晶体振荡器看故障是否消失），最后检查单片机 BA8207K 本身是否有问题。电源电路相关电路截图如图 4-79 所示，220V 市电经 R1、R2 限流，C1 降压，D1、D2 整流，C2、R4、R5、C3、C4 滤波，D3 稳压后，得到 5V 直流电压，作为单片机 BA8207K 和红外线接收头及相关指示电路的工作电源。

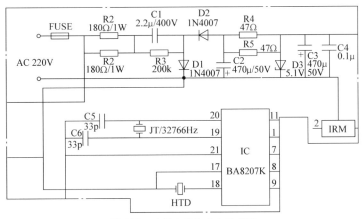

图 4-79　电源电路相关电路截图

故障换修处理：实际维修中因电源电路稳压二极管 D3 击穿造成无 5V 电压使单片机失去电源从而导致此故障，更换 D3 后故障即可排除。

（七）机型现象：**格力 FB-40B1 型多功能遥控台扇有些功能失效**

检测修理：对于此类故障首先检查面板按键接触是否良好，然后检查双向晶闸管是否存在开路或电风扇电动机是否损坏（可按下开 / 关键时测单片机⑮脚应输出高电平以触发控制中档风的双向晶闸管导通，若该引脚已输出高电平，则说明晶闸管开路损坏或电风扇电动机损坏)，再检查单片机或对应的双向晶闸管是否损坏（可按下"水平摇头"键或"垂直、俯仰角控制"键后，单片机对应的⑬或⑫脚应输出低电平，且相应的指示灯 LD13 或 LD14 应点亮，若不亮，则说明问题出在单片机或对应的双向晶闸管上）。双向晶闸管相关电路截图如图 4-80 所示。

故障换修处理：实际维修中因双向晶闸管 BCR 开路损坏从而导致此故障，更换双向晶闸管后故障即可排除。

（八）机型现象：格力 KYSK-30B 型转页扇按遥控键电风扇不工作，但手动操作正常

检测修理：对于此类故障首先检查电池 GB 是

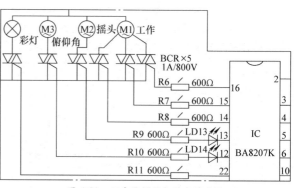

图 4-80 双向晶闸管相关电路截图

否无电或与簧片接触不良，然后检查 C2 是否漏电，再检查 BA5101 是否损坏，最后检查 VT1 是否损坏。可用万用表 dB 档在按遥控键时测单片机 IC1（BA5101）⑩脚观察表针是否有明显摆动，若表针不动或摆幅较小，可能是电池 GB 无电或簧片接触不良、C2 漏电；若表针摆动正常，则可能是 VT1 是损坏、R2 开焊、发射器开路。发射器电路如图 4-81 所示。

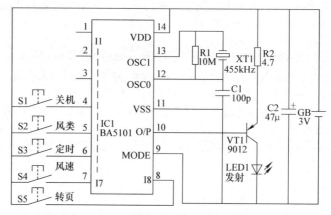

图 4-81 发射器电路

故障换修处理：实际维修中因 VT1 损坏从而导致此故障。更换 VT1 故障即可排除。

（九）机型现象：格力 KYSK-30 型落地转叶扇主电动机不运转

检测修理：对于此类故障首先检查电容器是否开路，然后检查供电线路是否有问题（测电动机的供电端有无电压），再检查电动机是否异常。格力 KYSK-30 型电风扇电路由主电动机电路和导风电路两部分构成，如图 4-82 所示。

故障换修处理：实际维修中因运行电容器开路从而导致此故障，更换运行电容器故障即可排除。对于两个电动机都不运转的主要原因是市电供电线路开路（首先测市电插座有无市电电压，若没有，检查插座及线路；若有，则需要检查电风扇内部线路）；对于导风电动机不转的主要原因是导风开关 S5 开路或导风电动机 M2 异常；对于电动机转速慢的主要原因是运行电容器容量减少或电动机轴异常。

（十）机型现象：格力 KYTA-30B 型遥控转页扇通电后电风扇不起动

检测修理：对于此类故障首先检测电容器 C3 两端是否有 5V 电压，然后检查 FU 是否熔断，再检查 R1~R7、C1~C4、VD1~VD3 等元器件是否有问题。电源电路部分截图如图 4-83 所示，220V 交流电源经熔断器 FU、电阻 R1~R4 限流保护，阻容 R5、C1 降压后，由二极管 VD1、VD2 整流，C2~C4、VD3 等元器件滤波稳压后，得 −5V 直流电压，供给整机使用。

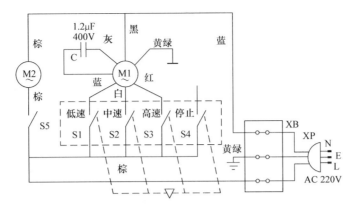

图 4-82　格力 KYSK-30 型电风扇电路

XP—带接地电源插头　XB—电源接线器　S1~S4—互锁式琴键开关　S5—自锁式导风轮开关
M1—风扇电动机（主电动机）　C—起动电容器　M2—同步电动机（导风电动机）

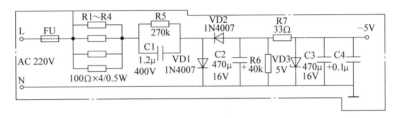

图 4-83　电源电路部分截图

故障换修处理：实际维修中因 R1~R4 损坏造成 220V 供电中断从而导致此故障，更换 R1~R4 故障即可排除。

（十一）机型现象：格力 KYZT-30B 型转页扇按下控制键后转页轮不转

检测修理：对于此类故障首先按遥控或手动"转页"键测 BA3106 ⑪脚有无高电平控制信号输出，然后检查 BA3106 内部转页控制电路是否有问题，再检查 R17（470Ω）是否脱焊开路、双向晶闸管 VS4 是否损坏，最后检查转页电动机 M2 是否不良。转页控制电路部分截图如图 4-84 所示。

故障换修处理：实际维修中因双向晶闸管 VS4 损坏从而导致此故障，更换 VS4 故障即可排除。转页轮飞转不停，通常是固定转页轮的卡簧未卡好或转页轮帽盖未装好，使转页轮未卡到位，经风吹后引起飞转；转页轮抖动，可能是转页同步电动机内部断齿造成的，应更换电动机 M2。

（十二）机型现象：格力 KYZT-30B 型转页扇通电后整机不工作，指示灯不亮，也无蜂鸣器声

检测修理：对于此类故障首先检测 BA3106 ⑤、⑮脚间 −5V 电压是否正常，然后检查电源电路中熔丝 FU、限流电阻器 R3~R6 及 R9、降压电容器 C3、整流管 VD1 及 VD2、稳压二极管 VD3 及电源滤波电容器是否有问题，再检查 XT2（32.768kHz）是否良好（可检测 BA3106 ⑯、⑰脚电压均约为 −2.5V，若为 0V 或无穷大，则说明时钟停振，可更换 XT2），最后检查电风扇控制芯片 BA3106 是否损坏。电源电路部分截图如图 4-85 所示。

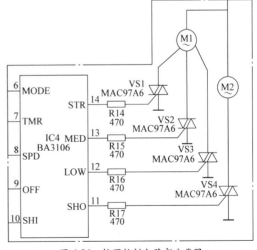

图 4-84　转页控制电路部分截图

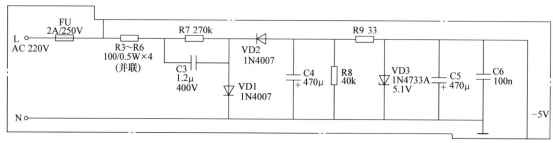

图 4-85　电源电路部分截图

故障换修处理：实际维修中因 VD3 损坏从而导致此故障，更换 VD3 后故障即可排除。

（十三）机型现象：家乐牌 14A 型冷暖空调扇按下 K1、K2 开关后不能制冷，但 LED 指示灯及送风正常

检测修理：对于此类故障首先检查水箱内的水位是否在最高指示灯线内，然后检测 PN 是否正常（PN 正常阻值约为 2.8Ω），再检查 FU3 是否良好、C1 两端电压是否正常，最后检查变压器 T 是否有问题。

故障换修处理：实际维修中因 T 的一次绕组断路（原扇 T 约为 10W）造成 C1 无电压从而导致此故障，用 30W 二次侧输出 9V 变压器更换后故障即可排除。该机制冷电路由开关 K1（制冷）、电源变压器（T）、半导体制冷片（PN）等组成，当按下 K1 时，制冷显示 LED 绿灯亮，T 二次侧输出 9V 电压，经 QL 桥式整流，C1、C2 滤波后，输出稳定的 12V 直流电为 PN 制冷提供条件。

（十四）机型现象：家乐牌 14A 型冷暖空调扇按下 K4 后不制热，但 LED 红灯亮

检测修理：对于此类故障首先检测 ST（温度控制器）的阻值是否正常，然后检查 PTC1、PTC2 的阻值是否正常，再检查开关 K4 是否有问题，最后检查电动机 M3 是否有问题。家乐牌 14A 型冷暖空调扇电路如图 4-86 所示。

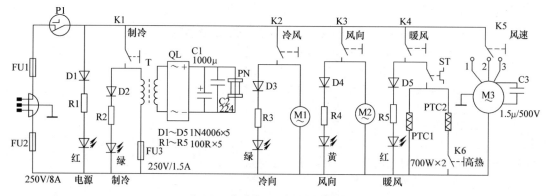

图 4-86　家乐牌14A型冷暖空调扇电路

故障换修处理：实际维修中因 ST 损坏（测其阻值为无穷大）从而导致此故障，更换 ST 后故障即可排除。制暖电路由 K4（暖风）、ST（温度控制器）、PTC1/PTC2（陶瓷发热片）及高热开关 K6 等组成，当按下 K4 时，暖风指示 LED 红色灯亮，PTC1 通电发热，电动机 M3 起动工作，送出暖风，按下 K6，PTC1、PTC2 共同发热，并送出强热风。

（十五）机型现象：美的 FS40-6G 型落地扇通电后按下琴键开关 1~3 档后电风扇不运转

检测修理：对于此类故障首先检查热熔断器 FU 是否熔断，然后检查双位接线器、定时器 PT、琴键开关 SA 是否有问题，再用万用表测电风扇电动机起动电容器是否正常，最后检测电动机的起动绕组和运行绕组是否正常（测量灰、白线间电阻器是否正常，若阻值正常则电动机绕组正常）。落地扇电风扇电动机及控制电路如图 4-87 所示。

故障换修处理：实际维修中因热熔断器 FU 损坏造成蓝、灰（粗线）两线间电阻阻值为无穷大（正常值应相通）从而导致此故障。更换 FU 后故障即可排除。

（十六）机型现象：美的 KYT2-25 型转页式台扇电风扇运转时转时停

检测修理：对于此类故障首先检查定时开关触点是否接触良好，然后检查安全开关触片与钢珠是否接触良好，再检查调速开关是否失灵。美的 KYT2-25 型转页式台扇电气接线如图 4-88 所示。

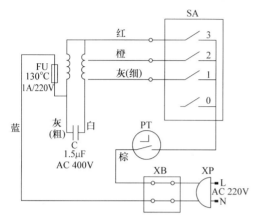

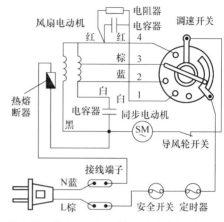

图 4-87　美的 FS40-6G 型落地扇电风扇电动机及控制电路图　　图 4-88　美的 KYT2-25 型转页式台扇电气接线图

故障换修处理：实际维修中因调速开关触点变形而使接触状态变差，有时可引起某档位不工作从而导致此故障。修复或更换调速开关故障即可排除。

（十七）机型现象：先锋牌 FK-L22/R 型空调扇通电后有"嘀"声，但按开机键空调扇无反应

检测修理：对于此类故障首先检测输入、输出电压是否正常，然后检查按键是否有问题，再检查电动机与起动电容器是否有问题，最后检查单片机、滤波电容器、输出晶闸管是否有问题。

故障换修处理：实际维修中因按键漏电从而导致此故障，修复或更换按键即可。"风向"选择档上的红色 LED 指示灯不良也会导致此故障。

（十八）机型现象：先锋牌 FK-N02 型冷暖空调扇按下风速开关后风速电动机不能转动

检测修理：对于此类故障首先检查风速档位内部是否存在触点氧化，然后检查电动机是否有问题，再检查起动电容器 C2 是否失效。先锋牌 FK-N02 型冷暖空调扇电路如图 4-89 所示。

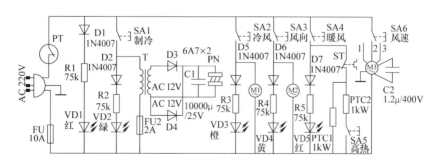

图 4-89　先锋牌 FK-N02 型冷暖空调扇电路

故障换修处理：实际维修中因档位内部触点氧化造成接触不良从而导致此故障。清洁触点后故障即可排除。将 SA6（风速）依次置于"1"、"2"、"3"档，若仅其中某一档不转，说明电动机 M3 正常，故障为该档内部触点氧化；若三档均不转，通常为起动电容器 C2 失效或电动机 M3 损坏。

（十九）机型现象：**先锋牌 FK-N02 型冷暖空调扇按下开关后指示灯亮，但风向不能摆动**

检测修理：对于此类故障首先检查纵向导风板的连杆是否脱落而引起不摆动，然后检测电动机 M2 阻值是否为 9~10kΩ，再检查电动机是否损坏。

故障换修处理：实际维修中因纵向导风板的连杆是否脱落从而导致此故障。将连杆重新装入轴套内，用销钉卡牢即可。

（二十）机型现象：**先锋牌 FK-N02 型冷暖空调扇按下制冷开关后不能制冷，但指示灯与送风正常**

检测修理：对于此类故障首先检查水箱水量是否足够，然后检查电源熔丝 FU2 是否熔断、变压器 T 是否有问题（二次侧是否有交流电压输出、一次侧与二次侧插接端子是否氧化或脱落），再检查 D3、D4、C1 是否击穿，最后检查制冷片 PN 是否损坏。

故障换修处理：实际维修中因制冷片 PN 损坏（PN 电阻值正常时为 2.5~3Ω）从而导致此故障。用型号为 FP12707 的制冷片将其更换，故障即可排除。

（二十一）**联创 DF-4168 型飘香氧吧电风扇立体送风时有"嘶嘶"声**

该故障是由于后网与电动机前罩相碰，因电动机下倾后共振发出声音。只要在后网与前罩之间加垫一软质橡胶片即可消除。建议厂家设计时，将电动机前罩面部设计成硬塑料嵌入软橡胶的形式，以消除硬碰硬产生的共振声，降低风扇的噪声。

（二十二）**联创 DF-4168 型飘香氧吧电风扇无负离子发生**

负离子产生时，闻负离子出口有轻微的臭氧气味，用耳贴近能听到细细的"嗞嗞"声，如没有一点气味，也没有"嗞嗞"声，且指示灯 LED13 没亮，则说明负离子发生器没有工作，检查时应重点检查 IC1 ㉒脚有无触发信号输出、TR6 是否损坏。

（二十三）**联创 DF-4168 型飘香氧吧电风扇整机不工作**

若手控、遥控整机均不工作，首先检查 +5V 电源是否正常，若电源不正常，则检查 C2、R3、C1 和 TNR1；若电源正常，则重点检查 IC1 和外围 CX1。一般情况下，IC 损坏较少见，大多是由于 CX1 损坏所致，更换即可。

若手控正常，遥控不工作，则可能是遥控接收器和发射器损坏所致。重点检测 IC1 的 ㉒脚和遥控器的 ⑫脚外接 CX2、Q1 及 LED14。一般情况下，Q1 损坏、CX2 损坏的情况较为常见。更换同型号元器件即可。

三、学后回顾

通过以上电风扇维修面对面的学习，除掌握具体机型典型故障维修技能外，还应掌握电风扇的常见通病及解决方法，以备日后实际维修中借鉴：

1）美的 AC120-D 型空调扇不能摆风，其通病原因是摆风的电动机和叶片相连的传动轴脱落。将连杆重新装入轴套内，用销钉卡牢即可。

2）先锋牌 FK-N02 型空调扇通电按下风向开关，空调扇风向摆叶不能摆动，其通病原因是摆叶电动机损坏（测量摆叶电动机 M2 阻值为无穷大，正常阻值为 9~10kΩ），更换摆叶电动机后故障排除。

3）先锋牌 FK-N02 型冷暖空调扇出现按下暖风开关后不能制热、指示灯亮故障，其通病原因为发热电路相关元器件损坏，先检查温控器 ST 是否开路（常温下测 ST 正常时值接近于 0Ω），其次是 PTC1、PTC2 是否开路。更换损坏件后故障即可排除。

4）家乐牌 14A 型冷暖空调扇出现按下 K3，LED 亮，但风向不能摆动的故障，其通病原因是导风板的连杆脱落，将连杆装入轴套并紧固，风向摆动恢复正常。

5）富士宝 FB-1000 型遥控空调扇出现电动机运转不停，按开 / 关键失效的故障，其通病原因是电风扇电动机控制电路中双向晶闸管 T3 不良所致，更换 T3（BT132 或 MAC97AG）后故障即可排除。

6）格力 KYSI-30B 型转页扇出现遥控功能失效，其通病原因是主电路板上红外接收头虚焊或不良所致，更换接收头即可。

第23天　饮水机维修实训面对面

一、学习目标

1）今天重点介绍饮水机的典型故障现象、故障检修方法、关键测试数据、故障部位及故障元器件。

2）通过今天的学习，应掌握饮水机出现故障现象的特点，并根据故障现象作出故障判断。

3）通过今天的学习，要达到通过观察饮水机的故障现象并进行关键数据的测试，就能准确判断故障部位与故障元器件的目的。

二、面对面学

（一）机型现象：安吉尔16LK-X型饮水机水不热

检测修理：对于此类故障首先检查加热电路是否存在断路 [可用万用表测电源插头 L 脚、N 脚，闭合 SB 后回路电阻（即 EH 电阻）约 97Ω 为正常]，然后检查熔丝 FU1 是否熔断，再检查加热开关 SB、88℃ 加热温控器 ST1、95℃ 保护温控器 ST2 是否有问题，最后检查 500W 电热管 EH 是否正常。加热电路部分截图如图 4-90 所示。

故障换修处理：实际维修中因热罐曾无水干烧引起保护温控器 ST2 已动作保护从而导致此故障。插入瓶装水后，按热水龙头待有水流出后，方可通电。

（二）机型现象：安吉尔16LK-X型饮水机无臭氧消毒，消毒指示灯LED3亮

检测修理：对于此类故障首先检查臭氧放电管 O₃ 是否良好，然后检查单向晶闸管 VS（BT169D）是否良好（可用万用表判别，其引脚排列为型号面自左至右分别为 K、G、A，用 R×1 挡测量，黑表笔接 A 极，红表笔接 K 极，电阻值为无穷大；再将 G 极与 A 极碰触后即离开，A 极、K 极间有较大的电阻值，并保持不变，说明该管是好的），再检查 C1、VD4~VD7、R5、R6、C2、T 等元器件是否有问题。臭氧发生电路截图如图 4-91 所示。

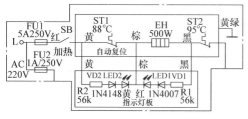

图4-90　加热相关电路截图

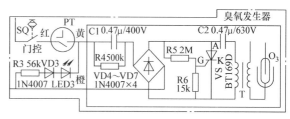

图4-91　臭氧发生电路截图

故障换修处理：实际维修中因晶闸管 VS 击穿从而导致此故障，更换 VS 后故障即可排除。BT169D 损坏后也可用其他牌号参数为 1A/600V 的单向晶闸管更换。

（三）机型现象：冠庭GT-5221C型饮水机不加热

检测修理：对于此类故障首先检查发热管 EH 是否损坏，然后检查 R18、R19 是否良好，再检查 C8 是否损坏及 VT3、VD4 是否良好，最后检查继电器 K3（HM808F 型、8A/250V）是否有问题。加热控制相关电路如图 4-92 所示。

故障换修处理：实际维修中因 K3-1 触点严重烧蚀不导通，导致发热管 EH 没有工作电源从而导致此故障。更换 K3 后故障即可排除。

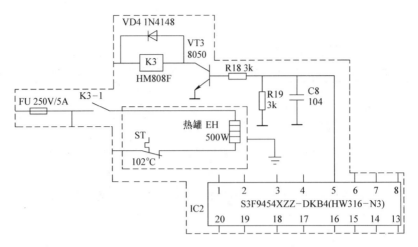

图 4-92 加热控制相关电路

（四）机型现象：冠庭 GT-5221C 型饮水机不制冷

检测修理：对于此类故障首先拔出插接件 XB2 用万用表测量 RT1 的阻值是否为 10kΩ，然后检测 IC2（S3F9454XZZ-DKB4）的⑥脚电压是否为正常值 +5V，再检查制冷控制电路中 R14、R15、C9、VT1、K1、VD2 等元器件是否有问题。制冷控制相关电路截图如图 4-93 所示。

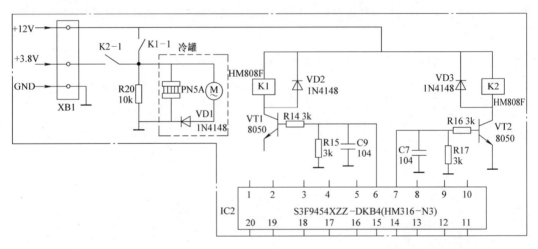

图 4-93 制冷控制相关电路截图

故障换修处理：实际维修中因 VT1（8050）的 b-c 结击穿，引发 K1 不吸合，PN 及 M 没有工作电源从而导致此故障。更换 VT1 后故障即可排除。S3F9454XZZ-DKB4 厂家贴纸代码是 HM316-N3，该芯片为 20 引脚双列直插式 PDIP 结构。

（五）机型现象：康健牌 QC-8 型消毒 / 饮水器，按下电源开关 K1 后电源指示灯不亮，整机不工作

检测修理：对于此类故障首先检查超温熔丝管 FU（250V/10A、165℃）是否熔断，然后检查 K1 是否良好，再检查 R1、D1 是否有问题，最后检查温控器 ST1~ST3 和发热管 RL1、RL2 的插件端子内部有无短路故障。康健牌 QC-8 型消毒 / 饮水器电路如图 4-94 所示。

故障换修处理：实际维修中因防干烧温控器 ST2 短路造成 FU 熔断从而导致此故障。更换 ST2 与 FU 后故障即可排除。该机按下电源开关 K1 后，市电经温度熔丝管 FU → K1 → R1 → D1、电源指示灯 LED 1（绿色）、防干烧温控器 ST2 形成回路，电源指示灯亮。

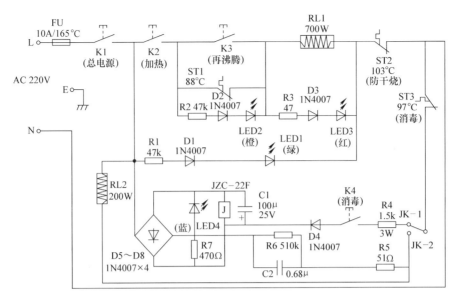

图 4-94　康健牌QC-8型消毒/饮水器电路

（六）机型现象：康健牌 QC-8 型消毒 / 饮水器按下 K4 后，石英电热管不亮

检测修理：对于此类故障首先检查消毒开关 K4 是否良好，然后检查继电器 J 常闭触点 JK-1 是否氧化不通，再检查石英电热管 RL2 的接头氧化松动，最后检查石英电热管内部烧断（正常情况下 RL2 的阻值为 200~240Ω）。

故障换修处理：实际维修中因继电器 J 常闭触点 JK-1 不通从而导致此故障。换用 JZC-22F/15A、DC12V 的继电器故障即可排除。

（七）机型现象：沁园 QY03-1ALL 型饮水机加热、制冷工作正常，但指示灯不亮

检测修理：对于此类故障首先检查 R1、R2 是否存在断路，然后检查 VD1~VD3 是否良好，再检查 LED1~LED3 是否烧坏或引线接头是否松脱。

故障换修处理：实际维修中因电阻器 R1 烧坏从而导致此故障，更换 R1 故障即可排除。

（八）机型现象：沁园 QY03-1ALL 型饮水机开机指示灯不亮，整机不工作

检测修理：对于此类故障首先检查供电是否正常（如检查电源插头与电源插座的接触情况和机内电源接线器螺钉有无松动、引线是否脱落等），然后检查加热电源开关是否损坏，再检查 FU1、FU2 是否熔断等。

故障换修处理：实际维修中因 FU2 内部开路从而导致此故障。更换 FU2 后故障即可排除。

（九）机型现象：沁园 QY03-1ALL 型直饮水机闭合 S1，LED1、LED2 均亮，但不加热

检测修理：对于此类故障首先检查加热开关 S1 是否良好，然后检查温控器 ST1 是否有问题，再检查加热器 EH（500W）引脚是否松动或氧化，最后检查加热器 EH 是否烧坏（可用万用表测量 EH 阻值是否为正常值 97Ω，若为无穷大，说明其烧坏）。沁园 QY03-1ALL 型饮水机电路原理如图 4-95 所示，通电并闭合加热开关 S1，220V 市电经接线器 XB（FU1）、S1、保护温控器 ST2、加热器 EH（500W）、加热温控器 ST1、接线器 XB（FU2）构成加热 / 保温电路，EH 得电加热使热罐升温，同时加热指示灯 LED1 点亮，指示电路进入加热状态。

故障换修处理：实际维修中因加热器 EH 烧坏从而导致此故障。更换 EH 后故障即可排除。

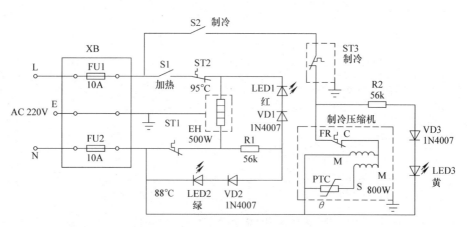

图 4-95　沁园QY03-1ALL型直饮水机电路原理图

（十）机型现象：沁园 QY03-1ALL 型直饮水机不制冷，制冷指示灯亮

检测修理：对于此类故障首先检查过载保护器 FR 是否损坏，然后检查 PTC 启动器是否烧坏，再检查压缩机电动机 M 是否损坏（可用万用表测量 C-S 电阻器是否为 42Ω，C-M 电阻器是否为 14Ω，若其中一组电阻值为无穷大，则说明 M 损坏）。

故障换修处理：实际维修中因 PTC 损坏从而导致此故障。更换 PTC 后故障即可排除。

三、学后回顾

通过以上饮水机维修面对面的学习，除掌握具体机型典型故障维修技能外，还应掌握饮水机的常见通病及解决方法，以备日后实际维修中借鉴：

1）安吉尔 16LK-X 型饮水机出现定时器转动定时器后不能计时故障，其通病原因是齿轮缺油不转、发条脱落或折断。前者可向齿轮轴承适量注油，发条脱落后重新挂好，发条折断可选用 DFJ -30 型 220V/1.6A 发条式定时器更换。

2）安吉尔 16LK-X 型饮水机出现臭氧消毒效果差故障，其原因是臭氧放电管 O_3 老化所致。正常的放电管"嗞嗞"声很响，且辉蓝光较明亮，换上新的放电管后效果很好。

3）康健牌 QC-8 型消毒 / 饮水器出现能加热，但加热时间明显缩短、水不能烧开的故障，其原因是加热温控器 ST1 不良。可拆下 SD1，用 KDS-301（250V 、5A、88℃ +2℃）凸跳式温控器进行更换即可。

4）康健牌 QC-8 型消毒 / 饮水器出现按下 K1 后不能加热，但电源与加热指示灯亮故障，其原因是加热管 RL1 的引脚接插端子是否严重氧化或松动、RL1 内部断路所致（RL1 的正常阻值在 63~73Ω），用同规格电热管更换即可。

第24天　吸油烟机维修实训面对面

一、学习目标

1）今天重点介绍吸油烟机的典型故障现象、故障检修方法、关键测试数据、故障部位及故障元器件。

2）通过今天的学习，应掌握吸油烟机出现故障现象的特点，并根据故障现象作出故障判断。

3）通过今天的学习，要达到通过观察吸油烟机的故障现象并进行关键数据的测试，就能准确判断故障部位与故障元器件的目的。

二、面对面学

（一）机型现象：方太 CXW-139-Q8x 型吸油烟机开机后电动机转速时高时低

检测修理：对于此类故障首先检测 +12V、+5V 电压是否稳定，然后检测 IC3 ⑩、⑪ 脚是否输出稳定的电压、IC3 工作是否正常，再检查控制晶体管 V4、V3 性能是否良好，最后检查继电器 K1、K2 是否良好。控制电路相关部分截图如图 4-96 所示。

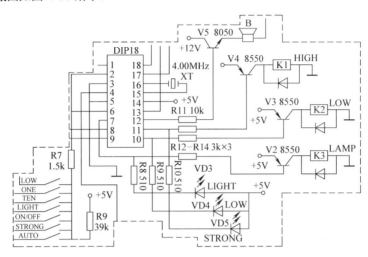

图 4-96　控制电路相关部分截图

故障换修处理：实际维修中因 IC3 外围晶体振荡器 XT（4MHz）内部失效从而导致此故障，更换晶体振荡器 XT 故障即可排除。IC3 正常工作的基本条件：⑭脚 +5V 电压、④脚复位电压、⑮、⑯脚外接晶体振荡器 XT（4MHz）及②脚外挂的轻触键等均正常。

（二）机型现象：方太 CXW-139-Q8x 型吸油烟机开机后显示屏亮，但电动机不转

检测修理：对于此类故障首先检查熔丝管 FU 是否熔断，然后检查压敏电阻器 RN 是否烧坏，再检查继电器 K1~K3 触点是否良好，最后检查电动机 M 本身是否有问题。电动机电路相关部分截图如图 4-97 所示。

故障换修处理：实际维修中因压敏电阻器 RN 烧坏、熔丝管 FU 熔断而导致此故障。更换成 280V 压敏电阻器后，装上 2A 熔丝管，通电并进行设置后故障排除。

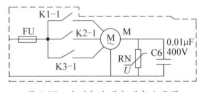

图 4-97　电动机电路相关部分截图

（三）机型现象：方太 CXW-150-B2 系列深吸机械控制型吸油烟机通电后不能高速运行，但低速运行正常

检测修理：对于此类故障首先检查快速控制开关是否异常，然后检查运行电容器 C 容量是否不足，再检查电动机是否有问题。按下快速键，用万用表的交流电压档测量电动机的高速运行端子有无供电，若有，检查运行电容器 C 和电动机；若没有，则检查快速开关。

故障换修处理：实际维修中因快速控制开关不良从而导致此故障，修复或更换快速控制开关故障即可排除。运行电容器 C 容量不足时，会导致电动机能低速运转，但不能高速运转的故障。不能低速运转时，则不需要检查起动电容器。

（四）机型现象：方太 CXW-150-B2 系列深吸机械控制型吸油烟机通电后电风扇不转，照灯也不亮

检测修理：对于此类故障首先检测插座的市电电压是否正常，然后检查 FU 是否熔断，再检查照明灯是否有问题，最后检查电动机和运行电容器是否正常。方太 CXW-150-B2 系列深吸机械控制型吸油烟机电路如图 4-98 所示，由可变速电风扇电动机、运行电容、熔断器 FU 以及照明灯、琴键开关（组合开关）为核心构成。

故障换修处理：实际维修中因熔断器 FU 熔断从而导致此故障，更换 FU 后故障即可排除。

（五）机型现象：方太 CXW-150-B2 系列深吸机械控制型吸油烟机通电后照明灯亮，但电动机不运转

检测修理：对于此类故障首先检测电动机是否有问题异常，再检查运行电容器 C 容量是否不足或开路。

故障换修处理：实际维修中因运行电容器开路从而导致此故障。更换运行电容器故障即可排除。

（六）机型现象：方太 CXW-200-JQ03T 型吸油烟机吸力不强

检测修理：对于此类故障首先检查吸油烟机与灶面的安装距离是否太大，然后检查出烟口方向是否选择不当或有障碍物阻挡、厨房空气是否对流太大或密封过严，再检查排气管道接口是否严重漏气，最后检查电动机是否有问题。方太 CXW-200-JQ03T 型吸油烟机电气接线如图 4-99 所示。

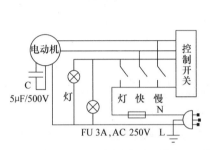 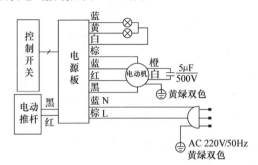

图 4-98 方太CXW-150-B2系列深吸机械控制型吸油烟机电路　　图 4-99 方太CXW-200-JQ03T型吸油烟机电气接线图

故障换修处理：实际维修中因排气管道接口严重漏气从而导致此故障，将管道接口漏气处密封好。

（七）机型现象：海尔 CXW-200-C1 型侧吸式油烟机通电后照明灯亮，但电动机不运转

检测修理：对于此类故障首先检查电容器是否插接不牢或损坏，然后检查琴键开关是否损坏，再检查电动机的接线端子是否接触良好，最后检查电动机是否损坏。

故障换修处理：实际维修中因电动机的接线端子接触不良从而导致此故障。将电动机的接线端子插牢故障即可排除。

（八）机型现象：海尔 CXW-200-C1 型侧吸式油烟机吸力不强

检测修理：对于此类故障首先检查安装是否过高、使用空间对流太大或门窗关闭不能换气，然后检查排风管出口是否受到阻力或止逆阀叶片被卡住，再检查过滤网是否脏污，最后检查电动机转速是否过低（电动机或电容器异常）。

故障换修处理：实际维修中因过滤网被油黏住、转速减慢从而导致此故障。清洗过滤网故障即可排除。

（九）机型现象：华帝 CXW-200-204E 型吸油烟机通电后电动机不转，但有"哒、哒"声发出

检测修理：对于此类故障首先用万用表测量电源变压器 T1 二次电压是否为 AC 16V，然后检测滤波电解电容器 C6 两端电压是否为 12V，再检查继电器是否有问题。华帝 CXW-200-204E 型吸油烟机电路如图 4-100 所示。

故障换修处理：实际维修中因电容器 C6 严重漏电（测两端电压偏低为 8V），导致电源负载加重，输出电压下降，不能满足继电器正常工作的需要从而导致此故障。更换一只优质 1000μF/25V 电解电容器后故障即可排除。该机电源供电过程如下：AC 220V 市电从接插件 CN4 输入→FU1、FU2、ZNR→抗干扰电容器 C5→变压器 T1，降压变成 AC 15V 电压→D1~D4 整流→C6、C2 滤波后变成 +12V 电压，然后分两路：第一路→U2 稳压成 +5V→C7、C4、C3、R21 滤波→U1 单片机、键控及显示电路等使用；第二路 +12V 电压→继电器 RLY1~RLY3 和蜂鸣器 BUZ1 等使用。

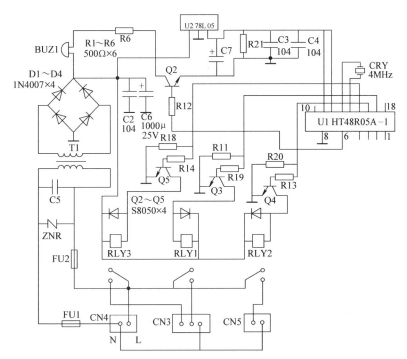

图 4-100　华帝CXW-200-204E型吸油烟机电路

（十）机型现象：华帝 CXW-200-204E 型吸油烟机照明灯不亮

检测修理：对于此类故障首先检查灯泡是否有问题，然后检测 U1（CPU/HA48R05A-1）⑯脚输出电压是否正常，再检查继电器 Y2、Q4、R13 等元器件是否有问题。照明灯供电及控制电路相关部分截图如图 4-101 所示，按下照明灯键，U1⑯脚发出高电平点灯脉冲信号，经 R13 使 Q4 导通，继电器 Y2 吸合，照明灯点亮；反之，按下照明灯或关机键，U1⑯脚输出低电平，Q4 截止，照明灯熄灭。

故障换修处理：实际维修中因继电器 Y2 损坏从而导致此故障，更换继电器 Y2 即可。

（十一）机型现象：林内 CXW-220-JSE 型吸油烟机通电后电动机不工作，但照明灯点亮

检测修理：对于此类故障首先检查叶轮是否被卡阻，然后检查电容器是否损坏，再检查电动机是否损坏，最后检查电路板是否有问题。林内 CXW-220-JSE 型吸油烟机电气接线如图 4-102 所示。

故障换修处理：实际维修中因叶轮被卡阻从而导致此故障，排除叶轮卡阻故障即可。

（十二）机型现象：林内 CXW-220-JSE 型吸油烟机吸油烟效果差

检测修理：对于此类故障首先检查主机安装是否过高，然后检查止回板是否未完全打开，再检查门窗是否通风太大，最后检查油网油污是否过多。

故障换修处理：实际维修中因止回板未完全打开从而导致此故障，清除止回板处油污即可。

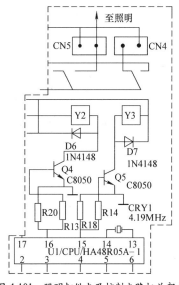

图 4-101　照明灯供电及控制电路相关部分

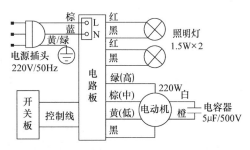

图 4-102　林内CXW-220-JSE型吸油烟机电气接线

（十三）机型现象：帅康 CXW-220-T928 型吸油烟机工作时有较大噪声

检测修理：对于此类故障首先检查是否装置不妥使风叶松动而碰到风框产生异常声音，然后检查风叶是否变形不平稳，再检电动机轴承是否严重磨损，最后检查电动机装置是否良好。帅康 CXW-220-T928 型吸油烟机电气接线如图 4-103 所示。

故障换修处理：实际维修中因风叶变形从而导致此故障。校对风叶，调风叶的动、静平衡即可。

三、学后回顾

通过以上吸油烟机维修面对面的学习，除掌握具体机型典型故障维修技能外，还应掌握吸油烟机的常见通病及解决方法，以备日后实际维修中借鉴：

1）油烟机出现电动机起动困难或不起动故障，其原因多是电动机起动电容器漏电或失效所致。更换起动电容器即可。

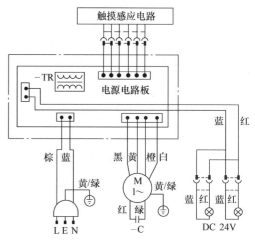

图 4-103　帅康 CXW-220-T928 型吸油烟机电气接线

2）美的 CXW-220-DJ02 型吸油烟机出现按键失效，但多按几下 LED 灯能打开，无法关闭按键无功能故障，其通病原因是按键小板有问题，更换按键小板故障即可排除。

3）帅康吸油烟机出现吸油烟效果差故障，其通病原因是吸风通路被油污堵塞，清除油污即可。

第25天　电水壶（电热水瓶、电开水器）维修实训面对面

一、学习目标

1）今天重点介绍电水壶（电热水瓶、电开水器）的典型故障现象、故障检修方法、关键测试数据、故障部位及故障元器件。

2）通过今天的学习，应掌握电水壶（电热水瓶、电开水器）出现故障现象的特点，并根据故障现象作出故障判断。

3）通过今天的学习，要达到通过观察电水壶（电热水瓶、电开水器）的故障现象并进行关键数据的测试，就能准确判断故障部位与故障元器件的目的。

二、面对面学

（一）机型现象：富丽宝 PZD-668 型电热水瓶不出水，按 S1 或 S2 均无反应

检测修理：对于此类故障首先检查出水开关 S1、S2（S1 装于上操作板上，S2 装于出水口附近）是否良好，然后检测 CN1 相关引脚电压是否正常，再检查 D3~D6 是否有问题，最后检查 12V 直流电动机 M 是否有问题。富丽宝 PZD-668 型电热水瓶电路原理截图如图 4-104 所示，当按动 S1 时，220V 市电经 S1（或 S2），CN1 的③脚、②脚及温度熔丝 BX、发热体 R 的①~③端加至 D3~D6 组成的桥式整流电路，整流后电压经 C4 滤波后送给 12V 直流电动机 M，由 M 带动微型水泵将瓶中的开水泵送至出水口。

故障换修处理：实际维修中因 12V 直流电动机 M 损坏从而导致此故障，更换 12V 直流电动机 M 故障即可排除。

（二）机型现象：九阳 JYK-12C02 型电开水煲通电后指示灯亮，但不能加热

检测修理：对于此类故障首先用万用表"×1"档测加热管 EH 两端电阻是否为 40.3Ω，然后检查加

热管两引脚插接件是否严烧蚀氧化，再检查加热管是否有问题。九阳 JYK-12C02 型电开水煲电气原理如图 4-105 所示。

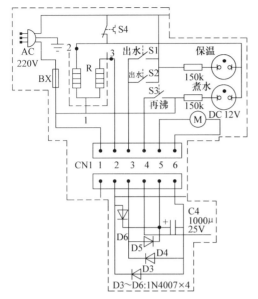

图 4-104　富丽宝 PZD-668 型电热水瓶电路原理截图

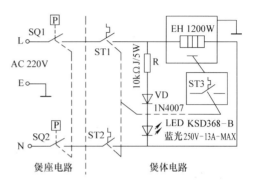

图 4-105　九阳 JYK-12C02 型电开水煲电气原理图

故障换修处理：实际维修中因加热管插接件严重烧蚀氧化从而导致此故障。用整形锉修磨氧化物，然后用尖嘴钳子矫正变形位置后将插线件插入原位后故障即可排除。

（三）机型现象：九阳 JYK-311 型电水壶通电后指示灯不亮，也不能加热

检测修理：对于此类故障首先检查电源线和电源插座是否正常，然后检查 FU1 是否开路（拆开电水壶后用通断档或"×1"档检查），再检查 ST1、ST2 的触点是否黏连，最后检查加热器是否击穿。九阳 JYK-311 型电水壶电气线路如图 4-106 所示。

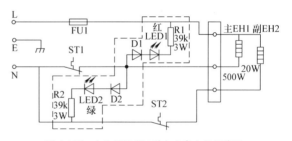

故障换修处理：实际维修中因温度熔断器 FU1 开路从而导致此故障，更换 FU1 后故障即可排除。

图 4-106　九阳 JYK-311 型电水壶电气线路图

（四）机型现象：九阳 JYK-40P01 型电热水瓶不加热

检测修理：对于此类故障首先检查温度传感器是否有问题，然后检查加热器是否损坏，再检测三端稳压器 7805 的输入与输出端电压是否为 13V、5V，最后检查 R1、D6、E8、ZD2、R6 等元器件是否有问题。温度传感器及控制电路部分截图如图 4-107 所示。

（五）机型现象：乐能 DPL700 型电泵式电热水瓶通电后按下电泵开关指示灯不亮，也不出水

检测修理：对于此类故障首先检测电泵开关 SB 是否正常，然后检测 15V 交流电压正常是否正常，再检测三端稳压器 IC 输入与输出端电压是否正常，最后检查电泵电路中 VD6~VD9、C1、C2、IC 等元器件是否有问题。乐能 DPL700 型电泵式电热水瓶电路原理如图 4-108 所示。

故障换修处理：实际维修中因 C2 漏电严重造成三端稳压器 IC 输出端无 12V 直流电压从而导致此故障。更换 C2 后故障排除。

（六）机型现象：乐能 DPL700 型电泵式电热水瓶通电后不加热，但加热指示灯亮

检测修理：对于此类故障首先检查加热电热器 EH1 是否有问题，再检查保温电热器 EH2 是否有问题。

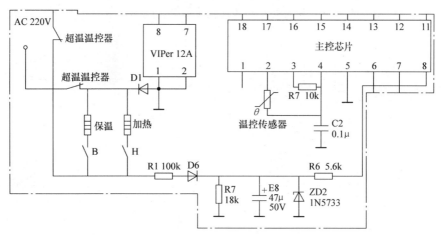

图 4-107　温度传感器及控制电路部分截图

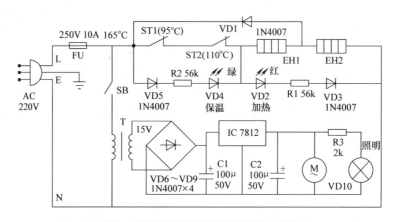

图 4-108　乐能 DPL700 型电泵式电热水瓶电路原理

FU—熔断器　SB—电泵开关　ST1—煮水温控器　ST2—保护温控器　VD4—保温指示灯
VD2—煮水指示灯　VD10—出水指示灯　M—出水电动机　EH1—煮水发热器　EH2—保温发热器　T—电源变压器

故障换修处理：实际维修中因加热电热器 EH1 已断路损坏从而导致此故障，更换 EH1 后故障即可排除。

（七）机型现象：美的 MK-15E02A2 型电水壶不加热

检测修理：对于此类故障首先检查电源底座是否没有放好，然后检查电热水壶的底部或靠近底部侧面的温控开关是否损坏，再检查电热管是否损坏。

故障换修处理：实际维修中因电热管损坏从而导致此故障，更换电热管后故障即可排除。

（八）机型现象：美的 MK-H317E4a 型电水壶煮水迟跳

检测修理：对于此类故障首先检查蒸汽合转轴是否批锋，再检查开关支架孔内是否批锋。

故障换修处理：实际维修中因蒸汽合转轴或支架孔内批锋从而导致此故障。更换蒸汽合或开关支架，或是将批锋清除，其方法是：拆掉壶身底盖；拆掉温控器 3 颗螺钉；用一字批将蒸汽合和开关支架取掉；将蒸汽合与支架去掉后，将孔内或转轴上的批锋清理干净（见图 4-109）；装配时注意蒸汽合要与蒸汽导管配合好，避免漏蒸汽引起其他故障。

（九）机型现象：民康 MK-700 型电热电泵式开水瓶不能保温，但橙色保温指示灯能点亮

检测修理：对于此类故障首先检查泵磁控开关 K2 的常闭触点 a 是否接触不良，再检查整流二极管 D5（1N4007）是否开路。

图 4-109　蒸汽合或开关支架拆卸示意图

故障换修处理：实际维修中因 D5 损坏从而导致此故障，更换 D5（1N4007）故障即可排除，也可用 1N5408 更换。

（十）机型现象：**民康 MK-700 型电热电泵式开水瓶通电后红色加热指示灯不亮，按电泵开关 K2 水泵也不工作**

检测修理：对于此类故障首先检查电源插头与插座接触是否良好，然后检查瓶底部的磁吸式插头触点接触是否良好，再检查贴附在主发热盘侧面的超温熔断器 FU（10A/250℃）是否熔断。民康 MK-700 型电热电泵式开水瓶电气接线如图 4-110 所示。

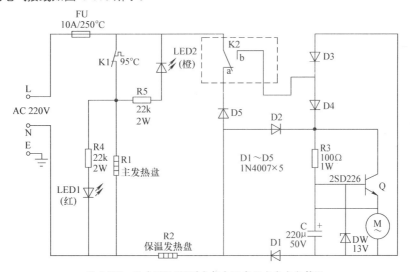

图 4-110　民康MK-700型电热电泵式开水瓶电气接线

故障换修处理：实际维修中因超温熔断器 FU（10A/250℃）熔断从而导致此故障。拆下底盖，拔出外罩，轻轻拉出夹层中的熔断器，再用同型号熔断器更换后故障即可排除。

（十一）机型现象：**腾飞 FD-09 型电开水器不能加热，但能进水**

检测修理：对于此类故障首先检查加热电热管 EH1 是否有问题，再检查加热继电器是否有问题。

故障换修处理：实际维修中因加热继电器损坏从而导致此故障，更换加热继电器故障即可排除。

（十二）机型现象：腾飞 FD-09 型电开水器不消毒

检测修理：对于此类故障首先检查消毒开关 SB2 是否良好，然后检查 ST2 是否接触良好，再检查消毒继电器 K2 是否有问题（可按下 SB2 看继电器 K2 是否吸合来判断）。当按下消毒开关 SB2 后消毒指示灯 HL3 点亮，市电经手动开关 SB1、温控器（消毒）ST2 供给消毒继电器 K2，此时 K2-1、K2-2 同时闭合，K2-2 使继电器 K2 吸合，K2-1 使消毒电热管发热进行消毒；当消毒箱内的水达到设定的温度时，消毒温控器 ST2 动作，断开消毒电路，HL3 熄灭。腾飞 FD-09 型电开水器电气接线如图 4-111 所示。

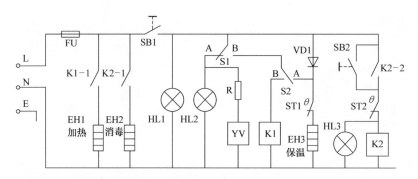

图 4-111　腾飞FD-09型电开水器电气接线

故障换修处理：实际维修中因消毒继电器 K2 线圈断路从而导致此故障，更换 K2 即可。

（十三）机型现象：腾飞 FS-3B6 型电热开水器通电后电源指示灯亮，但不能加热

检测修理：对于此类故障首先检查控制电路工作是否正常（生水箱水满后能听到交流接触器 KM1 的吸合声，说明控制电路工作正常），然后用万用表测量电热管 EH 两端之间是否有 220V 电压，再断电后检查 EH 两端接线是否正常，最后用万用表检测 EH 两端电阻值是否约为 16Ω。腾飞 FS-3B6 型电热开水器电气原理如图 4-112 所示。

故障换修处理：实际维修中因 EH 烧坏从而导致此故障，更换 EH 后故障即可排除。

（十四）机型现象：新功 SEKO-T13 型智能电水壶通电后面板指示灯、数码显示全无，按触摸键无反应

检测修理：对于此类故障首先检查 FUSE 是否正常，然后检查桥式整流器、熔断电阻 R6 是否有问题，再检查电源模块 VIPer22 是否有问题，最后检查开关变压器、光耦合器 PC817 等元器件是否有问题。

故障换修处理：实际维修中因开关变压器（二次侧只有 5V 和 6V，正常应为 5V 和 12V 整流电压）二次侧局部短路从而导致此故障。重绕开关变压器二次侧或更换开关变压器故障即可排除。

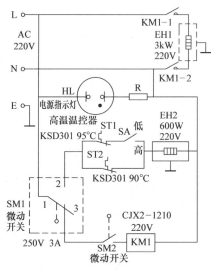

图 4-112　腾飞FS-3B6型电热开水器电气原理图

SM1、SM2—微动开关　HL—电源指示灯　ST1—高温温控器　ST2—低温温控器　KM1—交流接触器　EH1—煮水电热管　EH2—保温电热管　SA—温度选择开关

三、学后回顾

通过以上电水壶（电热水瓶、电开水器）维修面对面的学习，除掌握具体机型典型故障维修技能外，还应掌握电水壶的常见通病及解决方法，以备日后实际维修中借鉴：

1）九阳 JYK-311 型分体式快速电水壶出现通电后指示灯 LED1 亮，EM 不加热故障，其故障原因是加热器 EH1 及其接线有问题。用万用表交流电压档测 EM 有无 220V 左右的市电压输入，若有，说明 EH1 开路；若没有供电，说明供电线路异常。

2）新功 SEKO-T13 型智能电水壶出现通电后面板指示灯、数码显示全无，按触摸键无反应故障，其原因是开关变压器二次侧的匝数不对数：0V-5V-12V（0 匝 -13 匝 -2 匝）、12V 只比 5V 线圈多 2 匝，只有 6V 电压。以 5V 有 13 匝推算：2.6 匝 / V，应：0 匝 -13 匝 -18.2 匝，把 18.2 匝多点算，0 匝 -13 匝 -20 匝，重绕开关变压器二次侧，封好，焊回线路上即可。

3）民康 MK-700 型电热电泵式开水瓶出现水煮沸后主发热盘仍加热不停，加热指示灯一直点亮故障，其通病原因是温控开关 K1 触点发生黏连，换上一只同型号的 KSD301 温控器即可。

4）乐能 DPL700 型电泵式电热水瓶出现加热指示灯常亮，开水沸腾不停故障，其原因是加热温控器 ST1 触点烧结黏死，达到动作温度也不能断开，使电源继续接通。用一只 95℃ KSD301 型温控器更换后故障即可排除。

5）富丽宝 PZD-668 型电热水瓶出现不能进入煮水状态故障，其原因是延时电容器 C3 失效，更换 C3 后故障即可排除。

6）腾飞 FD-09 型电开水器出现不出水故障，其原因是水龙头内部传动轴卡扣崩缺或按手凸轴开裂，使传动轴不能带动胶塞打开出水口，需更换。

第26天 消毒柜维修实训面对面

一、学习目标

1）今天重点介绍消毒柜的典型故障现象、故障检修方法、关键测试数据、故障部位及故障元器件。

2）通过今天的学习，应掌握消毒柜出现故障现象的特点，并根据故障现象作出故障判断。

3）通过今天的学习，要达到通过观察消毒柜的故障现象并进行关键数据的测试，就能准确判断故障部位与故障元器件的目的。

二、面对面学

（一）机型现象：格力 ZTP75A 型消毒柜不能高温消毒

检测修理：对于此类故障观察继电器 J 是否吸合来判断故障。若按下 K1 后继电器 J 不能吸合，则检查控制电路中高温消毒开关 K1、熔断器 BX、高温温控器 WK1 及继电器线圈等是否开路；若按下 K1 后，继电器能吸合，但不能加热，双色发光二极管发红光，则检查继电器 J1 触点是否氧化或烧蚀；若按下 K1 后继电器能吸合，但不能加热，则检查 2 只红外加热管灯丝是否烧断或接线开路。

故障换修处理：实际维修中因红外加热管灯丝烧断从而导致此故障。更换红外加热管故障即可排除。

（二）机型现象：格力 ZTP75A 型消毒柜不能保温

检测修理：对于此类故障首先检查 K2 触点是否氧化或开路（故障表现为按下保温开关 K2 后，DL1 不能发绿光，也不能升温），然后检查低温温控器 WK2 触点是否氧化或烧蚀（故障表现为按下 K2 后 DL1 能发绿光，但不能加热），再检查 WK2 触头是否黏连（故障表现为按下保温开关 K2 后，一直持续升温，温度超过 58℃ 而不断电）。

故障换修处理：实际维修中因 WK2 触头烧连而不能跳开从而导致此故障，更换后故障即可排除。

（三）机型现象：格力 ZTP75A 型消毒柜不能臭氧消毒

检测修理：对于此类故障首先检查消毒开关 K3 触点是否氧化或开路（按下 K3，DL2 不能点亮且臭氧发生器也不能产生臭氧，即无高压泄放的"嗞嗞"声），然后检查高压放电腔中有无杂物将高压极间形成短路，最后检查臭氧发生器是否有问题。格力 ZTP75A 型消毒柜电气原理如图 4-113 所示。

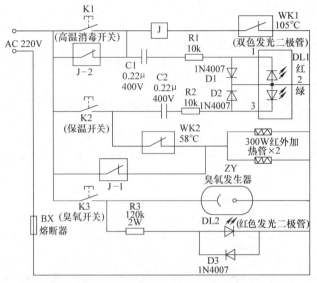

图 4-113　格力 ZTP75A 型消毒柜电气原理图

故障换修处理：实际维修中因臭氧发生器短路从而导致此故障。更换臭氧发生器故障即可排除。

（四）机型现象：海尔 ZQD100A-8 型消毒柜紫外线杀菌灯不亮

检测修理：对于此类故障首先检查门是否关严，然后检查紫外线杀菌灯是否接触不良或损坏，再检查启辉器是否损坏，最后检查门开关是否损坏。海尔 ZQD100A-8 型消毒柜电气原理图如图 4-114 所示。

故障换修处理：实际维修中因紫外线杀菌灯损坏从而导致此故障。更换紫外线杀菌灯故障即可排除。

（五）机型现象：海尔 ZQD100F-1 型消毒柜通电后，整机无反应

检测修理：对于此类故障首先检查电源是否接通，然后检查电源插头与插座是否接触不良，再检查电源板是否损坏，最后检查显示控制板是否损坏。海尔 ZQD100F-1 型消毒柜电气原理图如图 4-115 所示。

故障换修处理：实际维修中因电源板损坏从而导致此故障。更换电源板或修复电源板即可。

（六）机型现象：康宝 ZTP108A-5 型消毒柜不工作

检测修理：对于此类故障首先检查电源线接线器

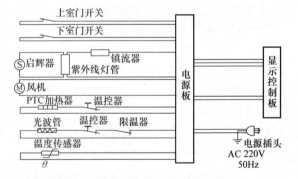

图 4-114　海尔 ZQD100A-8 型消毒柜电气原理图

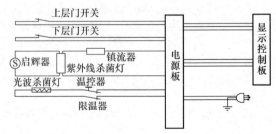

图 4-115　海尔 ZQD100F-1 型消毒柜电气原理图

L 线、N 线接头是否有问题，然后检查超温熔断器 FU 是否熔断，再检查电源变压器 T1 是否短路或损坏，最后检查电源电路中 VD1~VD4、SB1 和电容器 C 等元器件是否有问题。康宝 ZTP108A-5 型消毒柜电气接线如图 4-116 所示。

故障换修处理：实际维修中因 T1 一次绕组绝缘击穿短路使 FU 熔断从而导致此故障。更换 T1（一次电压 220V、二次电压 16V、功率约 5W 电源变压器）、FU（SP 型、250V、135℃超温熔断器）后故障即可排除。

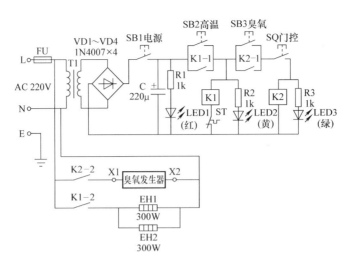

图 4-116　康宝ZTP108A-5型消毒柜电气接线

（七）机型现象：康宝 ZTP80A-1 型消毒柜不能臭氧消毒，且指示灯 HL3 也不亮

检测修理：对于此类故障首先检查 K1-2 及 ST 是否有问题，然后检查 SB2 是否损坏，再检查 SQ 是否损坏或接触不良，最后检查臭氧发生器 O_3 是否有问题。康宝 ZTP80A-1 型消毒柜电气原理如图 4-117 所示，臭氧消毒时，关好臭氧柜门，门控开关 SQ 受压，触点闭合处于待命状态。按下 SA 和 SB1 后，再按下 SB2，臭氧指示灯 HL3 亮，臭氧发生器 O_3 得电产生奥氧对食具消毒；当 ST 触点断开电源时，整机停止工作。臭氧消毒电路工作状态受控于 K1-2 及 ST。

故障换修处理：实际维修中因 SQ 接触不良从而导致此故障。拆开 SQ，将压簧拉长 2~4mm，再用细砂纸打磨触点后装好 SQ，故障即可排除。

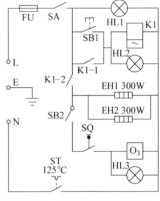

图 4-117　康宝ZTP80A-1型消毒柜
电气原理图

（八）机型现象：康宝 ZTP80A-1 型消毒柜臭氧消毒效果差

检测修理：对于此类故障首先检查臭氧发生器 O_3 输入导线接头是否松动，然后检查臭氧发生器内部元器件是否烧坏，再检查放电管是否衰老失效（拆下臭氧发生器，直接接入 220V 市电，观察放电管不发蓝光或只有极微弱蓝光，前者有漏气，后者为衰老）。

故障换修处理：实际维修中因放电管衰老失效从而导致此故障，用新的放电管更换后故障即可排除。

（九）机型现象：美的 MXV-ZLP80F 型消毒柜按消毒键时石英加热器不工作，但黄色指示灯亮

检测修理：对于此类故障首先通电并按消毒按键时测微处理器 IC1（SH69P20B0448-J）⑱脚输出电压是否正常（正常值为低电平，且有电压加到 VT2 基极），然后检测臭氧发生器上的 220V 交流电压是否正常，再检查 KA2-1 常开触点是否闭合，最后检查石英加热器控制电路中 VT2、KA2 等元器件是否有问题。石英加热器的 220 V 交流供电控制驱动电路截图如图 4-118 所示。

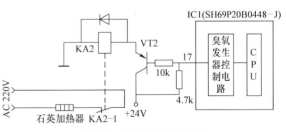

图 4-118　VT2相关电路截图

故障换修处理：实际维修中因 VT2 晶体管的发射极引脚锈断从而导致此故障，更换一只新的、同规格的 S8050 晶体管故障即可排除。

（十）机型现象：**美的 MXV-ZLP80F 型消毒柜臭氧发生器不工作**

检测修理：对于此类故障首先检查门是否未关严、臭氧发生器是否损坏，然后通电按下启动按键开关使整机处于臭氧发生器工作状态时测微处理器 IC1（SH69P20B0448-J）的⑰、⑱脚电压是否正常，再检查温控 FR、门控 SA 是否存在开路，最后检查 VT8050 是否有问题。臭氧发生器的 220V 交流供电控制驱动电路如图 4-119 所示。

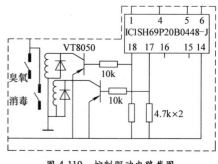

图 4-119　控制驱动电路截图

故障换修处理：实际维修中因 VT8050 损坏从而导致此故障，更换 VT8050 即可。微处理 IC1 的①脚连接温控 FR、⑥脚连接门控 SA，⑤、⑦、⑨脚连接启动板，⑰、⑱脚是驱动（低电位有效），若 FR、SA 任一处开路，IC 就不受启动控制，⑰、⑱脚就一直为高电位。

（十一）机型现象：**美的 MXV-ZLP80F 型消毒柜通电后不能工作，且指示灯也不亮**

检测修理：对于此类故障首先检查 FU（5A）熔断器是否熔断、ST 热保护器是否损坏，然后通电后测稳压二极管 VD2 两端的 +24V 电压、VD3 稳压二极管两端的 +5V 电压是否正常，再测微处理器 IC1（SH69P20B0448-J）的⑭脚上是否有 +5V 电压，用示波器测微处理器 IC1（SH69P20B0448-J）⑮、⑯脚上时钟振荡波形是否正常，最后检查微控制电路中晶体振荡器 XT、电容器 12p 等元器件是否有问题。控制电路相关截图如图 4-120 所示。

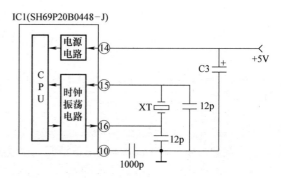

图 4-120　控制电路相关截图

故障换修处理：实际维修中因微处理器 IC1 ⑯脚虚焊造成⑮、⑯脚上无时钟振荡波形从而导致此故障，重焊⑯脚即可。

（十二）机型现象：**美的 MXV-ZLP80F 型消毒柜通电后整机无任何反应**

检测修理：对于此类故障首先用万用表交流 250 V 档测 220 V 交流电压是否正常，然后检查 FU 熔断器是否熔断，再断开交流电源后检查整流、滤波电路中的 VD1 及滤波电容器 C1、C2 等元器件是否有问题。电源电路部分截图如图 4-121 所示。

故障换修处理：实际维修中因整流二极管 VD1 已击穿短路（正、反向电阻值均近于 0Ω）从而导致此故障，更换一只同规格的 1N4007 整流二极管即可。当滤波电容器 C2 严重漏电或击穿短路或 VD2 稳压二极管短路时，也会导致熔断器 FU 熔断而出现上述故障。

（十三）机型现象：**美的 MXV-ZLP90Q07 型消毒柜臭氧紫外灯管不工作**

检测修理：对于此类故障首先检查门是否关好、门开关是否损坏，然后检查接插件连接是否松动，再检查臭氧紫外灯管是否损坏。美的 MXV-ZLP90Q07 型消毒柜电气原理图如图 4-122 所示。

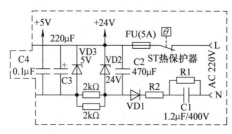

图 4-121　电源电路部分截图

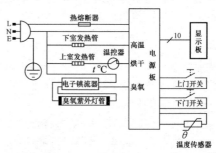

图 4-122　美的 MXV-ZLP90Q07 型消毒柜电气原理图

故障换修处理：实际维修中因臭氧紫外灯管损坏从而导致此故障。更换臭氧紫外灯管故障即可排除。

（十四）机型现象：**容声 ZLP78-W1 型消毒柜不能臭氧消毒**

检测修理：对于此类故障首先检查 SB2 触点是否接触良好，然后检查 K2 及触点 K2-1 是否接触良好，再检查臭氧发生器 O3 与臭氧门控开关 SQ 是否有问题。臭氧消毒电路如图 4-123 所示，臭氧发生器 O3 与臭氧门控开关 SQ 串联后，并在远红外发热管 EH2 两端；当右门打开时，SQ 处于断开状态，O3 不工作；关上右门时，压动 SQ 使其触点闭合，O3 电路接通处于待命状态；按一下右消毒室的启动按键 SB2，臭氧消毒指示灯（绿色）LED2 亮，臭氧放电管放电，电离放电管周围空气，产生臭氧对食具消毒；同时 EH2 发热烘干食具，当右消毒室温度升至 80℃时，低温消毒温控器 ST2 断开，切断臭氧消毒及低温烘干电路电源，停止工作。

故障换修处理：实际维修中因 O3 内部断路或元器件损坏从而导致此故障。由于 O3 元器件装在塑料盒子内，并用环氧树酯封固不易拆修，建议用同型号臭氧发生器更换为宜。

（十五）机型现象：**容声 ZLP78-W1 型消毒柜不能进行高温消毒，且高温消毒指示灯（红色）LED1 也不亮**

检测修理：对于此类故障首先检查 FU1 是否熔断，然后检查 SB1、VD5、ST1、K1、K1-1、C1、VD1~VD4、C3 等是否接触不良、击穿或烧坏。高温消毒电路原理如图 4-124 所示，按下启动按键 SB1 后，市电经整流管 VD5 半波整流、电阻 R3 限流、电容 C3 滤波后输出直流低压使直流继电器 K1 吸合，触点 K1-1 闭合；同时市电又经高温消毒温控器 ST1、超温保险器 FU1、常开触点 K1-1 后分成两路：一路经电容 C1 降压、整流管 VD1~VD4 桥式整流、电容 C3 滤波后为 K1 提供维持吸合电流；另一路加到远红外发热管 EH1 两端，EH1 发热使左消毒室升温，当温度升至 125℃时，ST1 触点自动断开，切断高温消毒电路电源。

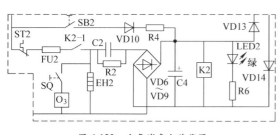

图 4-123　臭氧消毒电路截图

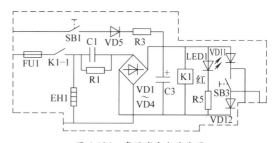

图 4-124　高温消毒电路截图

故障换修处理：实际维修中因 C3 损坏从而导致此故障，更换 C3 即可。如需更换，FU1 应先确认电路已无短路情况。

（十六）机型现象：**苏泊尔 ZTD100S-501 型消毒柜不能臭氧消毒**

检测修理：对于此类故障首先检查门控开关是否未接通，然后检查紫外线灯管是否未旋到位或损坏，再检查微电脑控制板臭氧发生器输出端是否有电流输出，最后检查紫外线灯管相关电路是否有问题。苏泊尔 ZTD100S-501 型消毒柜电气接线如图 4-125 所示。

故障换修处理：实际维修中因紫外线灯管损坏从而导致此故障，更换紫外线灯管即可。

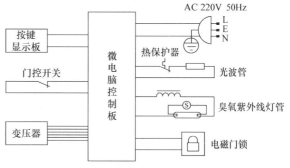

图 4-125　苏泊尔 ZTD100S-501 型消毒柜电气接线图

（十七）机型现象：**万和 ZLP68-10 型消毒柜不能高温消毒**

检测修理：对于此类故障首先检查温度控制器（80℃）是否有问题，再检查继电器是否有问题。

故障换修处理：实际维修中因继电器一组自保持触点接触不良从而导致此故障。更换一个新的继电器（为 220V 工作电压）故障排除。

（十八）机型现象：海尔 ZQD109VS 型消毒柜紫外线灯管不工作

检测修理：对于此类故障首先检查接插件是否连接牢固；若接插件连接牢固，然后检查镇流器或启辉器是否损坏，再检查紫外线灯管是否损坏，最后检查上室门开关是否损坏。海尔 ZQD109VS 型消毒柜电气接线如图 4-126 所示。

故障换修处理：实际维修中因上室门开关损坏从而导致此故障，更换上室门开关故障即可排除。

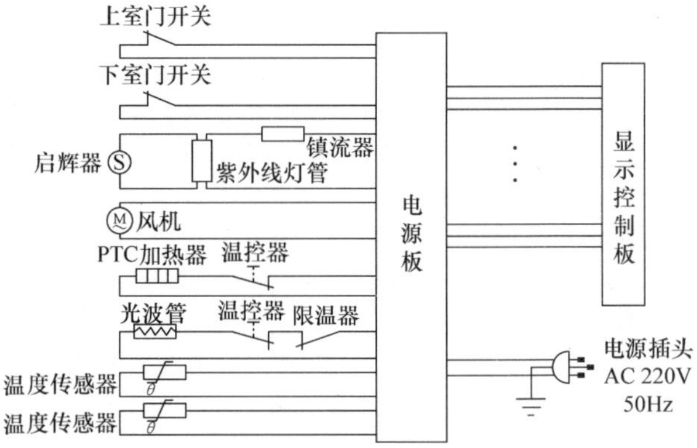

图 4-126　海尔ZQD109VS型消毒柜电气接线图

三、学后回顾

通过以上消毒柜维修面对面的学习，除掌握具体机型典型故障维修技能外，还应掌握消毒柜的常见通病及解决方法，以备日后实际维修中借鉴：

1）格力 ZTP75A 型消毒柜出现柜内温度超过 170℃ 故障，其原因是高温温度控制器 WK1 触点烧连而不能跳开。更换 WK1 后故障即可排除。

2）康宝消毒柜出现不定时自动开关机故障，其原因是手动开关触点不良，更换手动开关即可。

3）万宝 YTD-180C 型消毒柜出现数码管无显示、机器不工作故障，其原因是控制电路启动按钮 S3 触点不良，更换 S3 后故障即可排除。

4）希贵 JXR65-B 型消毒柜出现能启动，但按 SB2 不能停止加热故障，其原因是加热控制电路继电器 J 不能断开，更换继电器 J 后故障即可排除。

5）嘉昕 DZX-63 型消毒柜出现高温消毒不停机，直至烧断 FU 的故障，其原因是温控器 ST 触点烧蚀黏死，更换温控器 ST 后故障即可排除。

6）容声 DX60A 型消毒柜出现按 S1 按钮时，继电器 J1 发出噪声，同时 LED1 闪烁的故障，其原因是控制电路电容器 C2 不良，更换 C2 后故障即可排除。

7）海尔 ZQD90S 型消毒柜出现紫外线灯管不工作故障，其原因是紫外线灯管损坏所致，更换紫外灯管故障即可排除。

第27天　洗脚器维修实训面对面

一、学习目标

1）今天重点介绍洗脚器的典型故障现象、故障检修方法、关键测试数据、故障部位及故障元器件。

2）通过今天的学习，应掌握洗脚器出现故障现象的特点，并根据故障现象作出故障判断。

3）通过今天的学习，要达到通过观察洗脚器的故障现象并进行关键数据的测试，就能准确判断故障部位与故障元器件的目的。

二、面对面学

（一）机型现象：皇威 Z11（H-116B）型洗脚器不冲浪

检测修理：对于此类故障首先检查按键、振动是否正常，然后检查过滤网是否堵塞，再检查水泵是否

有问题，最后检查控制板是否有问题。

故障换修处理：实际维修中因过网堵塞从而导致此故障，清洗滤网故障即可排除。

（二）机型现象：皇威 Z11（H-116B）型洗脚器通电后无反应

检测修理：对于此类故障首先检查插座、电源线是否有问题，然后检查电源板的熔丝管是否损坏，再检查电源板的排线是否松动、电源板是否有问题，最后检查控制板是否有问题。

故障换修处理：实际维修中因电源板的排线松脱从而导致此故障，插紧排线即可。

（三）机型现象：皇威 Z11（H-116B）型洗脚器无振动

检测修理：对于此类故障首先检查按键、加热是否正常，然后检查电动机电子线是否脱离电路板或电动机，再检查电路板是否有问题。

故障换修处理：实际维修中因电动机电子线脱离电路板从而导致此故障，将电子线位置还原故障即可排除。

（四）机型现象：皇威 Z15（H-8303C）型洗脚器无气泡

检测修理：对于此类故障首先检查气泡孔是否堵住，然后检查硅胶气管是否折弯、臭氧盒是否漏气，再将电源板上两气泵端子取下测试气泵是否工作，最后检查电源板是否有问题。

故障换修处理：实际维修中因硅胶气管弯折从而导致此故障，理顺气管故障即可排除。

（五）机型现象：金泰昌 TC-1077 型洗脚器不冲浪

检测修理：对于此类故障首先检查管道是否存在堵塞、过滤网是否堵塞，然后检查气泵是否有问题，再检查薄膜开关是否损坏，最后检查电脑板是否损坏。

故障换修处理：实际维修中因管道闭塞，气泵大气室的阀门黏结从而导致此故障，重新组装好故障即可排除。该机气泵结构很简单，里面有 3 个气室：大气室吸气，两个小的出气。

（六）机型现象：金泰昌 TC-9018F 型洗脚器不加热

检测修理：对于此类故障首先检查加热管是否正常（可用万用表检测其电阻值），然后检查水泵电动机是否有问题，再检查超温保护器是否有问题。

故障换修处理：实际维修中因水泵电动机处有异物卡住从而导致此故障。将异物取出故障即可排除。水泵电动机（见图 4-127）拆解方法：拆下固定的 4 颗螺钉，稍抬起一点，盖与泵体是对正槽位，顺时针旋转约 15°卡紧的；稍用力，逆时针转一点就分开了。

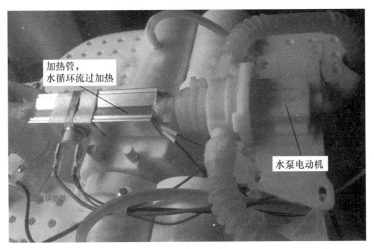

图4-127　水泵电动机位置

（七）机型现象：金泰昌 TC-9018 型洗脚器市电正常，但整机不工作

检测修理：对于此类故障首先检查熔断器是否熔断，然后检查整流桥中部分二极管是否损坏，再检查稳压集成电路 IC 及外围元器件是否有问题，最后检查控制电路中 IC、晶体管、光耦合器等元器件是否损坏。

故障换修处理：实际维修中因整流二极管损坏从而导致此故障，更换整流二极管即可。熔断器熔断，应查明熔断原因，若有短路故障，先消除后，再用同规格型号熔断器更换。

（八）机型现象：康立达 KN-02ABG 型洗脚器按加热键中的任一键，电源指示灯立即熄灭

检测修理：对于此类故障首先检查水温探头插头插座是否有问题，然后检查继电器是否正常，再检查水温探头是否有问题，最后检查水温探头电路是否有问题。

故障换修处理：实际维修中因水温探头有问题（测水温探头的阻值为 4kΩ，用电烙铁加热其阻值可降到 0.2kΩ，冷却后又升到 5kΩ，将其插回座上试机，高、中、低温操作都正常，用电烙铁稍一加热探头就立即报警，说明水温探头的性能已处于临界状态）从而导致此故障，更换探头即可。

（九）机型现象：兄弟 WL-572 型多功能洗脚器不加热

检测修理：对于此类故障首先检查加热器是否有问题，然后检测 IC2（HS153SP）的④脚供电压是否正常（无供电检查电源电路，有供电检查控制电路），再检查电源电路是否有问题（如查熔断器 BX2 是否熔断，变压器 B 是否短路，整流管 D5~D8，稳压二极管 AN 是否击穿，C5、C6 是否漏电，三端稳压器 IC1 78L05 是否有问题）、检测 IC ㉕脚能否输出高电平电压，最后检查放大管 BG 和继电器 J、温度传感器 RT 和芯片 IC2 是否有问题。

故障换修处理：实际维修中因加热器损坏从而导致此故障，更换加热器故障即可排除。

（十）机型现象：兄弟 WL-572 型多功能洗脚器不能振动，其他功能正常

检测修理：对于此类故障首先检测电动机的供电端是否有 14 V 左右的直流电压输入，然后检查电动机是否有问题，再测 D1~D4 输入的交流电压是否正常，最后检查 K1、C1、C4、R1、R2、C2、D1~D4 是否有问题。电容器 C4 相关电路截图如图 4-128 所示，220V 市电压通过 K1 的触点 K1-2 输入到振动电路，利用 C1、R1、R2 降压后，再通过 D1~D4 构成的整流堆进行整流，经 C2 滤波产生 14V 左右的直流电压，通过 R3、R4 限流，C3、C4 滤波后为振动电动机供电，使其旋转。

故障换修处理：实际维修中因 C4 容量不足从而导致此故障，更换 C4 故障即可排除。

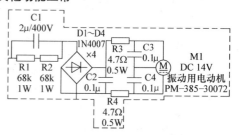

图 4-128　电容器 C4 相关电路截图

（十一）机型现象：兄弟 WL-572 型多功能洗脚器通电后整机不工作

检测修理：对于此类故障首先检测电源插座是否有 220 V 电压，然后检查熔断器 BX1 是否熔断，再检查控制开关 K1 是否有问题，最后检查加热指示灯、加热器、水泵电动机是否有问题。控制电路部分截图如图 4-129 所示。

故障换修处理：实际维修中因控制开关 K1 不良从而导致此故障，更换 K1 故障即可排除。

（十二）机型现象：兄弟 WL-572 型多功能洗脚器无冲浪

检测修理：对于此类故障首先检测水泵电动机有无市电压输入，然后检查水泵电动机的供电电路是否有问题，再检查水泵的扇叶是否被异物缠住，最后检查水泵电动机是否有问题。

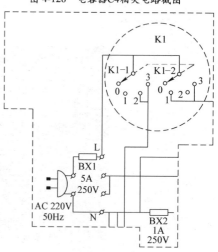

图 4-129　控制电路部分截图

K1—控制开关　0—关　1—振动　2—加热 / 冲浪
3—振动 / 加热 / 冲浪

故障换修处理：实际维修中因水泵的扇叶被异物缠住从而导致此故障，清理异物故障即可排除。

三、学后回顾

通过以上洗脚器维修面对面的学习，除掌握具体机型典型故障维修技能外，还应掌握洗脚器的常见通病及解决方法，以备日后实际维修中借鉴：

1）金泰昌 TC-1077 型洗脚器出现不加热故障，其原因是继电器触点接触不良，严重发热已把固定的塑料给熔化，导致动触点无法移动从而导致此故障。用刀片进行处理，再把外壳用胶布固定故障即可排除。

2）金泰昌 TC-9013 型洗脚器出现不加热故障，其原因是加热管一端的熔丝管损坏，更换新熔丝管故障即可排除。

3）康立达 KN-02ABG 型洗脚器出现右侧脚位无气泡故障，其原因是气泵输往脚位右侧的胶管被气泵的硅钢磨漏，更换新管并将其与气泵硅钢用胶粘牢，使之不再摩擦，故障即可排除。

4）美承 MZY-03M18A1 型洗脚器出现通电加热几分钟后停止加热，指示灯点亮故障，其原因是加热管底部外壳上固定的 85℃温控器性能不良，更换温控器即可。

5）红泰昌 TC-2017B 型洗脚器出现右侧气泡变小，且盆壁冲浪出水口处振动异常故障，其原因是管子过长有弯折而使管路不通畅造成气流减少。理顺管子故障即可排除。

第5章
开店指导与随身资料

第28天　坐店和上门维修指导

一、学习目标

今天主要学习小家电坐店维修和上门维修指导，通过今天的学习要达到以下学习目标：

1）了解小家电坐店维修和上门维修的定位区别在哪里？

2）掌握小家电坐店维修有哪些工作要做，店面如何选址，要准备哪些备件和工具。

3）熟知小家电上门维修要做哪些工作？今天的重点就是要特别掌握小家电坐店和上门维修的准备、维修经验、应急处理措施和要带哪些随身资料，这是小家电维修中经常要用到的一种基本技能。

二、面对面学

（一）坐店维修指导

1. 店面选址与设计

店铺的位置是个非常重要的事，甚至可以决定店铺的生死存亡。一般来说，附近尽量不要有太多同类型的店铺，尤其避免一些已经做了很久的店铺附近，这一点很重要。建议首先要选老社区（老社区中的新婚家庭少，旧家电使用率高，维修的业务量就可能大），然后选人口比较多的半封闭社区，小店开在门口（半封闭社区的住户只有一个口出入，不需要做广告居民都能熟悉你的店），其次可选择周边早市火、公园晨练火爆的社区（这样的小区住户是老年人多，因为大多数老人不舍得扔东西，更愿意修东西）。

店铺不需要做得很大，否则很难收回成本，一般几平方米就够，能够摆下柜台，有放工具和各类配件的地方即可。店铺装修建议以简洁舒适实用为主，把卖货的柜台处理得干净整洁一点，与维修间区隔开来，避免人家看到，有乱糟糟的感觉。但也不建议在装修方面浪费，维修店并不是暴利行业，以让人看上去舒服为好，不要搞豪华装修。

2. 定价

不同的小家电，维修的费用也是不相同的。小家电维修可能是简单调试，同时也可能是部件出了问题需要更换相关部件，不同的问题收费也是不一样的。费用构成包括：总费用 = 基本维修费 + 换件工时费 + 零件费。

3. 备件准备

（1）工具和用品

万用表、热风台、常用的十字螺钉旋具和一字螺钉旋具、电烙铁、松香、焊锡丝、吸锡枪（拆元器件用）、九号针头（拆集成电路用）、香蕉水或纯酒精（清洗机板用）、毛刷（大小至少两把，一把除尘，一把清洗机板）、剪刀、小刀、钩针（勾除引脚锈蚀）、镊子、各种钳子（常用的尖嘴钳、斜嘴钳、镊子等各一把）、放大镜（观察细密的电路或引脚及细微的裂缝）、电吹风（除潮）、绝缘胶布等，另外还要准备各种维修资料备查。

（2）配件与元器件

如果附近就有电子元器件店，可尽量少配，要用时随时去买。备齐这些件基本可修复大多数的故障机，具体的备件参考如下：

1）配件。大小微动开关、按键开关、不同电流的继电器、不同小家电的通用控制板、不同电流的熔丝管、跳线电阻器等。

2）元件。手边要备一些常用的晶体管、稳压管、二极管、光耦合器、电容器和电阻器等，以便置换检查之必备。

晶体管类可备器件：8050、8550、9014、C3228、A1275、1015、1815 等。

稳压管类可备器件：5.6V、9V、15V、18V、30V 稳压管等。

二极管类可备器件：1N4001、1N4007、1N4148 等。

光耦合器类：PC817、KA431 等。

电容器类：16V/1000μF、16V/2200μF、35V/1000μF、450V/10μF、450V/150μF、50V/220μF 等。

电阻器类：2W/0.18Ω 或 0.22Ω、2W/100kΩ、1/4W/470kΩ、560kΩ、680kΩ、1MΩ、1.5MΩ、1/4W/47Ω、330Ω 等。

4. 维修技巧交流

1）要注意自己的品位。你是有技术的维修师傅，要注意你的穿着，不要穿个拖鞋，打个赤膊坐在那里。服务态度一定要好！这样客人花钱也顺心。切记：做生意，人脉是非常重要的。

2）做好店内宣传。把你所取得的维修竞技比赛的证书或者其他能证明你的技术水平的证书挂在你的店堂内为你做宣传，效果是意想不到的。

3）一定要带一个（或两个）徒弟。因为你需要帮手！另外，能带徒弟的人水平一般不会太低，别人会对你刮目相看，这其中的潜意识你会理解的。再说，你也不会白带徒弟的，他会为你奉上师傅钱的。你看看，店铺还没开张，收入就已经有了。

4）一定要问客户，机器送到你这里来之前，是不是有人检查过？如果是这样，你要小心一点了，这个机器可能得了难症，有一定的难度。不要把先前检查过这台机器的人看成是傻瓜，他或许水平比你更高。所以，你应该仔细看看别人检查过哪些地方，这个对你很重要。实际上是别人已经在这些地方替你检查过了，你的检查范围就会更小了。

5）若你是新手，开店初期收费一定要低；一些对于难度非常大而万一无法修好的机器，千万不要对客户讲你修不好，只能说：没有配件或把维修费提到很高，自然就不会修了。

6）当接修一台电器时，首先就要目测一下该电器外观有没有哪里损伤（免得和用户造成不必要的口舌之争），它的新、旧程度（这样，在自己心里基本上有个大概收费了），在拆外壳的同时别忘了与客户交流，顺便问问该电器使用了多久？又坏了多长时间了。

（二）上门维修指导

1. 上门维修前的准备

接到小家电上门维修单时，首先要登记以下信息：用户姓名、地址、联系电话、品牌型号、购买日期、故障现象、故障发生时间、有无其异味或特殊表现、用户对维修的时间紧迫性等。

确定以上信息后，根据故障现象大致判断故障可能出在哪一部分、上门维修是否能搞定，若能搞定，根据小家电的品牌和型号，确定需要带哪些工具和备件。

根据故障现象，若上门维修没有把握在短时间内搞定，要向用户道歉、说明原因，征得用户同意与用户改约时间，或采用取货后坐店维修的方式。

若用户要求紧迫，则可考虑是否需提供周转机，若有周转机，应直接带周转机上门。

2. 上门维修工具包

上门维修小家电的工具有电烙铁、热风焊枪、万用表、螺钉旋具及钳子等，如图 5-1 所示。

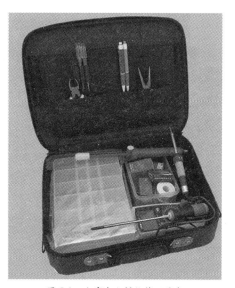

图 5-1　小家电上门维修工具包

3. 上门维修备件

配件要因地制宜，地域不同，机型就有差异，所以配件也有所不同。一般可带些易损件，如熔丝管、场效应晶体管、电源厚膜块、电源 IC、稳压管、二极管与晶体管、光耦合器、电容器、电阻器、整流桥等，还可带一些通用板，直接换板用。

4. 上门维修方法

先准备好各种维修工具、备件、保修记录单、收据、收费标准、留言条、上岗证等，特别注意带上垫布，以免弄脏用户的东西。不要漏带工具或备件，切记在出发前要将上门工具包自检一遍。

上门维修与坐店维修有比较大的区别，操作的每一步都要小心仔细，不能受用户的干扰，不得手忙脚乱。应根据故障现象，先简单后复杂，按平时维修的方法进行操作。

5. 上门维修技能

1）根据故障现象判断故障所在时，应在确定某个元器件已损坏时才拆下来，给用户一个好的印象，切忌东拆西拆，拆了又装。

2）对于不能确定的故障元器件，想通过试机确定，最好借故将用户支开，既可以减少干扰，也可以试机时更方便。

3）确定损坏元器件后，但手头上又没有同型号的元器件，有时可变通处理，也就是将本机上其他电路中不重要的同型号元器件与已损坏的元器件进行替换。先试机，待确定后，可让用户买同型号新件后更换。若其他元器件不重要，也可不买新件。

4）对于不能一下子修好的疑难杂症，可与用户协商摘板回店维修。只要将板子带回店里了，维修时间和维修场地都要好很多，便于彻底查清故障产生的原因，根治故障。

5）小家电上门修好后，要用自备的封条封上，写上故障现象、更换元器件、保修时间等信息，封条上要留下自己的电话号码，以免事后麻烦，方便联系，也是给自己打个免费的广告。

（三）随身资料准备

1. AP8012（开关电源芯片）

引脚号	引脚符号	引脚功能	备　注
1	GND	地	
2	GND	地	
3	FB	反馈输入	
4	VCC	电源	该集成电路为开关电源芯片，应用电路见图 5-2（由 AP8012 组成的电饭煲开关电源电路）
5	Drain	内部场效应晶体管的漏极	
6	Drain	内部场效应晶体管的漏极	
7	Drain	内部场效应晶体管的漏极	
8	Drain	内部场效应晶体管的漏极	

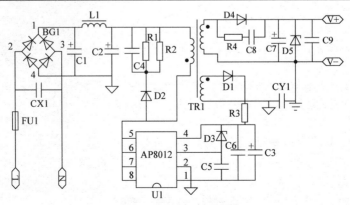

图 5-2　AP8012 应用电路图

2. SPMC65P2404A

引脚号	引脚符号	引脚功能	备注
1	PA7	8 位双向输入 / 输出端 A7	
2	PA6	8 位双向输入 / 输出端 A6	
3	PA5	8 位双向输入 / 输出端 A5	
4	PA4	8 位双向输入 / 输出端 A4	
5	PA3	8 位双向输入 / 输出端 A3	
6	PA2	8 位双向输入 / 输出端 A2	
7	PA1	8 位双向输入 / 输出端 A1	
8	PA0	8 位双向输入 / 输出端 A0	
9	PB7	8 位双向输入 / 输出端 B7	
10	PB6	8 位双向输入 / 输出端 B6	
11	PB5	8 位双向输入 / 输出端 B5	
12	PB4	8 位双向输入 / 输出端 B4	SPMC65P2404A 是 8 位单片机，最高工作频率为 8MHz，工作电压为 2.5~5V，有 192B 的 RAM 和 4KB 的 OTP ROM，有 23 个可编程 IO 口，8 通道 10 位 A-D 转换器，2 通道 8 位定时 / 计数器，2 通道 16 位定时 / 计数器，1 个 12 位 PWM 输出口，还有一个蜂鸣器输出口。主要应用在高档智能电饭煲中，其应用框图见图 5-3
13	PB3	8 位双向输入 / 输出端 B3	
14	PB2	8 位双向输入 / 输出端 B2	
15	PB1	8 位双向输入 / 输出端 B1	
16	PB0	8 位双向输入 / 输出端 B0	
17	PC3	输入 / 输出端 C3	
18	PC2	输入 / 输出端 C2	
19	PC1	输入 / 输出端 C1	
20	PC0	输入 / 输出端 C0	
21	PD2	输入 / 输出端 D2	
22	PD1	输入 / 输出端 D1	
23	PD0	输入 / 输出端 D0	
24	RESET	复位端	
25	XO	晶体振荡器输出端	
26	XI	晶体振荡器输入端	
27	VSS	地	
28	VDD	地	

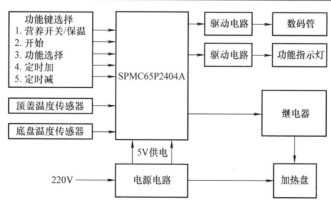

图 5-3　SPMC65P2404A在智能电饭煲中的应用框图

3. S3F9454 系列

引脚号	引脚符号	引脚功能	备　注
1	VSS	地	
2	XIN/P1.0	晶体振荡器输入 / 输入与输出端 1.0	
3	XOUT/P1.1	晶体振荡器输出 / 输入与输出端 1.1	
4	RESET/P1.2	复位信号 / 输入与输出端 1.2	
5	P2.0/T0	输入与输出端 2.0/ 定时输出 0	
6	P2.1	输入与输出端 2.1	
7	P2.2	输入与输出端 2.2	
8	P2.3	输入与输出端 2.3	
9	P2.4	输入与输出端 2.4	S3F9454 是一款可重复擦写（MTP）
10	P2.5	输入与输出端 2.5	的单片 CMOS 型微控制器，内置有
11	P2.6/ADC8/CLO	输入与输出端 2.6/A-D 转换输入 8/ 系统时钟输出	4KB 可多次擦写的 FLASH ROM，应
12	P0.7/ADC7	输入与输出端 0.7/A-D 转换输入 7	用于电磁炉、电饭煲、饮水机等小家
13	P0.6/ADC6/PWM	输入与输出端 0.6/A-D 转换输入 6/PWM 输出	电。应用电路见图 5-4（以应用在海尔
14	P0.5/ADC5	输入与输出端 0.5/A-D 转换输入 5	HRC-FD301 型电饭煲上为例）
15	P0.4/ADC4	输入与输出端 0.4/A-D 转换输入 4	
16	P0.3/ADC3	输入与输出端 0.3/A-D 转换输入 3	
17	P0.2/ADC2	输入与输出端 0.2/A-D 转换输入 2	
18	P0.1/ADC1/INT1	输入与输出端 0.1/A-D 转换输入 1/ 外部中断输入 1	
19	P0.0/ADC0/INT0	输入与输出端 0.0/A-D 转换输入 0/ 外部中断输入 0	
20	VDD	电源	

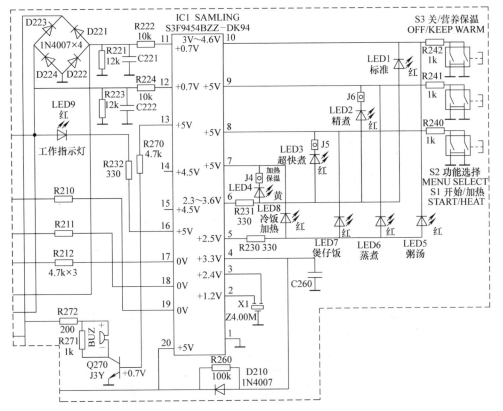

图 5-4　S3F9454 系列

4. BA8207BA4KS

引脚号	引脚符号	引脚功能	备　注
1	DI	遥控信号输入，外接红外接收头 REM	
2	OFF	关机键或开 / 关键输入及 LED 扫描输出端	
3	TIMER	定时键输入及 LED 扫描输出端	
4	SPEED	风速键输入及 LED 扫描输出端	
5	MODE	风类键输入及 LED 扫描输出端	
6	COM1	用户码 C1 选择及 LED 扫描公共端	
7	COM2	用户码 C2 选择及 LED 扫描公共端	
8	COM3	LED 扫描公共端	
9	SW1	摆头键输入 1	BA8207BA4KS 为遥控电风扇控制器，采用 20 引脚 DIP，应用电路见图 5-5（以应用在富士宝 FB-1000 型遥控空调扇上为例）
10	SW2	摆头键输入 2	
11	SHO2	摆头驱动输出端 2	
12	SHO1	摆头驱动输出端 1	
13	STR	强风驱动输出端	
14	MED	中风驱动输出端	
15	LOW	弱风驱动输出端	
16	VDD	正电源	
17	BUZ	蜂鸣器驱动输出端	
18	OSCO	晶体振荡器输出端（455kHz）	
19	OSCI	晶体振荡器输入端（455kHz）	
20	VSS	地	

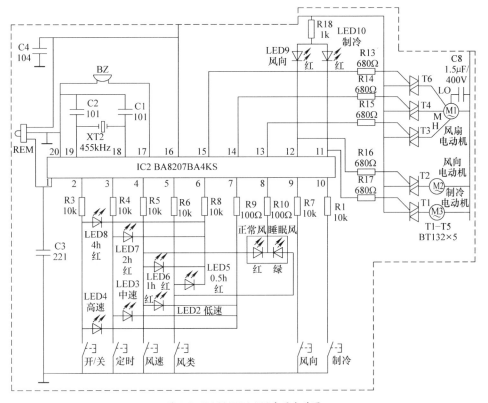

图 5-5　BA8207BA4KS应用电路图

三、学后回顾

通过今天的面对面学习，对小家电开店指导和上门维修有了直观的了解和熟知，在今后的实际使用和维修中应回顾以下 3 点：

1）小家电开店维修和上门维修要做哪些前期的工作？＿＿＿＿＿＿＿＿＿＿＿＿＿＿＿＿＿

2）小家电开店维修和上门维修有哪些技巧？＿＿＿＿＿＿＿＿＿＿＿＿＿＿＿＿＿

3）小家电上门维修应牢记哪些故障现象与故障部位的对应关系？＿＿＿＿＿＿＿＿＿。特别要学会如何防止维修损坏和上门维修的应急处理措施：＿＿＿＿＿＿＿＿。需要随身带上哪些维修资料？＿＿＿＿＿＿

附录　维修笔记

1. 维修 _____ 品牌 _____ 型号机时，修后笔记：

_____

_____

2. 维修 _____ 品牌 _____ 型号机时，修后笔记：

_____

_____

3. 维修 _____ 品牌 _____ 型号机时，修后笔记：

_____

_____

4. 维修 _____ 品牌 _____ 型号机时，修后笔记：

_____

_____

5. 维修 _____ 品牌 _____ 型号机时，修后笔记：

_____

_____

6. 维修 _____ 品牌 _____ 型号机时，修后笔记：

_____

_____

7. 维修 _____ 品牌 _____ 型号机时，修后笔记：

_____

_____

8. 维修 _____ 品牌 _____ 型号机时，修后笔记：

_____

_____

9. 维修 _____ 品牌 _____ 型号机时，修后笔记：

_____

_____

10. 维修 _____ 品牌 _____ 型号机时，修后笔记：

_____

_____

11. 维修 _____ 品牌 _____ 型号机时，修后笔记：

_____

_____

12. 维修 _____ 品牌 _____ 型号机时，修后笔记：

_____

_____